# 智力心理学探新

竺培梁 著

中国科学技术大学出版社

2013·合肥

## 内 容 简 介

智力本身是一个充满矛盾的概念,既熟悉又陌生,既十分简单又极其复杂。本书共12章,较为全面、深入而系统地论述智力单一领域的话题,如智力含义、智力理论、智力形成、智力发展、智力差异、智力超常、智力测验、智力分数以及智力与另一概念的双边领域的话题,如智力与创造性思维、智力与非智力因素、情绪智力等。

本书在评介智力心理学的抽象理论的同时,也介绍许多经典的心理测量量表,包括智力量表、创造力量表、非智力因素量表和情绪智力量表。这样,读者能够学以致用,测量自己,自我了解;测量他人,相互了解。

本书适用于高等学校的研究生和本科生,尤其是心理学、教育学、管理学等专业的学生;也适用于各行各业从事人力资源、企业管理、职业指导等工作的人员。

**图书在版编目(CIP)数据**

智力心理学探新/竺培梁著. —合肥:中国科学技术大学出版社,2006.5(2013.11重印)
ISBN 978-7-312-01910-4

Ⅰ.智… Ⅱ.竺… Ⅲ.智力发育—心理学—高等学校—教材 Ⅳ.B844

中国版本图书馆CIP数据核字(2006)第034290号

**中国科学技术大学出版社** 出版发行
(安徽省合肥市金寨路96号,邮编:230026)
合肥学苑印务有限公司印刷
全国新华书店经销

开本:787×960/16 印张:17.25 字数:420千
2006年5月第1版 2013年11月第4次印刷
印数:5001~7000册
定价:28.00元

# 前　　言

今年是公元2005年。一个世纪之前的1905年,心理学界发生一桩惊天动地的重大事件。第一个科学智力量表即比内-西蒙智力量表隆重问世。法国的比内及其助手西蒙经过一年的潜心研究,当然是在他本人与各国广大心理学家齐心协力多年奋斗的基础之上,终成正果,第一个科学智力量表终于像漫漫长夜之后的一轮旭日跃然升起。

在西方,智力测验20世纪20年代蓬勃兴盛甚至狂热,30年代至40年代平稳发展,80年代梅开二度,掀起一波新的高潮,90年代继续向前发展。在我国,新中国成立至"文革"结束,智力测验一直处于无人问津、噤若寒蝉的状态,直到20世纪80年代方才迎来智力测验的明媚春天,90年代至今更为兴旺发达。笔者撰写本书,正是为了纪念比内-西蒙智力量表发表100周年。

智力测验百年功过,世人评说纷纭。我们不妨借用美国当代著名心理学家安娜斯塔西(A. Anastasi)在《心理测验》一书中的一句名言:"心理测验是工具。任何工具都可以成为一种有益的或有害的工具,这完全取决于怎样使用这种工具。"在此衷心祝愿:智力测验能够成为我们手中一种有益无害的工具,服务社会,造福人民。

本书的撰写,有幸得到上海师范大学的资助,同时也得到上海师大教育科学学院院长卢家楣教授、心理学系主任顾海根教授、《外国中小学教育》杂志主编钱扑教授,以及华东师范大学心理学系缪小春教授、李其维教授等的大力支持与鼓励。在这种精神因素和物质因素的双重激励之下,笔者虽年过半百,老当益壮,笔耕不辍。今天本书终于刊行,我感到无比欣慰。夕阳无限好,黄昏又如何。借此机会,请允许我对这些良师益友表示衷心的感谢。

在本书撰写过程中,我参阅了国内外许多有关的著作和论文,并引用了其中一些资料。另外,中国科学技术大学出版社科技编辑部主任于文良高级工程师对本书出版给予鼎力支持。谨此一并致谢。

由于本人专业水平和文字水平有限,书中缺点错误之处在所难免,恳请同行专家和广大读者批评指正,不胜感谢。

竺培梁

2005 年深秋

于上海师范大学教育科学学院心理学系

# 目 录

前言 ································································ （Ⅰ）

**第一章 智力心理学概述** ·············································· （1）
  第一节 什么是智力心理学 ········································ （1）
  第二节 智力心理学的研究意义 ···································· （6）
  第三节 智力心理学的研究方法 ···································· （7）

**第二章 智力的含义** ·············································· （16）
  第一节 国外心理学家的智力观点 ································ （17）
  第二节 中国心理学家的智力观点 ································ （19）
  第三节 普通大众的智力观点 ···································· （24）

**第三章 智力的理论** ·············································· （27）
  第一节 智力理论的早期研究 ···································· （28）
  第二节 智力理论的中期研究 ···································· （33）
  第三节 智力理论的近期研究 ···································· （42）

**第四章 智力的形成** ·············································· （51）
  第一节 理论演变 ·············································· （51）
  第二节 遗传因素与智力形成 ···································· （55）
  第三节 环境因素与智力形成 ···································· （64）
  第四节 出生顺序与智力形成 ···································· （74）

## 第五章 智力的发展 ……………………………………………………（78）
### 第一节 智力发展的基本概念 …………………………………（78）
### 第二节 两种研究方法 …………………………………………（81）
### 第三节 智力发展曲线 …………………………………………（85）
### 第四节 智力的各种能力及因素模型的发展 …………………（89）
### 第五节 智力发展的特殊期 ……………………………………（92）

## 第六章 智力的差异 ………………………………………………（101）
### 第一节 总体智力的个体间差异 ………………………………（102）
### 第二节 智力构成因素的个体间差异 …………………………（107）
### 第三节 智力的性别差异 ………………………………………（111）

## 第七章 智力超常儿童 ……………………………………………（119）
### 第一节 超常儿童的概念 ………………………………………（119）
### 第二节 超常儿童的鉴别 ………………………………………（121）
### 第三节 超常儿童的学校教育 …………………………………（127）
### 第四节 超常儿童研究中的若干热点问题 ……………………（130）
### 第五节 超常智力测验 …………………………………………（134）

## 第八章 智力测验 …………………………………………………（143）
### 第一节 个别智力测验 …………………………………………（143）
### 第二节 团体智力测验 …………………………………………（159）
### 第三节 多重水平成套测验 ……………………………………（163）
### 第四节 多重能力倾向成套测验 ………………………………（168）

## 第九章 智力分数 …………………………………………………（173）
### 第一节 智力分数的初级形式 …………………………………（173）
### 第二节 智力分数的高级形式 …………………………………（181）

第三节　正确对待智力分数 …………………………………………（185）

## 第十章　智力与创造性思维 ……………………………………………（189）
第一节　创造性思维的基本概念 …………………………………………（189）
第二节　智力与创造力的关系 ……………………………………………（193）
第三节　创造性思维测验 …………………………………………………（198）

## 第十一章　智力因素与非智力因素 ……………………………………（206）
第一节　西方对非智力因素的研究 ………………………………………（206）
第二节　我国对非智力因素的研究 ………………………………………（211）
第三节　非智力因素量表 …………………………………………………（218）
第四节　培养非智力因素 …………………………………………………（238）

## 第十二章　情绪智力 ……………………………………………………（243）
第一节　情绪智力的概念 …………………………………………………（243）
第二节　情绪智力的结构 …………………………………………………（245）
第三节　情绪智力的测量 …………………………………………………（252）
第四节　情绪智力的实证研究 ……………………………………………（258）

**参考文献** ……………………………………………………………………（263）

# 第一章 智力心理学概述

我们讨论或研究任何一个学术问题,一般首先应该论述3个典型的问题,即是什么?为什么?怎么样?也就是What、Why、How。现在我们研究智力心理学这个课题,自然也不能有所例外。在开宗明义的概述部分,我们正是准备谈论这样3个问题:

(1) 什么是智力心理学?

(2) 为什么要研究智力心理学?或者说,研究智力心理学有什么重要意义?

(3) 怎样研究智力心理学?或者说,研究智力心理学有哪些具体方法?

通过对上述3个问题的讨论,我们就可以对智力心理学的全貌有一个初步的认识和了解。

## 第一节 什么是智力心理学

什么是智力心理学?要回答这个问题,可以从3个不同的角度进行。

### 一、智力心理学的位置

什么是智力心理学?首先,我们可以从智力心理学在整个心理学体系中所处的位置谈起。这里介绍心理学的两种代表性的分类方法。

1. 智力心理学是普通心理学的一个分支

普通心理学是心理学理论体系中的一门基础学科,它研究正常个体的心理事实及其结构、特点和规律。

各种各样的心理现象,首先按照心理的形态结构可以分为3态:动态即心理过程,静态即个性特征,不稳定态即心理状态;然后按照心理学的二分法,把心理过程再次一分为二,分为认识过程和意向过程。认识过程包括感知与观察、表象、记忆、想象、思维、言语等;意向过程包括需要、动机、注意、兴趣、意志、情感等。个性特征则包括气质、性格、智力、能力等4个方面。而心理状态是介于心理过程与个性特征之间的一类特殊心理现象的总称,可以分为3大类:认识过程中的心理状态,如疑惑、确信、好奇心、求知欲等;意向过程中的心理状态,如迷恋、焦虑、果断、犹豫、专心、分心等;综合的心理状态,如灵感、疲劳等。

从这种分类中,我们可以知道,在普通心理学的研究领域内,存在着众多心理学分支。例如,研究心理过程中的认识过程的不同方面的心理学分支有:感知心理学、记忆心理学、想象心理学、思维心理学等;研究心理过程中的意向过程的不同方面的心理学分支有:动机心理学、兴趣心理学、意志心理学、情感心理学等;研究个性特征的不同方面的心理学分支有:气质心理学、性格心理学、智力心理学、能力心理学等。由此可知,智力心理学是普通心理学的一个重要分支,它主要研究个性特征的智力方面。

2. 智力心理学是差异心理学的一个分支

《心理学的体系和理论》一书的作者,美国当代著名心理学家J·P·查普林和T·S·克拉威克,把心理学分成两大类:普通心理学和差异心理学。普通心理学研究人们的心理现象的共同性,例如研究人们在传统的认识过程和意向过程的各个领域的一般的、普遍的行为规律。差异心理学研究人们的心理现象的差异性,其主要研究领域有两方面,即智力心理学和人格心理学。智力心理学研究个体的智力的差异性,而人格心理学则研究个体的人格的差异性。这种分类方法如图1-1所示:

```
                ┌ 普通心理学
        心理学 ┤                  ┌ 智力心理学
                └ 差异心理学 ┤
                                  └ 人格心理学
```

图1-1 心理学的一分为二

由此可知,智力心理学是差异心理学的一个重要分支,它主要研究个体的智力的差异方面。

综合上述两种心理学分类方法,我们认为,智力心理学是从普通心理学体系中分化出来的一门分支心理学,它旨在研究人们的智力现象,主要研究个体智力的差异性,同时也研究个体智力的相似性。其实,这两者不仅不相矛盾,而且互为补充。一旦我们能够了解个体智力彼此相似的一面,那么,这自然有助于我们进一步知道他们彼此有别的另一面。反之亦然。

## 二、智力心理学的基本内容

什么是智力心理学?其次,我们可以从智力心理学所研究的基本内容去理解。

1. 智力的结构

智力属于个性特征之一,具有极其复杂的心理结构。研究智力的结构就是分析智力的构成因素的数量、性质以及它们之间的相互关系。智力结构的理论,按照时间,可以分为3个时期。早期智力理论包括:斯皮尔曼的二因素论、桑代克的多因素论和塞斯顿的群因素论;中期智力理论包括:弗农的层次结构模型、格特曼等的二维结构模型和吉尔福特的三维结构模型;近期智力理论包括:加德纳的多重智力理论、斯腾伯格的成功智力理论和戴斯的PASS理论。

2. 智力的形成

智力现象同其他个性特征现象一样,其形成必然受到众多因素的制约。我们不妨把智力视为一种结果,追根溯源,从而研究对智力形成起着主要作用的遗传因素和环境因素。智力形成研究的理论演变:从单一因素决定论,到两种因素各自作用论,再到两种因素相互作用论。智力形成研究的方法发展:从平均对差,到相关分析,再到方差分析。

3. 智力的发展

智力现象也同其他一切心理现象一样,存在着一个从无到有、从低到高,再从高到低、从有到无的过程,即有一个发生、发展、衰退和消亡的自然过程。研究智力的发展就是研究智力随着年龄增长而变化的成长曲线。其中包括智力发展的4个要素即速度、时间、顶峰和阶段以及智力发展的4种模式。

4. 智力的测量

智力测量就是使用智力测验作为工具来测量个体的智力水平。智力测验可以分为2种类型:纵向和横向。纵向智力测验以年龄为变量,如韦克斯勒智力测验包括幼儿量表、儿童量表和成人量表3个测验;横向智力测验则以水平为变量,如瑞文智力测验包括测量正常水平的标准版、测量低常水平的彩色版和测量超常水平的高级版3个测验。

5. 智力的差异

智力差异不仅研究正常个体的智力差异,包括智力的类型差异、智力的发展水平的差异、智力的发展速度的差异等,而且研究智力超常儿童,介绍超常儿童智力量表。智力差异不仅研究个体差异,而且研究团体差异例如男女智力差异。

6. 智力与创造性思维的关系

智力与创造性思维是两个既有区别又有联系的概念。创造性思维具有3个特性:流畅性、变通性和独创性。我们探讨吉尔福特关于智力与创造性思维关系的三角形图,另外介绍中外创造性思维测验。

7. 智力与非智力因素的关系

个体的心理属性本是一个有机的整体。我们仅仅出于研究上的方便,才把它们分为智力因素和非智力因素。因此,智力和非智力因素之间必然存在着内在联系。我们探讨两者关系,另外介绍中外非智力因素测验。

8. 认知智力与情绪智力的关系

情绪智力是当前的一个热门话题。原本只有一种智力,无须加上限定词。提出情绪智力之后,为了加以区分,有人就把传统智力称为认知智力。认知智力与情绪智力的关系,应该也是智力心理学的题中之义。

## 三、智力心理学的特点

什么是智力心理学?再次,我们可以从智力心理学的2个特点去理解。

1. 年轻 VS 古老

智力心理学既是一门年轻的科学,也是一门古老的科学。在心理学发展史上,如果我们说,1879年冯特(Wundt)在德国莱比锡大学建立第一所心理实验室,这标志着科学心理学脱胎于哲学,作为一门独立的科学而诞生,那么我们同样可以说,1905年比内和西蒙在法国发表第一个科学智力量表,则标志着心理学的一个分支智力心理学的诞生。从那时到现在,正好一个世纪。100年的历史,对于一门科学而言,是一个较为短暂的时期,所以说智力心理学是一门年轻的科学。

但是,另一方面,智力测量的思想已有长达两千多年的历史。我国春秋时期的孔子曾经说过:"惟上智与下愚不移。"又说,"中人以上,可以语上也,中人以下,不可语上也。"由此可知,孔子把人类智力分成上、中、下3个等级,即中人以上或上智、中人、中人以下或下愚。战国时期的孟子曾经说过:"权,然后知轻重;度,然后知长短。物皆然,心为甚。"由此可知,孟子认为客观万物皆可测量,心理属性同样可以测量,智力当然也不例外。在这种意义上,我们也可以说,智力心理学源远流长,是一门古老的科学。

另外,中国古代早就创造了不少设计巧妙的智力测量的工具。

(1) 七巧板。最早出现于宋代,一块正方形的薄板,分成 7 小块,其中一个正方形,一个平行四边形,5 个大小不一的等腰直角三角形。区区 7 块小板,却可以拼成上百种栩栩如生的图形,包括树、花等植物,牛、鸡等动物,以及各种人形和船只、房屋等。如图 1-2 所示。

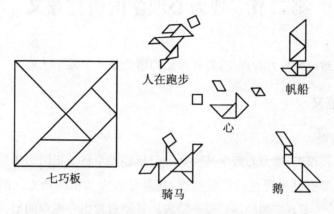

图 1-2　七巧板及其拼图

七巧板可以用来测量儿童的观察能力、知觉组织能力、空间想象能力以及发散性思维能力等。清代末年七巧板传到西方,被称为"Tanggram",唐图。"唐"表示中国,"唐图"就是"中国的拼图"。拼图则是当代智力测验中广泛使用的一个项目。

(2) 九连环。最早出现于战国时代,9 个圆环,环环相连,另有一根操作棒。它有两种相辅相成的操作方法,一种是把相连的 9 个环逐一分离出来,另一种则是把分开的 9 个环相连成串。

无独有偶。20 世纪 20 年代九连环也流传到西方。美国伍德沃斯(R. S. Woodworth)撰写《实验心理学》,书中介绍了中国的九连环,被称为"Chinese Maze",中国式迷津。迷津也是当代智力测验中广泛使用的一个项目。

2. 定性 VS 定量

智力心理学既是一门定性科学,更是一门定量科学。由于个体差异研究在很大程度上依赖于定量技术,因此,查普林和克拉威克将智力心理学和人格心理学合称为定量心理学。智商是智力心理学中一个最为基本的概念。智力心理学诞生伊始,智商的测量及其分布模型就是完全数量化的。当代智力心理学越来越多地使用各种统计方法,加上计算机发展的更新换代,其定量特性更为明显。在智力的单一领域如智力形成、智力发展、智力差异等,以及在智力与另一概念的双边领域如智力与创造性思维、智力与非智力因素、智力与情绪智力等,我们都不难见到定量研究的身影。

## 第二节 智力心理学的研究意义

全面而深入地研究智力心理学,具有重要的理论意义和实践意义。

### 一、理论意义

1. 对于本学科

我们上面已经谈到,智力心理学其实是一门年轻的学科。正因为年轻,其体系和理论必然不可避免地带有某种程度的不成熟性,甚至是较为幼稚的地方。但是,也正因为年轻,其体系和理论才有着广阔的灿烂发展前景。开展对智力心理学的研究,可以使得本学科的体系和理论逐步从不够完善发展到较为完善。

2. 对于哲学

心理学直到19世纪才从哲学中分化出来,目前中国图书分类法中,也仍然把心理学归属于哲学范畴,哲学书籍编目为B类,而心理学书籍编目则为B4类。智力心理学又是心理学的一门分支,自然也与哲学有着十分密切的联系。开展对智力心理学的研究,也必将给哲学以丰富多彩的补充。试举一例,研究智力的形成,有助于解决智力是遗传的还是环境的这个长期争论不休的哲学命题。再举一例,研究智力的发展,有助于论证一切事物都是发展变化的这一基本哲学命题。

3. 对于相关学科

智力、能力、气质、性格同属个性特征,或者说,它们是个性特征大家庭中的4个兄弟成员,彼此关系非同寻常。开展对智力心理学的研究,自然有助于促进能力心理学、气质心理学、性格心理学的发展。再者,智力由观察、记忆、想象、思维等能力因素所组成。开展对智力心理学的研究,无疑也有助于促进记忆心理学、想象心理学、思维心理学等的发展。

## 二、实践意义

百年智力测验,功过评说不一。其中有两种代表性的片面观点:一种是智力测验万能论,另一种是智力测验无用论。智力测验万能论认为:智力测验无所不能。学习、工作、生活以及个人、家庭、社会等方方面面的疑难问题,只要使用智力测验,一概迎刃而解。智力测验无用论则认为:智力测验一无所能,非但无用,而且有害。使用智力测验适得其反,往往对于有待解决的各种问题,做出错误的决定。

开展对智力心理学的研究,一定有助于我们全面评价和正确使用智力测验。智力测验是一种行之有效的研究手段和测量工具,智力测验的结果比其他方法更为可靠而准确。当然,智力测验也并非十全十美,无论在理论上还是在方法上,都有待不断地改进和完善。更为重要的是,为了较为有效地发挥智力测验的积极功能,我们务必正确使用智力测验,防止误用和滥用。

# 第三节 智力心理学的研究方法

智力心理学是心理学的一门分支学科,因此,在逻辑上,心理学研究中的若干基本方法,当然同样也适用于智力心理学的研究,这是智力心理学的研究方法的矛盾的普遍性的一面。

另外,智力心理学的研究方法,还有其矛盾的特殊性的一面。由于智力本身的属性,智力心理学便有若干自身的具体的研究方法;也由于智力本身的属性,即使在智力心理学中,采用在其他心理学分支学科中名称相仿甚至完全一样的研究方法,但也会使得这些方法在智力心理学中别具特色。我们把智力心理学的研究方法分为两大类,一种是收集资料的方法,另一种则是处理数据的方法。下面依次介绍。

## 一、收集资料的方法

### 1. 观察法

观察法是指研究者有目的、有计划地凭借自己的眼睛、耳朵等,直接感知研究对象在自然状态下的言谈举止等外在表现,从而收集有关研究对象智力属性的资料的一种方法。

从观察的时间上,可以分为长期观察和定期观察;从观察的内容上,可以分为一般观察和重点观察。

观察必须有条不紊地进行。观察之前要制定明确的目的和周密的计划；观察之中应做出客观的、详尽的记录，不妨使用录音、录像等现代手段；观察之后则采用直觉经验、效标特征参照等方法，力求做出准确的、可靠的解释，从而较为正确地理解和说明被试的各种外在表现所对应的内在智力属性的实际意义。

观察法的最大优点是所得资料较为真实和全面。不足之处是观察资料的客观性可能受到观察者主观因素的影响而产生观察误差。

俄罗斯著名教育家苏霍姆林斯基著作等身，值得一提的是，其中大部分资料都是通过对学生的长期观察而得到。同样我国当代著名儿童心理学家陈鹤琴从孩子出身之日起就书写日记，对孩子每天细微的身心变化进行周密的观察和记录，连续追踪观察长达 800 余天，积累了大量而系统的第一手观察资料，在此基础之上，方才写成名著《儿童心理之研究》。

2. 作品分析法

作品分析法也可以称为产品分析法，此处的作品是指个体的智力活动的产物。作品分析法是指研究者通过分析作品来收集有关研究对象智力发展的水平与特点的资料的一种方法。

作品的种类是多种多样的，就学生而言，作品包括日记、作文、图画、各门课程的作业及试卷、工艺制作等。对这些作品进行分析，从中可以认识被试的智力或各种能力的发展情况。例如，通过分析学生的作文，可以认识他们的言语能力的水平与特点；通过分析学生的图画，可以认识他们的绘画能力的水平与特点。当然，通过分析学生的作文或图画，也可以认识他们的观察能力、记忆能力、想象能力等的水平与特点。

采用作品分析法，可以进行两种比较，一种是纵向比较，另一种是横向比较。前者是指将同一个体在不同时间的同类作品加以比较；后者是指将同一时间的不同个体的同类作品加以比较，或者是指将同一时间的同一个体的不同类别作品加以比较。从中我们都可以认识被试的智力属性。

有时，在作品分析法中，不仅需要分析智力活动的结果即作品本身，而且需要补充分析智力活动的过程即作品的制造过程。因为，类似的作品并不一定表示相同的过程，同样，不同的作品也不一定表示相异的过程。此外，在作品的制造过程中，个体的智力属性倒可能表现得更加明显一些。

作品是反映个体的智力或能力的最为真实和最为具体的材料之一，所以作品分析法的优点无疑是资料翔实,但作品分析法对研究者的要求颇高,不仅需要具备深刻的洞察力,同时力戒独断专行。

我国的东邻日本,在教育心理学的研究中,广泛使用作品分析法。

### 3. 访谈法

访谈法是指研究者事先与研究对象约定时间,或进行个别面谈,或进行电话访谈,从而收集有关研究对象智力特征的资料的一种方法。

按照提问和回答的方式,访谈法可分为2种类型,一是结构访谈,二是非结构访谈。在结构访谈中,研究者事先拟定访谈提纲,编制一组问题,有时提供回答问题的反应方式。研究对象针对问题或按照反应方式给予回答。在非结构访谈中,研究者事先只是拟定一个访谈主题,让研究对象自由作答。另可根据访谈情境,或灵活提问,或适时追问。

访谈法的优点无疑是所得资料较为丰富和可靠。最大局限则是所得资料难以量化以及访谈对象可能怀有"警戒心理"。

### 4. 个案法

个案法是指研究者系统地收集研究对象的相关个案资料,进行分析综合,从而阐述研究对象的智力发展的过程与特点以及个中原因的一种方法。

个案法既可以适用于研究个体的整体智力的发展过程,也可以适用于研究个体智力的某一组分的发展过程;个案法既可以适用于探索性研究个体的智力发展的原因,也可以适用于验证性研究个体的智力发展的原因。

个案法特别适用于研究智力特殊儿童,即智力超常儿童或智力低常儿童。例如,在智力测验中,发现某个学龄儿童的智商偏低,这时,如果需要进一步研究这个儿童智商低下的原因所在,那么,就可以进行家庭访问,了解双亲的智力情况、母亲妊娠和分娩情况、儿童婴儿期的智力发展(如手指的动作、爬和走的运动能力,从什么年龄开始能够自己发声或听懂别人说话等)、饮食营养、兄弟姐妹等,或访问儿童的教师,或分析被试的智力活动的各种作品以及记载他的智力活动的种种资料。

在对智力超常儿童的研究中,也常常采用个案法。如中国科学技术大学的研究人员,就采用此法来研究少年班大学生的智力发展的特点与规律。

在使用个案法时,往往需要综合运用其他方法作为补充。个案法有利于对被试智力直接进行较为全面而深入的研究,其不足之处是只限于某一个或某一组特定的被试,使得研究结果难免带有某种程度的局限性。

5. 测验法

测验法是指研究者通过使用智力测验来测量研究对象,从而收集有关研究对象智商水平的资料的一种方法。在测验法中所使用的智力测验,也常称为智力量表,由一组标准化的测题所组成。"量表"的英语为 scale,而 scale 的释义之一则是"秤",形象地说,就是使用智力量表这杆秤,来称重研究对象的智商。

测验法的最大特点是,在各种收集研究资料的方法中,测验法是其中最为可靠而准确的一种方法,或者说,测验法具有较高的信度和效度。具体地说,测验法可以较为准确地测量出被试的智商水平的高低,而且,这种智商测量结果的一致性程度也较高。

智力测验多种多样,可以按照不同的标准加以分类。

(1) 按照测验人数来分,可以分为个别智力测验和团体智力测验。在个别智力测验中,一个主试同一时间只是测量一个被试;在团体智力测验中,一个主试同一时间能够测量多个被试。

(2) 按照测验材料来分,可以分为言语智力测验和操作智力测验。言语智力测验,也可称为文字智力测验;操作智力测验,也可称为非文字智力测验或非言语智力测验。在言语智力测验中,主试使用口头语言或书面文字来出示测题,被试同样使用口头语言或书面文字来作答测题;在操作智力测验中,常用的测验材料包括图形、图片、图板、积木、小珠或小球、工具、实物、模型等,被试通过操作测验材料来完成测题。

(3) 按照测验的难度和时限,可以分为速度智力测验和难度智力测验。在速度智力测验中,各个项目的难度相同,而且都是低难度的项目。但时限却非常严格,没有一个被试能够在规定的时限之内完成全部项目。测验的失分,不是因为被试的智力水平,而是因为时间不够。如果延长时间,被试可以增加测验分数;在难度智力测验中,各个项目的难度由易到难,而且排列一些极难的项目,没有一个被试能够正确作答。但时限却非常充裕。测验的失分,不是因为时间不够,而是因为被试的智力水平。如果延长时间,被试也难以增加测验分数。

## 二、处理数据的方法

在智力心理学的研究中,处理数据的基本方法是统计分析方法,包括相关分析、回归分析、因素分析、结构方程建模等。

1. 相关分析

"相关"(correlation)概念由英国高尔顿(F. Galton)在 19 世纪末首先提出。1884 年他在国际博览会上设立了一个"人体测量实验室",测量视觉和听觉、肌肉力量、反应时以及其他简单的感觉运动机能。博览会闭幕之后,实验室迁址伦敦南肯辛顿博物院,前后开办6年之久,共测量将近一万人次。高尔顿由此积累了关于简单心理过程方面个体差异的第一批大规模的系统资料。为了处理这些个体差异数据,高尔顿对一些统计技术加以修改和简化,其中最为注目之处当属提出了"相关"概念以及计算相关系数的初步方法。20世纪初他的学生皮尔逊(K. Pearson)在此基础之上,进一步提出了积差相关。

相关能够表示双变量数据之间的相互联系,并使用"相关系数"来表示这种联系的方向和强弱程度。

积差相关系数一般使用字母 $r$ 表示,它不仅能够反映两变量之间的相关程度,而且能够反映两变量之间的相关方向。它的取值范围为 $-1 \leqslant r \leqslant +1$,绝对值表示相关的程度,绝对值越大,表示相关程度越强;绝对值越小,表示相关程度越弱。正负号则表示相关的方向,正值表示正相关,即变量之间变化方向相同,一个变量值会随着另一个变量值的增加而增加;负值表示负相关,即变量之间变化方向相反,一个变量值会随着另一个变量值的增加而减少。如果相关系数为零,则表示变量之间无线性相关,即给定一个变量一个值,另一个变量可能是任何值。而如果相关系数为 $\pm 1$,则表示变量之间完全相关,即给定一个变量一个值,另一个变量只能是一个值。

利用相关分析方法,可以揭示智力心理学的许多规律。例如,利用相关分析方法研究一起抚养的同卵双生子和异卵双生子的智力。结果发现,前者的智商相关系数大于后者的智商相关系数,这就证实遗传因素对智力形成的影响。而利用相关分析方法研究分开抚养的和一起抚养的同卵双生子的智力。结果发现,前者的智商相关系数小于后者的智商相关系数,这就证实环境因素对智力形成的影响。

2. 回归分析

"回归"(regression)概念最初是英国高尔顿研究遗传问题时所使用的一个术语。他在研究父母身高和子女身高之间关系时发现,子女身高趋向于比其父母更接近于一般个体的平均身高,他把这种现象称为"向平均数的回归"。回归这个术语沿用至今,但其应用非常广泛,凡从一个(或多个)变量的值去推测另一个变量的值,我们都可以称之为回归分析。

最为简单的回归分析是一元线性回归。如果已知自变量 $X$ 和因变量 $Y$ 之间存在着某种相关关系,可以在直角坐标系上描绘散布图。如果这些点全部处于一条直线上,则它们完全相关,可以写成 $Y = a + bX$;如果这些点不在一条直线上,但它们却具有散布在一条直线周围的倾向,那么可以在这些散点之间找到一条最优拟合直线,即各点至拟合线在 $Y$ 轴上的距离的平方和最小,这条拟合线称为回归线。

现在解读回归分析的主要内容,假设研究课题是认知智力对学业成绩的影响。

(1) 建立回归方程。使用回归方程 $\hat{Y}=a+bX$ 来表示认知智力 $X$ 和学业成绩 $Y$ 之间的定量关系。公式中 $\hat{Y}$ 为 $Y$ 的估计值;$b$ 为回归系数,即回归线的斜率;$a$ 为常数项,即 $X=0$ 时的 $Y$ 值。

(2) 统计检验。包括回归方程显著性的 F 检验、回归系数显著性的 $t$ 检验等。

(3) 预测。利用回归方程进行预测,首先设定显著性水平,一般为 0.05,那么,标准差 $S=1.96$。所以,学业成绩实际值 $Y$ 以 95% 的概率落在区间 $\hat{Y}=a\pm1.96S+bX$ 之内。

(4) 在多元线性回归中,分析哪些变量的影响达到显著性,哪些变量的影响没有达到显著性。如果本研究中,再引入另一个自变量情绪智力,那么就成为认知智力、情绪智力与学业成绩的二元回归分析。统计检验可能表明:二元回归方程 F 检验的显著性达到 0.05;认知智力与学业成绩回归系数 $t$ 检验的显著性达到 0.01,而情绪智力与学业成绩回归系数 $t$ 检验的显著性则没有达到 0.05。

智力心理学中使用回归分析方法进行研究的经典实例包括:

(1) 1968 年克朗巴赫(L. J. Cronbach)使用回归分析,对 M·沃勒克和 N·科根关于幼儿创造力的研究报告进行再研究。沃勒克和科根把智力和创造力定为自变量,把社会影响和学习信心定为因变量,并对男生和女生分别进行 2×2 方差分析。克朗巴赫使用连续多元回归分析方法,首先加入智力(改称成就 $A$)和创造力(改称可塑性 $F$),然后加入性别 $s$、$As$、$Fs$ 和 $AFs$,每次试验递增 $R^2$。结果发现,因变量存在着显著的 $A\times F$ 相互影响。

(2) 1970 年 G. J. 安德森研究智力、学习环境对学业成绩的影响。男女生分开处理,共建立 8 个多元回归方程,依次加入 IQ(智力)、LEI(学习环境条件)、IQ×LEI、$(IQ)^2$ 和 $(LEI)^2$。结果发现,在许多情况下,都存在着显著的 IQ×LEI 相互影响。

(3) 1972 年 K·马奇班克斯研究环境对智力发展的影响。自变量为 8 个环境和 4 个人种,因变量则为基本智力测验的言语、数字、空间、推理等 4 项分测验。结果发现,言语能力受到自变量的影响最大,其中归因于环境因素的方差比率为 0.16,而归因于人种因素的方差比率则为 0.11。

### 3. 因素分析

1901 年英国皮尔逊最早提出因素分析的思想。1904 年英国斯皮尔曼(C. B. Spearman)发表专题论文《客观地测量和确定一般智力》,使用因素分析的技术研究智力结构,并提出智力的二因素理论,这也标志着因素分析方法的诞生。继此之后,美国瑟斯顿(L. L. Thurstone)使用因素分析方法提出智力的群因素理论,英国伯特(C. Burt)使用因素分析方法提出智力的层次结构模型,美国吉尔福特(J. P. Guilford)使用因素分析方法提出智力的三维结构模型。他们都为发展因素分析方法而进行大量的研究工作。

因素分析方法的中心任务是:从一组变量或不同测验的实验数据中,找出其中潜在的起决定作用的共同的基本因素。因素分析方法的一般步骤是:首先根据实验数据,分别计算各对分测验(或变量)之间的积差相关系数,得到一个 $n \times n$ 项的"相关矩阵";然后通过一系列的数学处理,推导出一个 $n \times m(m<n)$ 项的"因素矩阵",将 $n$ 个分测验(或变量)缩减为 $m$ 个基本因素,以解释分测验(或变量)之间的关系。

智力心理学中使用因素分析方法进行研究的经典实例,当属克朗巴赫研究洛奇-桑代克(Loger-Thorndike)智力测验(简称 L-T 测验)。L-T 测验包括 7 个分测验,即图形分类、数字系列、图形类比、句子填充、词语分析、算术推理及词汇。因素分析的目的是想确知:①7 个分测验能够测出多少种不同的基本能力或因素;②这几种基本因素是什么性质的心理机能;③这几种基本因素对每个分测验的贡献有多大。L-T 测验的因素矩阵如表 1-1 所示。

表 1-1  L-T 测验的因素矩阵

| 分测验 | 因素负荷 A | 因素负荷 B | 共同度($h^2$) |
| --- | --- | --- | --- |
| 1 | 0.461 | 0.587 | 0.557 |
| 2 | 0.383 | 0.705 | 0.644 |
| 3 | 0.463 | 0.688 | 0.687 |
| 4 | 0.816 | −0.050 | 0.668 |
| 5 | 0.843 | 0.097 | 0.720 |
| 6 | 0.620 | 0.257 | 0.450 |
| 7 | 0.870 | −0.047 | 0.759 |
| 特征值($\lambda$) | 3.091 | 1.394 | $\sum(h^2) = 4.485$ |
| 总变异量 | 44% | 20% | 64% |

现在解读因素矩阵的 4 个关键词:

(1) 因素负荷,它指某一测验(或变量)与某一因素的相关系数。如测验1在因素 $A$ 的负荷为 0.461,也就是测验1与因素 $A$ 的相关系数为 0.461。因素负荷越大,测验(或变量)与因素的相关越高。因此,因素负荷的平方相应于决定系数,也就是该因素对某一测验(或变量)的方差贡献的大小。

(2) 共同度($h^2$),它表示每一测验(或变量)的变异中能以各因素来解释的部分,其数值等于每行因素负荷的平方和。如测验1的共同度为:$(0.461)^2+(0.587)^2=0.557$,这表示测验1的变异中能够使用因素 $A$ 和 $B$ 共同解释的部分是 55.7%。

(3) 特征值($\lambda$),其数值等于每列因素负荷的平方和。由表1-1可知,因素 $A$ 可以解释 3.091 个单位方差,因素 $B$ 可以解释 1.394 个单位方差。而每个分测验方差为1,原相关矩阵的总方差为7个单位。

(4) 总变异量百分比,总变异量一分为二,其一是各个因素的总变异的百分比,其数值等于各因素的特征值除以总变异。如 $A$ 因素的总变异的百分比为:$3.097 \div 7 = 44\%$。其二是剩余的总变异的百分比,表示每个测验所独有的特殊因素和测量误差。

经过因素分析发现:①本测验主要测到两种基本因素,即词语因素和非词语因素。前者解释测验总变异的44%,后者解释测验总变异的20%,二者共解释总变异的64%。剩余的总变异的36%,属于每个分测验所独有的特殊因素和测量误差。②词语因素的作用在分测验7、5及4中较为突出,尤其在分测验7上,能够解释75%以上的变异;非词语因素的作用则在分测验2、3及1中较为突出。

4. 结构方程建模

1970年代中期,瑞典心理测量学家乔纳斯柯格(K. G. Jöreskog)最早提出结构方程建模(structural equation modeling,SEM)。SEM另有许多别名,如协方差结构分析(analysis of covariance structure)、因果建模(causal modeling)、线性结构方程(linear structural equation)等。这是一种检验变量之间复杂的因果关系的数学方法,是因素分析和路径分析的深化和综合。建模的4个过程是:模型构建、模型拟合、模型评估和模型修正。

1979年乔纳斯柯格成功研制 LISREL(1inear structural relation)统计软件,后来又有 EQS 等其他统计软件先后问世。近年来结构方程建模在智力实验研究中逐步得到广泛应用。

例如,我们研究智力、非智力因素、自我效能、学习策略等4个因素影响学习成绩的因果模型。其中有两组内源变量,一个是学习成绩,它是单纯的结果变量;另一个是非智力因素、自我效能、学习策略等三者,它们是中介变量,既是学习成绩的原因变量,又是智力的结果变量。而智力则是唯一的外源变量,它是前两组内源变量的原因变量。

　　由于人类智力的固有的复杂性,因此在智力心理学的研究中,如果单一地使用某一种方法,结果往往难以奏效。无论在对智力心理学的理论进行抽象研究时,还是在对特定的被试对象的智力进行具体研究时,我们都需要综合地使用多种方法,以期获得较为理想的成果。我们可以使用一种方法为主,而辅之以其他方法。我们也可以同时或先后使用不同方法而互为补充,相得益彰。

# 第二章　智力的含义

智力的含义是智力心理学中首当其冲的一个重要话题。这个概念的性质,可以使用一句话来陈述,它既是一个十分简单的概念,同时又是一个极其复杂的概念。这并非自相矛盾,而是取决于从什么角度讨论问题。

智力是一个十分简单的概念,这是就日常概念而言。在日常生活中,我们时时处处都会碰到智力问题。例如,我们经常听到有人评说,这个孩子聪明,那个孩子愚笨。这聪明与愚笨的问题,就直接与个体的智力水平高低有关。在这种情景中,言者和闻者都能准确无误地理解智力的概念。而且,普通大众对智力概念运用自如。我们在比较个体之间的智力差异时,不会去考虑谁人高马大,谁力大无比,谁脾气和好,而会去考虑谁反应快捷,谁过目成诵,谁能言善辩。

智力是一个极其复杂的概念,这是就科学概念而言。在心理学界,智力概念长期争论,众说纷纭,你说你有理,他说理更长。1905年第一个科学智力测验即比内-西蒙量表问世,智力定义仍然悬而未决。但是,这点丝毫不会影响比内-西蒙智力量表的科学性,如同物理学界确定温度的定义之前,我们照样可以根据汞柱的升降变化,准确而可靠地测量温度。时至今日,还是没有一个公认的科学的智力含义。1985年美国耶鲁大学斯腾伯格(R. J. Sternberg)在《超越 IQ》一书中指出:"智力是最为难以理解的概念之一。当然,也很少有其他概念像智力那样曾经被使用这么众多不同的方式来加以定义。"《中国大百科全书·心理学》的"智力"词条指出:"智力一词的含义看起来好像人人皆知,实际上却很难提出一种完全令人满意的定义。"

# 第一节　国外心理学家的智力观点

1921年美国《教育心理学杂志》(Journal of Educational Psychology)特辟专栏,以"智力及其测量"为题开展智力问题大讨论,特邀当时欧美17位大名鼎鼎的专家学者踊跃参加,各抒己见,研讨智力的性质和含义。其中包括桑代克(E. L. Thorndike)、推孟(L. M. Terman)、科尔文(S. S. Colvin)、平特纳(R. Pintner)、亨曼(V. A. C. Henmon)、彼得森(J. Peterson)、瑟斯顿(L. L. Thurstone)、伍德罗(H. Woodrow)、迪尔伯恩(W. F. Dearborn)、盖茨(A. I. Gates)、斯腾(W. Stern)、弗里曼(F. N. Frieman)等人。令人稍感遗憾的是,结果仍然无法统一,并且延续多年。国外关于智力含义的观点,百家争鸣,学说众多。其中最有代表性的观点有下列4种。

## 一、智力是抽象思维的能力

主张此说者认为智力是一种抽象思维的能力,例如理解能力、判断能力、推理能力、创造能力。智力较高的个体能够理解深刻,判断正确,推理敏捷,并且富有创造性,因为他们具有较高的抽象思维的能力。代表人物及其背景和观点如下:

**1. 法国比内**

1905年问世的比内-西蒙智力量表是第一个科学智力量表,同时也是第一个科学心理量表。该量表编制者比内(A. Binet)认为:"智力是一种判断的能力、创造的能力、适应环境的能力。"他又说:"善于判断、善于理解、善于推理——这是智力的三大要素。"

**2. 美国推孟**

比内-西蒙智力量表发表不久,美国出现多种修订版本。其中最为成功者当属推孟1916年修订的斯坦福-比内量表。推孟认为:"个体的智力和抽象思维能力成正比。"在推孟看来,个体应用抽象概念进行思维的能力就是他的智力水平;个体之间的智力差异不能使用感知或再现等能力来说明,而应该使用概念形成的相对能力以及应用概念解释各种情境的能力来说明。

## 二、智力是适应环境的能力

主张此说者认为智力是一种适应环境的能力。如果个体的智力越高,那么他适应环

境的能力也越强。在一个全新的环境条件下,这种个体能够较快地用新的反应去适应周围环境。代表人物及其背景和观点如下:

1. 德国斯腾

1911年德国汉堡大学斯腾首先提出心理年龄除以实足年龄所得的"心理商数"的概念。斯腾认为:"普通智力就是个体充分适应新环境的能力。"

2. 美国桑代克

1908年桑代克编制《书法量表》,这是第一个标准化教育测验。桑代克认为:"智力是个体对于环境的一种适当的反应能力。"

3. 瑞士皮亚杰

皮亚杰(J. Piaget)提出儿童认知发展4阶段学说:感觉运动阶段、前运算阶段、具体运算阶段、形式运算阶段。皮亚杰认为:智力的本质就是适应,它使得个体与环境之间取得不断的平衡,而儿童对客观世界的认识发展就是在个体与现实环境相互作用中逐步完善的。

另外,科尔文认为:"智力是个体学习调节自己适应环境的能力。"平特纳认为:"智力是个体自己适应生活和新的环境的能力。"

## 三、智力是学习的能力

主张此说者认为智力是一种学习知识和技能的能力。智力与学习能力之间存在着高度正相关,智力较高的个体能够顺利学习难度较大的内容,不仅学习速度较快,而且学习成绩也较好。否则反之。个体所积累的学习效果,便是他的智力水平。代表人物及其观点如下:

白金汉(Buckingham)认为:"智力就是学习的能力。"

亨曼认为:"智力是获得知识和保持知识的能力。"

迪尔伯恩认为:"智力是学习能力或由经验中得益的能力。"

盖茨认为:"智力是关于学习能力的综合能力。"

应当承认,上述3种观点都不是错误之说,相反,它们都具有一定程度的正确性,在逻辑上也完全讲得过去。但是,它们都只涉及智力的某个侧面,或者说它们的视角着重于某门具体学科,即智力的抽象思维论着重于心理学,智力的适应环境论着重于生物学,而智力的学习能力论则着重于教育学。

### 四、智力是一种综合的能力

在20世纪20年代那场轰轰烈烈的智力含义大讨论之时,美国韦克斯勒(D. Wechsler)尚属无名之辈的小硕士,自然没有什么话语权。直到1944年,韦克斯勒回首往事,恍然大悟,亮出与众不同的智力含义:"智力是个体有目的地行动、合理地思维和有效地处理周围环境的汇合的或整体的能力"。

韦克斯勒的高明之处在于:他无意加入这场本无结果的孰是孰非的争论,而是居高临下,整合各家之言,提出了合三为一的综合的智力含义。

首先,智力是一种综合的能力。任何一种单一的能力,不管是抽象思维的能力,还是适应环境的能力,还是学习的能力,或者是其他重要的能力,都不能简单地与智力划上等号,充其量只是智力的一个组分。

其次,智力主要包括三个组分,即有目的的行动(学习属于此种行动的首要体现)、合理的思维(以抽象思维为主)、有效的处理周围环境(其目的正是适应环境)。

我们不难发现,韦克斯勒的智力含义本质上是把他人的三种观点整合成一体为己所用,当然,这不是机械地相加,而是有机地化合。韦克斯勒的智力含义一经提出,立刻受到各国心理学家的一致重视。单一能力智力观的三足鼎立退出舞台,综合能力智力观登台亮相。韦克斯勒为智力含义的深入探讨创建了一个崭新的平台。大家在此基础上存大同求小异:智力是一种综合的能力,在这点大前提上大家达成共识;智力到底有几种组分构成,又是哪些组分,在这些具体小问题上,大家仍然存在分歧。

星移斗转,1986年美国当代著名心理学家R·斯腾伯格和德特曼(Sternberg & Detteman)又主持一次关于智力本质及其含义的大调研,结果仍然是众说纷纭,没有一种观点能够一统天下。

## 第二节　中国心理学家的智力观点

无独有偶,我国心理学界20世纪80年代初期伊始,几乎同步研讨智力含义,也是百花齐放,各树一帜。

### 一、三种智力观点

我们认为,中国心理学家的智力观点众多,但其中最有代表性的观点有以下3种。

1. 单能力说

主张此说者认为,智力是指认识能力。代表人物及其观点如下:

上海师范大学燕国材提出"智力五因素说",他认为:智力是人们在认识客观事物的过程中所形成的稳定的心理特点的综合,这种综合足以保证人们有效地进行认识活动。它包括注意力、想象力、观察力、思维力和记忆力等5个基本因素。

另有人提出一种变式即"智力三因素说",这种观点认为,智力由3种认识能力构成,它们是观察能力、记忆能力和思维能力。此外,这种观点分别采用集中与分散的方式,处理"五因素说"的另外两种认识能力。想象是运用形象材料进行的思维活动,因此,它可以被包括在思维能力之中。而注意不是一种独立的心理活动,它不能离开观察、记忆和思维而存在。换句话说,观察、记忆和思维等能力本身都包括注意活动在内。

北京师范大学朱智贤认为:智力是个体的一种综合的认识方面的心理特性,它主要包括:①感知、记忆能力,特别是观察力;②抽象概括能力(包括想象能力)即逻辑思维能力,是智力的核心成分;③创造力,这是智力的高级表现。

2. 双能力说

主张此说者认为,智力不仅指认识能力,而且也指实践能力。在这种观点中,智力的认识能力是指观察力、记忆力、想象力、思维力等认识能力,而实践能力是指解决问题的能力。代表人物及其观点如下:

《辞海》中认为:智力是指人认识客观事物并运用知识解决实际问题的能力,集中表现在反映客观事物深刻、正确、完全的程度上和应用知识解决实际问题的速度和质量上,往往通过观察、记忆、想象、思考、判断等表现出来。

《中国大百科全书——心理学》中认为:智力是指人们在获得知识和运用知识解决实际问题时所必须具备的心理条件或特征。

中国科学院心理研究所王极盛认为:智力是各种能力的总体,它主要是指认识和行动所达到的水平,主要包括观察能力、记忆能力、思维能力、想象能力和实践活动能力。

3. 特征说

主张此说者认为,智力是脑神经活动的结果,应该从脑神经活动具有哪些主要特征的角度来给智力下定义。代表人物及其观点如下:

《中国比内测验》第3次修订者吴天敏认为:"智力是脑神经活动的针对性、广扩性、深入性和意识性在任何一项神经活动和由它引起并与它相互作用的意识性的心理活动中的协调反映。"简而言之,智力是脑神经活动的四性(针对性、广扩性、深入性和意识性)在两类活动(神经活动和心理活动)中的协调反映。

## 二、七点共识

在上一部分,我们已经讨论了中国心理学家关于智力的几种代表性的观点;在这一部分,我们准备讨论中国心理学家关于智力的比较一致的观点。如果我们说,前者侧重于各种观点之异,即同中求异,那么我们也可以说,后者则侧重于各种观点之同,即异中求同。这两者乃是相辅相成,互为补充的。

我们认为,中国心理学家关于智力的比较一致的观点,主要有以下7个方面。

1. 智力与认识能力息息相关

单能力说本身明确认为,智力属于认识活动的范畴;而双能力说,虽然认为实践能力也应属于智力的范畴,但它同时并不否认认识能力属于智力范畴的观点;至于特性说,它是从生理活动和心理活动这两类活动中来考察智力的,毫无疑问,心理活动自然包括认识活动在内。

2. 智力由多种能力因素构成

在智力是由多种而非单种能力因素构成这个基本问题上,各种智力观点是完全一致的;虽然在构成智力的能力因素到底有多少种以及它们又是哪几种能力因素等若干具体问题上,各种智力观点是存在分歧的。

如果我们借用化学中的一对术语,那么我们可以说,智力是由多种能力因素构成的"化合物",而不是由某一种能力因素构成的"单质"。

3. 思维能力是智力因素中的核心因素

我们已经知道,智力是由多种能力因素构成的。那么,这些能力因素在智力构成中的地位怎样?是同等重要,还是轻重不一?各种智力观点,几乎无一例外地认为,思维能力居于其他能力之首,当仁不让地处在核心因素的位置上。

至于其余几种能力因素之间的相互关系,各种智力观点本身均未直接论述。我们不妨大胆从中推论,它们在智力构成中的地位基本等同,尽管它们的功用各有千秋。

4. 智力是多种能力因素构成的综合体

这个问题其实涉及顺向与逆向2个问题。其一,多种能力因素——→智力,即多种能力因素是怎样构成智力的?其二,多种能力因素←——智力,即智力是否可以还原为多种能力因素?

我们先讨论第一个问题。

朱智贤认为：智力是个体的一种综合的认识方面的心理特性。

王极盛认为：智力是各种能力的总体。

燕国材认为：智力是人们在认识客观事物的过程中所形成的稳定的心理特点的综合。

台湾师范大学张春兴认为：智力是一种综合性能力。

他们所使用的具体词汇不尽相同，但是表述的语意却毫无二致。这就是说，智力不是若干种能力因素机械相加的结果，而是它们通过有机结合的产物。如果我们再次借用化学中的一对术语，那么我们可以说，多种能力因素构成智力的过程不是一种"物理变化"，而是一种"化学变化"。

我们再讨论第二个问题。我们的回答当然是否定的。其实，这个答案不难从第一个问题的答案中间接推论出来。智力本身是一个完整的独特的人格心理特征，我们无法把它还原为若干种能力因素。

关于上述2个问题，我们不妨借用一个极其常见的化学变化的例子来加以说明。木炭(其主要成分是碳)在燃烧的条件下，可以跟空气里的氧气发生反应，从而生成二氧化碳。一方面，碳和氧气通过化学变化不是物理变化而生成二氧化碳；另一方面，二氧化碳是一种完全不同于碳和氧气的新的物质。它一旦生成，就再也不能简单地还原为碳和氧气了。

在这里，我们不妨把碳和氧气比做构成智力的多种能力因素，而把二氧化碳比做智力。这对于我们理解智力是多种能力因素构成的综合体的问题，也许具有一定的启示性。

5. 构成因素的水平影响智力的水平

构成因素的水平有高低之分，智力的水平也有高低之分。每个智力构成因素可以通过2种不同的方式来影响智力的水平。一种是直接影响方式，即一步到位：一个构成因素的水平直接影响智力的水平。另一种是间接影响方式，即分两步走：第一步，一个构成因素的水平直接影响另一个构成因素的水平；第二步，后者再直接影响智力的水平。因此，对于前者来说，它间接影响智力的水平。

先讨论直接影响方式。以燕国材的五因素说为例，智力是由5种因素构成的。每个构成因素的水平，都会影响到智力的水平。观察力水平的高低，自然会影响到智力水平的高低；注意力水平的高低，同样会影响到智力水平的高低；记忆力、想象力、思维力的情况，莫不如此。

试举一例。自行车是由车把、车架、轮子、传动机构等部件构成的，其中每个部件的质量水平，都会影响到自行车整车的性能。轮子的质量会影响到自行车的性能，如轮胎漏气、车条未校正等,自行车的性能自然不行;传动机构的质量也会影响到自行车的性能,如飞轮的外牙受损、链条过紧或过松等,自行车的性能自然也不好。

再讨论间接影响方式。对于自行车来说,不存在间接影响。一个部件的质量水平,只会影响自行车的性能,而不会影响其他部件的质量。如车条未校正时,车把和车架等部件的质量水平没有改变,丝毫不受影响。

智力的情况远比自行车的情况来得复杂。一个智力构成因素的水平,不仅会直接影响到整个智力的水平,同时还会直接影响到其他构成因素的水平而间接影响到智力的水平。以思维力为例。如果思维力的水平较高,则会促进其他智力构成因素的水平,整个智力水平也随之提高;相反,如果思维力的水平较低,则会促退其他智力构成因素的水平,整个智力水平也随之降低。

6. 构成因素的结构影响智力的水平

结构可以包括水平,也可以不包括水平,在此我们指后者。换句话说,即使每个智力构成因素的水平相同,但由于互相结合时的结构不尽相同,也会影响智力水平的高低。

仍以自行车为例。假设2辆自行车的各个组成部件的质量都完全相同,但其中一辆车子装配得较好,另一辆车子装配得较差,那么,前者的性能自然胜过后者。

再举一例。一些进口家用电器有2类:国外原装和国内组装。两者的部件的质量没有什么太大的差别,关键是装配质量确有高低之分。结果,原装机质量优于组装机,当然,原装机价格也高于组装机。

7. 构成因素的结构影响智力的属性

属性可以包括水平,也可以不包括水平,在此我们也指后者。换句话说,每个智力构成因素的水平相同,但由于互相结合时的结构不尽相同,结果所形成的智力即使水平相同,但属性仍然可以存在差异。

我们不妨借用化学中的"同分异构"(化学式相同而结构式不同)现象来具体解释这个抽象问题。试举一例。假设甲和乙2种物质,都由碳氢氧3种元素构成。这就类似于甲和乙2个人的智力,都由注意力、想象力、观察力、思维力、记忆力等5种因素构成;再假设构成2种物质的3种元素的原子数都一样,即2个C原子、6个H原子和1个O原子。这就类似于2个人智力的5种因素的水平高低都一样;但是,由于2种物质的结构不一样,一为$CH_3CH_2OH$,另一为$CH_3OCH_3$,结果形成2种不同的物质,前者为乙醇,俗称酒精,后者为甲醚,它们的物理性质和化学性质都不一样。这就类似于2个人智力的构成因素的空间结构不一样,结果他们的智力属性也不一样。

当然，人们的智力的5个因素相互结合时，远比化学中的同分异构现象复杂得多，我们仅仅用做一个比喻而已。

关于智力的含义，我们可以从两个角度去理解，一个是语义性智力定义，另一个是操作性智力定义。对于前者，大家比较熟悉，它是指从内涵和外延两个方面来探讨智力含义。对于后者，也许大家比较陌生，我们稍加说明。定义一个概念的通式是："X"的意思是"Y"。在这里，X称为被界定项，而Y则称为界定项。所谓操作性定义，就是必须在界定项中具体说明测量被界定项时所要进行的实际活动，这种实际活动也称操作活动。操作性智力定义应该指出测量智力时所要进行的实际活动。

我们进行智力含义的探讨，个中目的，归根到底，是为了有助于发展个体智力，而在发展智力的系统工程中，自然离不开测量智力这一关键环节。因此，在这种意义上，操作性智力定义比语义性智力定义更为重要一些。

早在20世纪20年代，弗里曼(F. N. Frieman)曾经提出："智力就是使用智力测验所测量出来的东西。"这种说法本身无疑是正确的，但问题在于，各种智力测验的项目所涉及的内容领域不尽相同，这表明测验编制者各自所理解的智力含义也有所不同。

## 第三节　普通大众的智力观点

智力含义的理论可以分为两种类型，一种是智力外显理论，另一种是智力内隐理论。智力外显理论特指心理学专家的智力观，上面已作介绍；而智力内隐理论则泛指普通大众的智力观，下面将作介绍。

### 一、国外的研究

国内外对儿童、小学生、大学生及成人的智力观都进行过不少研究。

1974年沃伯(M. Wober)研究乌干达的不同部落及部落之内不同群体成员的智力观。结果发现，不同部落对智力含义的理解不尽相同。例如，巴干达部落将智力与心理条理性相联系，而巴特罗部落则将智力与心理骚动相联系。根据词语差异量表，巴干达人认为智力是持久性、坚硬性和冷淡无情，而巴特罗人则认为智力是软弱、服从和顺从。

1976年瑟普尔(R. Serpell)研究赞比亚的车瓦族成人关于儿童的智力观。结果发现，成人对儿童的日常生活适应的评定与儿童的跨文化认知测验的分数之间没有什么相关，这表明车瓦族大众的智力观与西方心理学专家的智力观相去甚远。

1982年西格勒和理查兹(R. S. Siegler & D. D. Richards)研究美国大学生的智力观。大学生认为，婴儿的3个智力特征是：再认能力、动作协调能力、警觉；而成人的5个智力特征则是言语能力、推理能力、学习能力、问题解决能力和创造力。

1981年斯腾伯格、康韦、凯特隆和伯恩斯坦(R. J. Sternberg, B. E. Conway, J. L. Ketron & M. Bernstein)研究美国的大学生、火车旅客、回答报纸广告问题的人员及从电话簿上随机抽取的人员关于一般智力、学业智力和生活智力的内隐理论。例如，让一组普通大众按照9点评分标准，评定250种行为在定义智力中的重要性，然后进行因素分析。结果发现：一般智力的3个因素是问题解决能力、言语能力和社会能力；学业智力的3个因素是言语能力、问题解决能力和社会能力；而生活智力的3个因素是实践问题解决能力、社会能力和对学习与文化的兴趣。这就表明普通大众的智力观与心理学专家的智力观十分相似：构成问题解决能力因素的那些行为类似于卡特尔(R. B. Cattell)的流体智力，构成言语能力因素的那些行为类似于卡特尔的晶体智力，而构成社会能力因素的那些行为则类似于桑代克(E. L. Thorndike)的社会智力。

## 二、国内的研究

1987年方富熹、D·齐茨研究中国和澳大利亚两国的儿童、大学生、教师、成人（教师除外）及澳国华侨的智力观。结果发现：中澳两国被试对智力含义的理解有许多共同之处，特别是对一般能力和个性特征两类项目的评定更为接近；在同一国度，中国从儿童到成人各个组别对智力的理解都相当相似，而澳大利亚各个成人组别的智力观点较为接近，儿童智力观与成人智力观则差异显著。

1994年张厚粲、吴正研究我国城市普通居民关于儿童和成人的智力观。结果发现：城市普通居民对高智力儿童和高智力成人的看法存在差异，高智力儿童所具有的前10项重要特征与高智力成人所具有的前10项重要特征中，只有思维力、好奇心、想象力、创造力、记忆力等5项是相同的，这也是普通大众心目中智力的主要成分。

1995年蔡笑岳、姜利琼研究我国西南地区汉、苗、藏、傣、彝五个民族的中小学生的智力观。结果发现：各民族中小学生的智力观有一定程度的相似性；高中生智力观的民族差异明显减少。

1997年万明钢、邢强等人研究汉、藏、东乡三个民族的中学生的智力观。结果发现：各民族中学生对智力主要特征的理解具有一致性，但在其中一些特征上表现出文化差异性；

汉族与藏族、东乡族的中学生在逻辑思维能力、想象力、社会适应力等项目上存在显著差异;汉族中学生在想象力以及藏族和东乡族中学生在自信特征上存在性别差异。

### 三、我们的研究

2002年我们研究中学生的智力观。从上海市区和某省农村的一般中学里,分别选取两个高二班级和两个初二班级,共计8个自然班的学生,作为研究被试。

结果发现,中学生认为最重要的前8项智力特征依次是:思维敏捷、分析能力强、反应迅速灵敏、理解能力强、具有创造性、勤于思考、善于思考和善于接受新事物。这些特征大多涉及思维能力,这与中外心理学专家的智力观相似,因为大多数专家都认为思维能力无疑是智力的核心因素。总体来看,中学生关于高智力中学生的看法与普通居民关于高智力儿童和高智力成人的看法(张厚粲,1994)也具有一致性。另外,中学生在注重认知能力的同时也强调个性特征,例如自信、积极进取、遇事冷静沉着、兴趣广泛、活泼好动、勤奋好学、学习做事认真等,这种看法考虑到非智力因素对智力的影响,与大部分专家的观点有所不同。

从被试文化程度来看,初中生认为学习成绩优秀、学习做事认真、勤于思考、勤奋好学和品质高尚更为重要,而高中生则认为善于接受新事物、幽默和举一反三更为重要。

从被试性别来看,男女生的智力观基本上没有差异,不过女生认为讲究科学的学习方法更为重要,而男生则更看重幽默。

从被试所属地区来看,城市生更重视逻辑推理能力,而农村生则比较看重学习做事认真、人际关系和谐、开朗乐观、勤奋好学、全面发展、自信、品质高尚、讲究科学学习方法、积极进取等特征。

中学生认为智力高的学生应该具备的主要特征多达37项,我们采用因素分析方法,从37个项目中抽取出9个一阶因素,它们解释了61.06%的方差。从中再抽取出3个二阶因素,它们解释了56.62%的方差。根据具体内容,将它们分别命名为学业能力因素、思维能力因素和个性特点因素。我们采用多元回归方法,分析3个因素的相对权重,结果表明,在中学生心目中,高智力中学生最应该具备的是学业能力因素,其次是思维能力因素,最后是个性特点因素,它们解释了97.7%的应变量。

另外,初中生比高中生更重视学业能力因素;农村生比城市生更注重学业能力因素和个性特点因素,而城市生则比农村生更注重思维能力因素;男生和女生在3个因素上都不存在显著差异。

# 第三章 智力的理论

所谓智力理论,就是分析智力的构成因素及其结构。智力理论的研究,是在因素分析方法的基础上逐步产生和发展起来的。

众多的智力理论可以分成两大类型。一种是经典智力理论或者说智力测量理论,另一种是当代智力理论或者说智力认知理论。

研究智力理论,一般说来,可以采用两种不同的研究方法:一种是横向研究,以地区或国家为变元;另一种是纵向研究,以时间为变元。

先讨论横向研究。在这种研究方法中,按照各种智力理论提出者所在的国家,可以将其分为英国体系的智力理论和美国体系的智力理论。

这种英美体系分类的理由是:虽然两国的心理学家都采用因素分析方法来确定智力的组分,但他们各自的侧重点有所不同。英国心理学家较为重视一般因素,而美国心理学家则较为重视特殊因素;英国心理学家偏爱从概括的一般因素中向下分析出多项具体的特殊因素,而美国心理学家则偏爱从具体的特殊因素中向上归纳出若干项概括的一般因素。

这种英美体系分类的不足之处是:第一,在智力理论领域,从1980年代伊始,英国心理学家淡出视线,美国心理学家独占鳌头,在这种情况下,英美体系分类名存实亡,没有实际价值可言。第二,即使在英美分庭抗礼时期,某些智力理论本身也难以归入英国体系或美国体系。试举一例。美国吉尔福特智力三维结构模型中本就没有一般因素或特殊因素之类,因此自成体系,既不属于英国体系,也不属于美国体系。

再讨论纵向研究。在这种研究方法中,按照各种智力理论提出的时间先后,可以将其分为若干个相对独立的时期。

这种纵向时期分类的优点是:解决了某种智力理论英美两种体系难归或皆可归的困惑;缺点是:具体时期的划分尚缺乏公认的统一标准。

笔者采用纵向研究方法来研讨智力理论这个课题,把世纪百年分为3个时期,即早期智力理论、中期智力理论和近期智力理论。

## 第一节 智力理论的早期研究

智力理论研究的早期,是指20世纪初期至30年代。在这段时期,主要提出了3种有代表性的理论,即二因素理论、多因素理论和群因素理论,它们都属于智力理论的因素论。

### 一、二因素理论(Two Factor Theory)

1904年英国心理学家、因素分析技术的创始人斯皮尔曼(Charles Spearman)在《美国心理学杂志》上发表了著名论文《客观地测量和确定一般智力》("General Intelligence" objectively determined and measured),他在此文中提出了智力的二因素理论。

这种理论认为,所有智力活动都是由两种因素构成的。一种是"一般因素"(general factor),简称为G因素;另一种是"特殊因素"(specific factor),简称为S因素。G因素参加一切智力活动,各种智力活动中都有G因素的存在,因此,G因素只有一项。S因素只参加不同的智力活动,因此,有多少种不同的智力活动,相应就有多少项S。G因素和S因素二者互相联系,而G因素则是智力活动的基础和关键。

完成任何一项智力活动都需要由G因素和S因素二者的参加。试举一例。完成一项词汇测验需要一般因素G和词汇因素$S_1$;完成一项算术测验需要一般因素G和算术因素$S_2$。由于这两项测验都需要一种共同的一般因素,因此,两个测验分数之间将出现正相关,但是,这种正相关又不是完全的,这是因为$S_1$和$S_2$是相互独立的不同的特殊因素。

二因素理论认为,各个测验分数之间的相关,是由于它们都需要一般因素G所造成的。二因素理论的相关模型如图3-1所示。

在图3-1中,1、2、3分别表示三个不同的测验,阴影区域表示一般因素G,而每个测验中的空白区域则表示完成该测验所需要的特殊因素$S_1$、$S_2$、$S_3$。

从图中我们可以看到,测验1和测验2之间的相关系数$r_{1,2}$较大,因为它们二者都包含较多的G因素;而测验3和测验1之间以及测验3和测验2之间的相关系数$r_{1,3}$和$r_{2,3}$

都较小,因为测验3只包含较少的G因素。

二因素理论能够解释一个观察到的事实,即在某一智力领域表现有才能的个体,往往也在其他方面显露有才能,如一些学生数学测验成绩较好,他们的物理测验成绩也较好,这是由于一般因素的功用。这一理论也能够解释另一个观察到的事实,即个体在各自较为特殊的能力倾向方面确实有所不同,如一些学生数学测验成绩相仿,但其中有的学生音乐测验成绩较好,而有的学生美术测验成绩较好,这是由于特殊因素的功用。

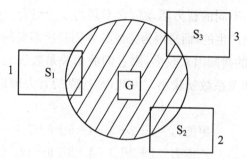

图 3-1　二因素理论的相关模型

## 二、多因素理论(Multiple Factor Theory)

1926年美国心理学家桑代克(E. L. Thorndike)发表论文,把人类的智力活动分为3类:

(1) 社会智力(social intelligence),指了解他人和与他人相处的能力;

(2) 机械智力(mechanical intelligence),指了解事物和应用技术或科学的能力,也称为具体智力;

(3) 抽象智力(abstract intelligence),指了解言语和应用言语或数学知识的能力。

三者为众,桑代克的智力类型理论可以说是第一个智力多因素理论,虽然他的理论不是建立在因素分析的基础之上。桑代克认为,政治人员、销售人员等应该具有较高的社会智力,技术人员等应该具有较高的机械智力,教师、文人和科学家等应该具有较高的抽象智力。

桑代克还认为,智力活动另有3个维度:①层次或高度;②距离或广度;③敏捷或速度。测量智力高度是一回事,在同一高度中测量智力的广度或速度则是另一回事。因此,智力测验的内容应该包括智力活动的3个维度,即有测量高度的智力测验,有测量广度的智力测验,还有测量速度的智力测验。

按照桑代克的智力理论,智力活动有3种类型,同时又有3个维度。因此,3×3=9,换句话说,理论上智力测验共有9种形式:有测量社会智力高度的智力测验、测量社会智力广度的智力测验、测量社会智力速度的智力测验;也有测量机械智力高度的智力测验、测量机械智力广度的智力测验、测量机械智力速度的智力测验;还有测量抽象智力高度的智力测验、测量抽象智力广度的智力测验、测量抽象智力速度的智力测验。

桑代克不同意斯皮尔曼的二因素理论,反对一般因素的存在。他认为人们的智力是由许多特殊因素组成的,不同的智力活动包含不同的成分组合。各种智力测验之间的相关,并不是由一般因素所产生的,而是因为完成各种测验所需要的能力之间有某种或某些共同因素。如果测验间的共同因素较多,则它们的相关系数较大;反之,如果测验间的共同因素较少,则它们的相关系数就较小。因此,桑代克的智力理论又称为特殊因素理论。例如:

甲能力=1+2+3+4+5+6+7
乙能力=1+2+3+4+8+9+10
丙能力=4+5+6+7+11+12+13

我们看到,甲能力和乙能力的共同因素有4个,即1、2、3、4;甲能力和丙能力的共同因素也有4个,即4、5、6、7;乙能力和丙能力的共同因素只有1个,即4。因此,甲乙两测验的相关系数和甲丙两测验的相关系数相仿,而甲乙两测验的相关系数或甲丙两测验的相关系数都要大于乙丙两测验的相关系数。

需要指出的是,这里的共同因素与二因素理论中的一般因素是两个完全不同的概念。一般因素在各种测验中的存在有其必然性,而共同因素只是各种特殊因素偶然相同而已。

20世纪20年代末桑代克编制了CAVD测验,其内容为句子完成(Sentence Completion,C)、算术推理(Arithmetical Reasoning,A)、词汇(Vocabulary,V)、领会指示(Following Direction,D)等4项。他使用这个智力量表来测量3类智力活动中的抽象智力。

### 三、群因素理论(Group Factor Theory)

1928年美国心理学家凯利(T. L Kelley)出版了专著《人类智力的十字路口:关于各种心理能力的研究》(Crossroads in the mind of man:a study of differentiable mental abilities),他在此书中提出了智力的群因素理论。凯利认为智力由五种基本因素或心理能力组成,它们是空间关系的操作能力、数字能力、言语材料能力、记忆能力以及速度等。

1938年美国心理学家瑟斯顿(L. L. Thurstone)发表了著名论文《基本心理能力》(Primary mental abilities),他在此文中发展了智力的群因素理论。瑟斯顿认为大多数智力活动可以分解成7个群因素或基本心理能力(开始是6个,后来又提出知觉速度,共为7个)。对56个测验结果进行因素分析,瑟斯顿概括出如下7种"基本心理能力":

(1) 言语理解(V)(verbal comprehension):阅读理解、言语类推、句子排列、言语推理、言语配对之类测验中的主要因素。使用词汇测验来测量该因素最为适当。

(2) 语词流畅(W)(word fluency):字谜游戏、押韵、列举某种类型的单词(例如男孩的名字、以T开头的单词)之类测验中所得出的因素。

(3) 数字(N)(number):简单算术四则运算的速度和准确性。

(4) 空间(S)(space):该因素可能表示两种不同的因素。一种是知觉固定的空间关系或几何关系;另一种是操作性想象,想象经过变化的位置或变换。

(5) 联想记忆(M)(associative memory):在配对联想中要求机械记忆的测验中所找到的因素。该因素反映利用记忆支撑物的程度。一些研究人员提出时间顺序记忆和空间位置记忆等其他范围有限的记忆因素。

(6) 归纳推理或一般推理(I 或 R)(induction or general reasoning):该因素的鉴定最为模糊。瑟斯顿最初提出归纳因素和演绎因素。前者由数字完成系列等要求找出某种规则的测验加以测量最为适当,而后者由三段论推理测验加以测量最为适当。其他研究人员则提出一般推理因素,由算术推理测验加以测量最为适当。

(7) 知觉速度(P)(perceptual speed):迅速而准确地掌握视觉细节、相同性和不同性。

群因素理论认为,每个群因素在不同测验上具有不同的权重。试举一例。言语因素在词汇测验中的权重较大,在言语类推测验中的权重较小,在算术类推测验中的权重则更小。群因素理论的相关模型如图3-2所示。

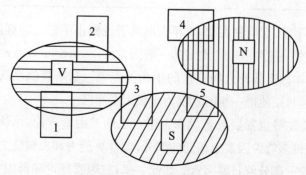

图 3-2 群因素理论的相关模型

在图3-2中,长方形1、2、3、4、5分别表示5个不同的测验,3个椭圆区域分别表示3个群因素V、S和N。

从图中我们可以看到,测验1、测验2和测验3三者之间彼此相关,这是言语因素V造成的。同样,测验3和测验5之间的相关$r_{3,5}$是空间因素S造成的,测验4和测验5之间的相关$r_{4,5}$是数字因素N造成的。

我们也可看出,测验3和测验5的因素构成较为复杂一些,测验3中具有V和S两种群因素,测验5中具有S和N两种群因素。

我们还可看出,测验3和测验5的相关$r_{3,5}$要大于测验3和测验2的相关$r_{2,3}$,这是因为测验3和测验5中S因素的权重(斜纹区域)要大于测验3和测验2中V因素的权重(横纹区域)。

最初,瑟斯顿认为这些基本因素在功能上是相对独立的。为了验证这个观点,他对每种基本因素都设计了测验,但同他的假设不同,测验结果表明,每种基本因素与其他基本因素之间,都存在着不同程度的正相关。如表3-1所示。

表3-1 六项测验彼此的相关系数

| | 数字 | 语词 | 言语 | 空间 | 记忆 |
|---|---|---|---|---|---|
| 语词 | 0.41 | | | | |
| 言语 | 0.40 | 0.54 | | | |
| 空间 | 0.28 | 0.17 | 0.16 | | |
| 记忆 | 0.31 | 0.36 | 0.35 | 0.13 | |
| 推理 | 0.53 | 0.49 | 0.59 | 0.29 | 0.39 |

根据这些测验事实,瑟斯顿在1941年发展或者说修正了自己的群因素理论。认为除了7种基本因素之外,还存在一种"次级的一般因素"(the second-order general factor),可以用来解释上述基本因素彼此之间存在的正相关现象。瑟斯顿似乎认为,群因素和一般因素是相互共存的,只是他把一般因素视为次级因素而已。

与此同时,斯皮尔曼也发展或者说修正了自己的二因素理论,承认了群因素的存在。他认为群因素就是许多特殊因素中相同的部分,如计算能力和机械能力,在特殊因素之中还有相同的部分,这一部分就是群因素。如此一来,二因素理论和群因素理论就逐渐相互趋于接近了。

## 第二节　智力理论的中期研究

智力理论研究的中期,是指20世纪50年代至70年代。在这段时期,主要提出了3种有代表性的理论,即层次结构模型、二维结构模型和三维结构模型,它们都属于智力理论的结构论。

### 一、层次结构模型(Hierarchical Structure Model)

1949年英国心理学家伯特(C. Burt)在《英国教育心理学杂志》上发表了论文《智力结构:回顾因素分析之结果》(The structure of the mind: a review of the results of factor analysis),他在此文中首先提出了智力的层次结构模型。

1960年伯特的学生弗农(P. E. Vernon)出版了专著《人类能力的结构》修订版(The structure of human abilities Rev. ed.),他在此书中完整提出了智力的4层次结构模型,如图3-3所示。

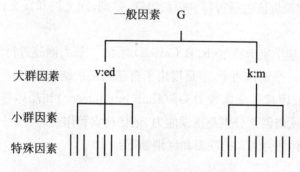

图3-3　智力的层次结构模型

弗农把斯皮尔曼的一般因素G作为层次结构模型的最高层次。第二层次是大群因素(major group factors),一分为二:一个是言语和教育因素,相应于言语和教育能力倾向,用符号v:ed表示;另一个是实践和机械因素,相应于实践和机械能力倾向,用符号k:m表示。第三层次是小群因素(minor group factors),每个大群因素再分成若干个小群因素。例如,言语和教育大群因素分为言语、数量、教育等小群因素;同样,实践和机械大群因素分为机械信息、空间、心理运动等小群因素。第四层次则是斯皮尔曼的特殊因素S,每个小群因素还可细分为若干个特殊因素。

我们不难看出,弗农的智力层次结构模型是在斯皮尔曼二因素理论的基础上加以深化而成,在G因素和S因素之间增加了大群因素和小群因素两个层次。

1969年弗农又出版专著《智力和文化环境》(Intelligence and cultural environment),他在此书中再次精心设计智力的层次结构模型。在第三层次,尤其关于教育成就和职业成就,弗农包括了因素之间某些较为复杂的相互联系和交叉作用。例如,科学技术能力与空间能力和机械能力均相联系;数学能力与空间能力和数量能力均相联系,并且通过归纳因素更为直接地与一般因素相联系。

1962年美国心理学家汉弗莱斯(L. G. Humphreys)在《美国心理学家》杂志上发表了论文《人类能力的结构》(The organization of human abilities),他在此文中提出了另一种层次结构模型。不过,他不把任何单一的因素层次作为基本层次,而是建议测验编制者或使用者都应该选择最适合自己测量目的的那个层次。汉弗莱斯也认为,根据内容、过程等方面,可以把单一的测验分为一个以上的层次。他提出,为了测量任何一个方面,应该编制对于其他各个方面来说都是异质的测验。试举一例。如果我们测量儿童的推理能力,则测验应该包括言语推理、数量推理、图形推理、空间推理等内容。同样,如果我们测量儿童的言语能力,则测验应该包括听写、拼写、组词、扩词、同义词和反义词、填充、造句、整理句子等内容。

1965年美国心理学家卡特尔(R. B. Cattell)对44个智力测验进行因素分析,发现智力的一般因素G不是一个而是两个,于是提出了自己的层次结构模型:2类一般因素和3个次级因素。2类一般因素是流体智力GF(fluid intelligence)和晶体智力GC(crystalized-intelligence)。3个次级因素分别是视觉能力、记忆检索和作业速度。

流体智力和晶体智力两者的联系和区别如下:

1. 概念

流体智力是一种不依赖于个体的文化知识经验的能力。不同文化背景的个体,可以具有相似的流体智力。流体智力表现为洞察复杂关系的能力、对新环境的适应能力、空间定向能力、抽象关系能力、知觉能力、操作能力等。流体智力有较多的遗传基础,依赖于一般生理效能的程度较大。

晶体智力是个体通过掌握文化知识经验而形成的一种能力。换句话说,它是由先前的学习而结晶化的一种能力,具有浓重的文化成分。晶体智力依赖于环境因素的程度较大,容易受到近期的练习或兴趣等的影响。

## 2. 测量

一些排除了文化因素影响的推理测验例如瑞文推理测验,以及某些知觉或操作测验,可以用来测量流体智力。卡特尔研究结果,流体智力与文化公平测验之间的正相关为 0.48~0.78。韦克斯勒智力量表中的填图、排列、积木、拼图、译码等分测验,也可用来测量流体智力。有人认为,流体智力实际上只是一种扩张的推理能力。

受文化因素影响较大的测验例如瑟斯顿基本心理能力测验,可以用来测量晶体智力。卡特尔研究结果,晶体智力与其中的推理测验之间的正相关为 0.30~0.72,与言语测验之间的正相关为 0.50~0.74,与数字测验之间的正相关为 0.35~0.74。韦克斯勒智力量表中的常识、类同、算术、词汇、理解等分测验,也可用来测量晶体智力。有人认为,晶体智力实际上只是一种扩张的言语理解能力。

## 3. 脑伤影响

流体智力与脑的整体有关。脑的任何部位的损伤,都会较为严重地影响流体智力,而且流体智力恢复功能的可能性较小,恢复的速度也较慢。

晶体智力与脑的特定部位有关。脑的特定区域如运动区或感觉区等损伤,将会影响特定的晶体智力。晶体智力恢复功能的可能性较大,恢复的速度也较快。

## 4. 发展曲线

流体智力和晶体智力随着个体年龄增加而具有不同的发展曲线,如图 3-4 所示。

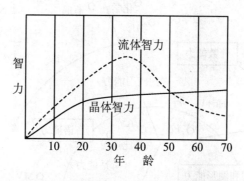

图 3-4 流体智力和晶体智力的发展曲线

从图中我们可以看出,从出生至 15 岁,流体智力和晶体智力都是快速上升。15 岁以后,两条曲线走向出现明显分歧。晶体智力:15 岁至 30 岁,缓慢上升。30 岁至 70 岁,几乎保持不变甚至稍有上升;流体智力:15 岁至 35 岁,继续快速上升。35 岁至 50 岁,快速下降。50 岁至 70 岁,继续缓慢下降。

我们也可看出,50岁是一个转折点。50岁之前,流体智力水平高于晶体智力,而50岁以后,晶体智力水平则高于流体智力。

伯特威尼克(Botwinick)认为,我们使用各种言语材料来测量晶体智力,而使用各种非言语材料来测量流体智力。前者是较为熟悉的材料,被试以较为熟悉的方式进行智力活动;而后者是较不熟悉的材料,被试以较不熟悉的方式进行智力活动。测验材料的熟悉程度和智力活动方式的熟悉程度,决定了年老以后晶体智力随着年龄增加不但没有下降,反而略有上升,而流体智力则随着年龄增加而下降。

## 二、二维结构模型(Two-Dimensional Structure Model)

1969年美国心理学家希莱辛格(I. M. Schlesinger)和格特曼(L. Guttman)提出了智力的二维结构模型。

他们把智力分成两个维度。智力的第一个维度包括3大类能力:即计数能力、言语能力以及图形和空间能力;智力的第二个维度包括2种基本能力即规则推理能力和规则应用能力,以及学校各门课程学业成绩,用由内到外的圆形表示,如图3-5所示。

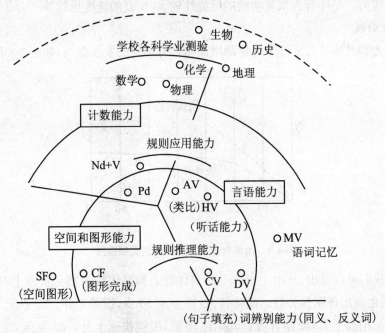

图3-5 智力的二维结构模型

图中的每个小圆分别表示一个测验,在虚线圆形内的各小圆代表学校各科学业测验,如数学测验、物理测验、化学测验等。在实线圆形内的各小圆代表各种特殊能力测验,如言语能力部分的 CV 指句子填充测验,要求写成完整的句子;DV 则指词的辨别能力测验(同义词和反义词);而计数能力部分的 Nd+V 则表示要求被试用言语来描述有关数量辨别的问题。

图中用小圆之间的距离来表示相关程度,较近的距离表示较高的相关系数,而较远的距离则表示较低的相关系数。不仅指出了特殊能力测验之间的相关程度的高低,而且指出了各科学业测验之间的相关程度的高低。另外,在从内圆到外圆的描述中,揭示了从理论到应用的发展趋势。

我们举例说明规则应用能力和规则推理能力的区别。试举一例。回答问题:年幼的人叫做什么?(答案:小孩)。这属于规则应用能力的测题,因为儿童只要理解"年幼"的意义,便可应用这个意义来回答问题。再举一例。回答问题:母鸡和公鸡的关系好比乳牛和什么?(答案:公牛)。这就属于规则推理的测题,因为儿童必须理解异性动物的名称,才能通过推理得出答案。

### 三、三维结构模型(Three-Dimensional Structure Model)

1959 年美国心理学家吉尔福特(J. P. Guilford)提出了智力的三维结构模型。他既反对斯皮尔曼的二因素理论,也反对瑟斯顿的群因素理论。1967 年吉尔福特出版了专著《人类智力的本质》(The nature of human intelligence),他在此书中较为全面地阐述了智力的三维结构模型,如图 3-6 所示。

智力的第一个维度是内容(content),即我们思维的对象,或者说是自变量。内容可以分为 4 种:

(1) 图形(F)(figural),指图画或形象的形状、大小、方向、颜色等;

(2) 符号(S)(synlbolic),指字母、数字等;

(3) 语义(M)(semantic),指字、词、句、篇等的含义及概念;

(4) 行为(B)(behavioral),解释本人行为和他人行为。

智力的第二个维度是操作(operations),即我们思维的过程,或者说是中介变量,它最终决定智力水平的高低。操作可以分为 5 种:

(1) 认知(C)(cognition),指认识和理解信息;

(2) 记忆(M)(memory),指保持认知的信息;

(3) 发散性思维(D)(divergent thinking),指得出多种切合题意的答案;

(4) 集中性思维(N)(convergent thinking),指得出一个正确的或最佳的答案;

(5) 评价(E)(evaluation),指对信息做出评判,即对认知的信息、记忆的信息以及在发散性思维和集中性思维中所产生的新信息等,评判它们的正误性、优劣性、适用性、稳当性等。

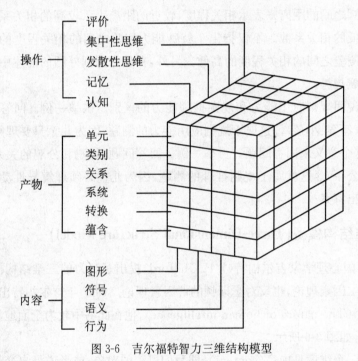

图 3-6 吉尔福特智力三维结构模型

智力的第三个维度是产物(products),即我们思维的结果,或者说是因变量。产物可以分为6种:

(1) 单元(U)(units),指单一的产物,如一个单词或一个数字;

(2) 类别(C)(classes),指一类单元,如名词、物种;

(3) 关系(R)(relations),指单元与单元之间的关系,如相似或相异等;

(4) 系统(S)(systems),指有组织的体系或计划;

(5) 转换(T)(transformations),指涉及某种改变,如对安排、组织、意义等的改变;

(6) 蕴含(I)(implications),指进行预测,从已知信息中推测某种结果。

每一个维度中的任何一项,都可以与其他两个维度中的任意两项相结合,从而构成一种智力因素。因此,我们可以得出 4×5×6＝120,即 120 种智力因素,每种因素是一种独特的能力。

1967 年吉尔福特及其同事鉴定出 120 种智力因素中的 82 种,1971 年他们鉴定出其中的 98 种。

1971 年吉尔福特和霍普纳(R. Hoepfner)合作出版了专著《智力分析》(The analysis of intelligence),他在此书中把内容维度中的"图形"一项一分为二,分为"视觉"(visual)和"听觉"(auditory)两项。这样,整个智力结构的智力因素就由 120 种扩展到 150 种(5×5×6＝150)。到 1984 年为止,已经发现其中的 105 种。

1988 年吉尔福特又在《教育和心理测量》杂志上发表了论文《智力结构模型的若干变化》(Some changes in the Structure-of-Intellect Model),他在此文中把操作维度中的"记忆"一项一分为二,分为"记忆登录"(memory recording)和"记忆保持"(memory retention)两项。这样,整个智力结构的智力因素又由 150 种扩展到 180 种(5×6×6＝180)。

吉尔福特智力三维结构模型,在国内近期出版的心理学书刊中经常被撰文介绍,但都言之过简,也许会使读者诸君产生理解上的困难。为此,我们在下面列举较多的具体例子,予以说明智力三维结构中的基本因素。

例 1　字谜测验,把下列各组字母排列成熟悉的单词。

问题:PANL,CEIV,EMOC

答案:PIAN,VICE,COME

这项智力活动的内容是符号,操作是认知,产物是单元。因此,它属于符号—认知—单元的智力因素。

例 2　问题:在下列 3 组数字中,哪一组的两个数字都是完全平方数?

(A) 6—4

(B) 4—9

(C) 9—6

答案:B

这项智力活动的内容是符号,操作是认知,产物是类别。因此,它属于符号—认知—类别的智力因素。

例 3　问题:下列 4 对数字中,哪一对数字的关系与其他 3 对不同?

(A) 1—5

(B) 2—6

(C) 5—8

(D) 3—7

答案：C

这项智力活动的内容是符号，操作是认知，产物是类别。因此，它也属于符号—认知—类别的智力因素。

**例4** 请先记住下列4个句子，然后回答问题。

(1) 金比铁的价值高。

(2) 铅比沙重。

(3) 柏油比水泥黑。

(4) 金刚石比煤硬。

问题：煤比金刚石_____。

(A) 软些

(B) 黑些

(C) 硬些

(D) 重些

答案：A

这项智力活动的内容是语义，操作是记忆，产物是关系。因此，它属于语义—记忆—关系的智力因素。

**例5** 问题：下面4个词中，哪一个与其他3个不属于同一个类？

(A) 马

(B) 花

(C) 蛇

(D) 蝇

答案：B

这项智力活动的内容是语义，操作是认知，产物是类别。因此，它属于语义—认知—类别的智力因素。

**例6** 这是一个选择测验，如图3-7，要求被试从右边5个图形中选取一个图形，使它与左边的图形具有类似的性质。

答案：C

这项智力活动的内容是图形，操作是认知，产物是类别。因此，它属于符号—认知—

类别的智力因素。

答案:A

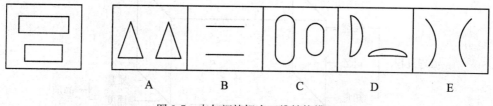

图 3-7　吉尔福特智力三维结构模型

**例 7**　如图 3-8,在矩阵图的"?"处,要求被试从下面 5 个图形中选取一个最为合适的图形。

答案:A

这项智力活动的内容是图形,操作是认知,产物是关系。因此,它属于图形—认知—关系的智力因素。

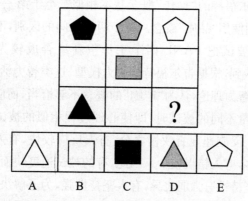

图 3-8　吉尔福特智力三维结构模型例 7

早在 1953 年英国心理学家艾森克(H. J. Eysenck)就使用立方体来表示智力的三维结构,在时间上先于吉尔福特,但当时没有引起心理学界的充分关注。艾森克的智力三维结构模型如图 3-9 所示。

艾森克的三维结构模型中,智力的第一个维度是测验材料,可以分为 3 种:语词、计数和空间;智力的第二个维度是心理过程,可以分为 3 种:知觉、记忆和推理;智力的第三个维度是品质,可以分为 2 种:速度和质量。速度指被试在智力活动中反应的快慢,而质量则指被试改正错误次数的多少与解决问题时的坚持性等。具有同样速度的被试,他们的质量不尽相同，有的被试改正错误的频率较大，坚持性较强，而有的被试则相反。

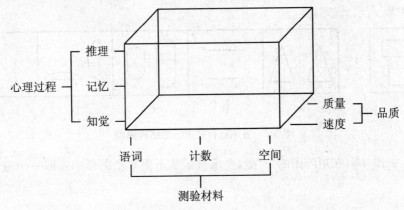

图 3-9　艾森克智力三维结构模型

　　我们不难发现，艾森克的"测验材料"概念与吉尔福特的"内容"概念基本相似，艾森克的"心理过程"概念与吉尔福特的"操作"概念基本相似。至于第三个维度，吉尔福特使用"产物"概念，而艾森克则使用"品质"概念。至于两者之间的区别，不妨以"字谜测验"为例加以说明，该测验要求被试把 PANL 四个字母重新组合成较为熟悉的单词，答案为 PLAN。我们前面已经谈到，根据吉尔福特的智力模型，这类智力活动属于"认知—符号—单元"，但根据艾森克的智力理论，认为"产物"的概念不够恰当，而应该改为"品质"。因为使用相同的测验材料测量不同的被试时，即使心理过程相似的被试，他们所得成绩的"品质"仍然可以因人而异。反应速度有快慢之分，有人反应较快，有人反应较慢。错误又有多少之别，有人错误较多，有人错误较少。因此，有的被试速度快而错误多，有的被试速度虽慢但错误少。另外，坚持性有强弱之异，有人坚持性强，为了解决问题做出很大努力，因而质量较优，但也有人坚持性弱，知难而退，影响了质量。如果采用"单元"加以解释，容易引起概念混淆。在这一点上，艾森克的智力模型倒更能说明一些问题。

## 第三节　智力理论的近期研究

　　智力理论研究的近期，是指 20 世纪 80 年代至 90 年代。在这段时期，主要提出了 3 种有代表性的理论，即加德纳的智力理论、斯腾伯格的智力理论和戴斯的智力理论，它们都属于智力理论的认知论。

## 智力的理论

### 一、加德纳的智力理论

1983年美国哈佛大学加德纳(H. Gardner)出版专著《智力结构》(Frames of Mind),提出了"多元智力"(multiple intelligence)的概念,具体包括以下7个方面:

(1) 言语-语言智力(verbal-linguistic intelligence),指视、听、说、读、写的能力。这种智力较高的个体,能够使用书面或口头语言与他人进行有效的沟通,擅长语言的理解和运用,如律师、诗人、演说家等。

(2) 音乐-节奏智力(musical-rhythmic intelligence),指感知、辨别、记忆和表达音乐的能力。这种智力较高的个体,对音调、音量、旋律、节奏、音色等较为敏感,如作曲家、歌唱家、演奏家等。

(3) 逻辑-数学智力(logical-mathematical intelligence),指逻辑推理和数学运算的能力。这种智力较高的个体,对于抽象概念较为敏感,擅长推理和思考,注重因果关系的分析,如数学家、科学家、逻辑学家等。

(4) 视觉-空间智力(visual-spatial intelligence),指准确感知视觉空间世界(包括形状、大小、方向、色彩及其相互关系)的能力,以及借此表达头脑中想象概念的能力。这种智力较高的个体,善于通过想象进行思维,能够从不同的角度或层面来重塑空间,如飞机或轮船的导航员、棋手或雕刻家等。

(5) 躯体-动觉智力(bodily-kinesthetic intelligence),指控制躯体的协调、平衡和运动的力量、速度、灵活性等的能力,表现为使用身体表达思想和情感的能力和动手操作对象物体的能力,如从事体操或表演艺术的人员。

(6) 自我反省智力(intrapersonal intelligence),指认识、洞察和反省自身的能力,表现为较好地意识和评价自己的动机、情绪、个性等。这种智力对于哲学家、律师等尤为重要。

(7) 人际交往智力(interpersonal intelligence),指与人相处和交往的能力,表现为有效地感知他人的表情、话语、手势、动作以及对此做出适当的反应。这种智力对于教师、医生、推销员等尤为重要。自我反省智力和人际交往智力也可以合称为人格智力。

7种智力的每种智力都是一个单独的功能系统,7种智力彼此之间可以相互作用而产生外显的智力行为。每个个体都同时具有这7种相对独立的智力。

值得一提的是,上述7种智力并没有穷尽人类所有的智力。1998年加德纳又提出第8种智力——自然智力,指人们认识和适应自然世界的能力。另外,他还提出直觉、灵感、创造力等其他智力。加德纳认为,个体到底具有多少种智力,这是可以商榷和改变的。只要能够得到足够的证据,就可以在多元智力的框架中加上它们。

2002年北京师范大学林崇德指出,加德纳的多元智力似曾相识,在中国古代西周时期的"六艺"中不乏它的身影。"六艺"几乎可以与加德纳的多元智力逐一对号入座,我们不妨尝试一下。"礼",指礼节,在各种不同的社交情景中,如何正确待人接物,这相当于加德纳的人际交往智力;"乐",指音乐,这相当于加德纳的音乐-节奏智力;"射",原义指射箭,广义则指运动,这相当于加德纳的躯体-动觉智力;"御",指驾驭,在各种高难度情景中驾驶车辆,把握方向潇洒自如,这相当于加德纳的视觉-空间智力;"书",原义指习字材料,广义则指文字和语言,这相当于加德纳的言语-语言智力;"数",指数学,这相当于加德纳的逻辑-数学智力。

## 二、斯腾伯格的智力理论

### (一)三元智力理论

1985年美国耶鲁大学斯腾伯格(R. J. Sternberg)提出了"三元智力理论",包括情境、经验、成分等3个亚理论。斯腾伯格三元智力理论模型如图3-10所示。

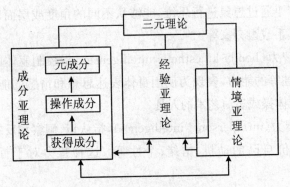

图3-10 斯腾伯格三元智力理论模型

1. 情境亚理论

情境亚理论涉及个体的外部世界,它要解答的问题是:对于不同的个体和环境来说,什么样的行为才是智力行为。这种理论认为,智力是个体有目的地适应、选择和塑造现实生活环境的心理活动。

适应——个体努力达到自己与其环境之间的某种和谐,当较低水平的适应完成之后,又会考虑在较高水平上的适应。

选择——一旦出现不相适应的情况,个体就试图选择另一个可能改变的环境,目的还是达到适应。

塑造——如果个体既不能与面临的环境相适应,也不能获得另一种可供选择的环境,那么,个体就试图重新塑造一个环境,目的仍然是使自己与环境相适应。

2. 经验亚理论

经验亚理论同时涉及个体的内部世界和外部世界,因为经验好比是一座桥梁,它把个体的内部心理世界与外部世界联结起来。情境亚理论所确定的智力行为,对于具体的个体来说,必须处于一定的经验水平上,才堪称真正的智力行为。这种理论认为,智力表现为两方面的能力,其一是处理新的任务或新的情境的能力,其二是处理任务或情境的经验之多少或者说信息加工过程自动化之多少的能力。

智力作业的"新"的特性,有两种表现形式:一种是新理解,另一种是新操作。理解有新老之分,操作也有新老之别,于是,2×2=4,智力作业共有4种不同的情况。

(1) 新理解,新操作。这种智力作业难度太大,理论上可行,但实际上不行,因为超出被试的智力水平。

(2) 新理解,老操作。这种智力作业难度适当,被试需要理解"新问题"究竟是什么,而做法则是熟悉的。

(3) 老理解,新操作。这种智力作业难度适当,问题虽似曾相识,但解决问题却需要被试使用新方法。

(4) 老理解,老操作。这种智力作业难度太小,即使被试正确完成作业,也难以测量个体智力水平。

较为复杂的智力活动的过程中,存在着若干个中间步骤。智力活动的复杂程度越高,相应的中间步骤也就越多。智力水平高超者能够一步到位,一下完成整个智力活动。而中间步骤则完全自动化,个体不假思索自动完成。智力水平低下者只能步步为营,中间步骤一个也不能缺少,个体需要有意识地一个一个去完成,最后才能完成整个智力活动。理想的智力作业的测题,应该包括一系列中间步骤,而且它们能够体现出不同程度的自动化。

3. 成分亚理论

成分亚理论涉及个体的内部世界,这种理论解释智力行为的心理机制。智力理论的基本分析单元是智力成分,而智力成分就是一种基本的信息加工过程。成分(component)的种类,或按照功能来分,或按照普遍性水平来分。

按照功能,成分可以分为3种:
(1) 元(meta)成分,其功能是制定计划、选择策略及监控具体的加工过程;
(2) 操作(performance)成分,其功能是执行具体的编码、联系、反应的加工过程;
(3) 知识获得(knowledge acquisition)成分,其功能是获得信息、提取信息和转换信息的加工过程。

另外,按照普遍性水平,成分也可以分为3种:
(1) 一般(general)成分,其作用是执行某系列中的所有作业;
(2) 分类(class)成分,其作用是执行某一组作业;
(3) 特殊(special)成分,其作用是执行某单项作业。

(二) 成功智力理论

1996年斯腾伯格出版专著《成功智力》(Successful Intelligence),又提出了"成功智力"的概念,具体包括分析性智力(analytical intelligence)、创造性智力(creative intelligence)、实践性智力(practical intelligence)等3个方面。

1. 分析性智力

分析性智力是指发现一个行之有效的解决问题方法的能力。问题解决需要6个基本步骤:

(1) 问题确认。具有成功智力的个体不会等到问题临头才匆忙上阵,而是在问题尚在雏形阶段就已经有所觉察,并着手加以解决。

(2) 定义问题。具有成功智力的个体能够准确地定义问题,所以着手解决的问题都是真实遇到的,而不是无关紧要的。只有这样,同样的问题才不会在他们的生活中再次出现。同时他们也会在一开始就考虑什么样的问题值得解决,而什么样的问题可以暂且不顾。

(3) 形成解决问题的策略。具有成功智力的个体仔细地制定问题解决的策略。他们尤其注重长远的策略,而不是匆忙行事,之后却不得不重新再来。

(4) 信息表征。具有成功智力的个体总是尽可能准确地表征一个问题的信息,并且着重于如何有效地使用这些信息。

(5) 分配资源。具有成功智力的个体会从短期和长期上仔细考虑如何分配资源。他们权衡风险与回报的比率,然后选择最佳回报的资源分配方式。

(6) 监控与评估。具有成功智力的个体并不见得总能做出正确的决策,但是他们能够对决策进行监控与评估,然后纠正其中的错误。

## 2. 创造性智力

创造性智力是指超越已知给定的内容,形成新异的问题和思想的能力。具有成功智力的创造性个体的12个特点如下:

(1) 主动寻找行为角色的楷模,而后自己也成为这些楷模。

(2) 对假设提出疑问,也鼓励别人这么做。

(3) 允许自己犯错误,也允许别人犯错误。

(4) 合理地冒险,也鼓励别人这么做。

(5) 为自己和别人寻找能够发挥创造力的工作和任务。

(6) 主动对问题加以定义和再定义,也帮助别人这么做。

(7) 寻求创造力的奖赏和自我奖赏。

(8) 给予自己和别人时间来进行创造性的思考。

(9) 容忍模糊不清,也鼓励别人这么做。

(10) 面对困难时,有勇气、有毅力克服困难。

(11) 愿意不断成长。

(12) 了解个体与环境相适应的重要性。

## 3. 实践性智力

实践性智力是指成功解决现实生活中问题的能力。学业智力与实践性智力有4点重要区别:

(1) 问题的提出。学业问题是别人提出来给你的,或老师提出或书本提出或测验提出,你只需回答问题而已。而在现实生活中,你必须首先发现问题出在何处,然后才谈得上改正错误或解决问题。

(2) 问题回答的性质。学业问题说完作罢,你仅关心得分,而不会真去关心问题及其答案。而在现实生活中,问题及其答案至关重要,你所做出的任何一个问题决定都可能对你的事业或家庭等产生或正或负的重大影响。

(3) 评判的根据。学业问题纯属人工编造,评判的根据是简单的正确与否。而在现实生活问题中,评判的根据则是个体的工作质量、人际关系、对单位的贡献等。

(4) 答案。学业问题仅有一个所谓的"正确"答案。而在现实生活问题中,一般没有十分明确的正确答案或错误答案。即使有时有的答案强于其他,那也只是这种解决问题的方法所带来的价值使然。

成功智力的三个方面构成一个有机的整体。只有在分析性智力、创造性智力、实践性智力三者协调和平衡时,成功智力才最为有效。知道什么时候、以何种方式来运用成功智力的三个方面,远比仅仅具有三者本身更为重要。具有成功智力的个体不仅具备这三种智力,而且还会思考在什么时候、以何种方式行之有效地加以使用。

具有成功智力的个体的20个共同特征如下:

(1) 能够自我激励。
(2) 控制冲动,三思而行。
(3) 知道什么时候应该坚持,也知道什么时候应该放弃。
(4) 知道自己所长,并能充分加以发挥。
(5) 不仅具有好的思想,而且具有将思想转化为行动的能力。
(6) 关注工作的过程,但更关注最终的产品和成果。
(7) 坚持到底完成任务。
(8) 成为项目计划的带头者。
(9) 不怕冒失败的风险。
(10) 做事从不拖延。
(11) 接受合理的批评和指责。
(12) 拒绝自哀自怜。
(13) 具有工作的独立性。
(14) 想方设法克服个人困难。
(15) 集中精力达到目标。
(16) 对自己的要求既不过高,也不过低。
(17) 具有延迟满足的能力。
(18) 既关注微观细节,更关注宏观总体。
(19) 具有合理的自信,既不缺乏自信,也不过度自信。
(20) 均衡运用分析性智力、创造性智力和实践性智力。

## 三、戴斯的智力理论

1990年戴斯(J. P. Das)及其助手纳格利里(J. A. Naglieri)提出智力PASS模型,其中的P表示Planning,计划;A表示Attention-Arousal,注意-唤醒;第一个S表示Simultaneous Processing,同时性加工;第二个S则表示Successive Processing,继时性加工。

戴斯认为,智力包括3个认知功能系统:

(1) 注意-唤醒系统。这是最为基本的认知系统,在智力活动中的功能是激活和唤醒,影响个体对信息进行编码加工和做出计划。

(2) 同时-继时编码加工系统。这是信息操作的认知系统,在智力活动中的功能是通过同时性和继时性两种方式,对外界刺激信息进行接收、解释、转换、再编码、存储等加工。

(3) 计划系统。这是最为核心的认知系统,在智力活动中的功能是确定目标,制定和选择策略以及监控和调节注意-唤醒系统和编码加工系统等。

这 3 个认知系统相互影响,共同作用,同时又各自执行特定的功能。PASS 模型的原始基础是俄罗斯神经心理学家鲁利亚(A. R. Luria)的大脑功能区的理论,注意-唤醒系统对应于大脑一级功能区,同时-继时编码加工系统对应于大脑二级功能区,计划系统则对应于大脑三级功能区。戴斯智力 PASS 模型如图 3-11 所示。

20 世纪 90 年代后期,戴斯等人根据智力 PASS 模型,编制成"认知评定系统"(Cognitive Assessment System,CAS),用于测量计划、注意、同时性加工和继时性加工等基本的认知功能。戴斯假设,这些认知功能与学习有关,但又独立于教育。CAS 适用于 5 岁至 17 岁的儿童,包括言语测验和非言语测验,通过视觉和听觉来呈现测验项目。

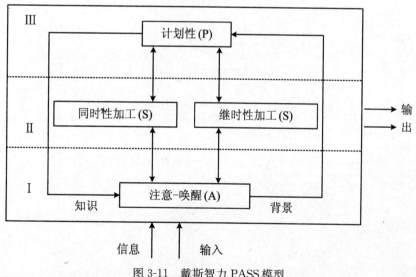

图 3-11 戴斯智力 PASS 模型

CAS 分为 4 个分测验,每个分测验各包括 3 种任务,共有 12 种任务,具体如下:

第一分测验测量计划性功能系统,其中 3 种任务是:①视觉搜索(visual search);②计划连接(planned connection);③数字匹配(match number)。

### 智力心理学探析

第二分测验测量注意—唤醒功能系统,其中3种任务是:①表现注意(expressive attention);②找数(number finding);③听觉选择注意(auditory selective attention)。

第三分测验测量同时性加工系统,其中3种任务是:①图形记忆(figure memory);②矩阵(matrices);③同时性言语加工(simultaneous verbal)。

第四分测验测量继时性加工系统,其中3种任务是:①句子重复(sentence repetition);②句子问题(sentence question);③字词回忆(word recall)。

# 第四章 智力的形成

研究智力的形成问题,就是把目前的智力看做为一种结果,然后追根溯源,由此探讨在智力形成的过程中,影响智力的主要因素及其作用。

智力的形成,具体说来,应该是"智力差异的形成"。省去"差异"二字本不为错,因为大家约定俗成。但是,初次接触这个问题的读者诸君,应当特别注意这一点。

影响智力形成的因素,总体说来,不外乎两种因素,即遗传因素和环境因素。那么,其中哪一种因素是决定的因素?长期以来,这个问题一直争论不休。遗传因素指遗传基因;环境因素包括自然环境和社会环境,前者指饮食、地域、气候等,后者指生活条件和教育条件等。

## 第一节 理论演变

智力形成理论的发展演变,以时间为变元,百年历史大体上可以分为3个时期。

### 一、单一因素决定论

19世纪90年代后期至20世纪20年代,出现了两种关于智力形成的单一因素决定论,一种是遗传决定论,另一种则是环境决定论。

1. 遗传决定论

这种理论强调遗传因素是形成个体智力差异的主要原因,其代表人物是英国的高尔顿(S. Francis Galton)。1869年他出版心理学专著《遗传与天才》,书中提到了论证遗传因素与个体智力差异关系的两项研究。

(1) 谱系调查

高尔顿首先选取从 1768 年至 1867 年这百年期间英国历史上的名人,共选出 977 人,其中包括政治家、军事家、文学家、科学家、艺术家等。接着,他调查这些名人的男性亲属,如同辈的兄弟、上辈的父亲以及下辈的儿子,统计出他们中的名人数,共 332 人,其中有父亲 89 人,儿子 129 人,兄弟 114 人。同时,高尔顿调查平民百姓的男性亲属中的名人,结果发现,大约 4000 人中才产生 1 个名人。因此,他断言"一般能力"是遗传的。

高尔顿另外调查 30 家有艺术能力的家庭,发现这些家庭的子女中,也有艺术能力的占 64%;他同时调查 150 家无艺术能力的家庭,发现这些家庭的子女中,也有艺术能力的仅占 21%。著名作曲家巴赫家族中有 60 名音乐家,其中 20 名成就斐然。无独有偶,莫扎特家族中也有 5 名音乐家。因此,他断言"特殊能力"也是遗传的。

高尔顿还研究 80 对双生子的资料,发现双生子相比普通兄弟姐妹在心理特点上更为相似。由此证明个体的包括智力在内的心理属性是遗传的。

(2) 名人之子与教皇养子的比较研究

高尔顿发现,其中的成名成家的人数,名人之子远远多于教皇养子。教皇相比其他名人,两者环境条件相仿,但是,教皇养子的遗传因素显然不如名人之子。高尔顿认为这再次证明智力是遗传的。

2. 环境决定论

这种理论强调环境因素是形成个体智力差异的主要原因,其代表人物是美国的华生(John Broadus Watson)。1925 年他发表论文认为,个体的行为不是先天遗传因素决定的,而是后天环境因素决定的。行为最终都可以分析还原为由刺激所引起的反应,而刺激不可能来自先天遗传,所以行为理所当然也就不可能来自先天遗传。

华生认为人类行为中那些似乎像本能行为的方面,实际上都是在社会环境中所形成的条件反应。他断言"在人类的反应目录中,我们找不到哪一种相当于心理学家和生物学家所说的本能。"

华生认为后天环境因素对个体行为具有压倒一切的影响。不管孩子出生时遗传情况如何,只要控制环境因素,就能训练孩子成为我们所期望的人。他曾经实验研究婴儿的情绪行为,通过条件反射而改变婴儿的喜爱或恐惧。他甚至提出建立行为主义的实验论理学。华生被公认是环境决定论者和教育万能论者。

上述两种智力形成的理论,无疑都是错误的。个中原因在于它们非此即彼,分别走向了事物的两个极端。

## 二、两种因素各自作用论

20世纪20年代至50年代，心理学家开始认识到，遗传因素和环境因素两者都是智力形成的必不可少的条件，缺一不行，于是提出了遗传和环境各自作用的理论。

这种理论研究分析遗传因素和环境因素在智力形成中各自的作用，其代表人物是美国的格塞尔（Arnold L. Gesell）。他认为影响儿童心理发展的因素有2个，即成熟和学习，尽管成熟更为重要。他把遗传学的"成熟"这一术语应用于那些不受任何外界刺激干扰而按照次序出现的心理发展现象。

格塞尔认为成熟与内环境有关，而学习则与外环境有关。儿童的心理发展是儿童行为或心理形式在环境影响下按照一定次序出现的过程。这个次序与成熟即内环境关系较大，而与外环境关系则较小。外环境只是给心理发展提供了适当的时机而已。

格塞尔曾经以双生子作为研究对象，研究儿童动作发展与成熟的关系。对双生子中的一个在46周时开始进行爬梯动作训练，而对另一个则在52周时开始同样训练。结果发现，2周之后，后者的爬梯速度就赶上前者的水平。由此他认为，在儿童生理上尚未达到成熟状态时，动作训练效果甚微或几乎不起作用，而且，即使产生作用，也是暂时现象。而一旦儿童在生理上已经达到成熟状态时，动作训练则能起到事半功倍的效果。

遗传和环境各自作用理论的不足之处是，虽然它肯定遗传因素和环境因素两者在智力形成中各自所起的作用，但它仍然以静止的、孤立的观点来处理这两种因素之间的关系。

## 三、两种因素相互作用论

20世纪50年代至80年代，心理学家开始深入研究遗传因素和环境因素两者在智力形成中的复杂关系，提出了遗传和环境相互作用的理论。

这种理论的基本思想是，遗传因素和环境因素两者在智力形成中存在着相互依存的关系，即其中任何一种因素在智力形成中所发挥的影响作用，都依赖于另一种因素。遗传因素如此，环境因素同样如此。其代表人物是瑞士的皮亚杰（Jean Piaget）和法国的瓦龙（H. Wallon）。

1. 皮亚杰的相互作用论

皮亚杰认为，儿童积极而自发地探究他们的周围环境。他们将事物"同化"进自己的动作模式,同时又使这些模式"顺应"于外部世界的要求。在这种与环境的相互作用过程中,儿童先天的反射和行为模式得到了改变、分化和相互协调。

皮亚杰根据认知结构和环境之间的动态平衡的特征,将儿童的认知发展划分成4个阶段:

(1) 感觉运动阶段(sensorimoter stage)(0～2岁);

(2) 前运算阶段(preoperational stage)(2～7岁),又分为前概念阶段(2～4岁)和直觉阶段(4～7岁);

(3) 具体运算阶段(concrete operational stage)(7～12岁);

(4) 形式运算阶段(formal operational stage)(12～17岁)。

皮亚杰既反对行为主义,也反对发展成熟论以及格式塔心理学的先天观念。他认为,新生儿既不是一块准备接受环境印刻的"白板",也不会带有关于世界的先天知识。我们关于世界的知识,受到认知结构的影响和调节,但这种认知结构并非与生俱来,而是主体与环境相互作用中长期建构的结果。

2. 瓦龙的相互作用论

瓦龙认为,儿童心理的发展,受到内外两种因素的制约。他批评那种研究儿童心理发展时忽视生物成熟因素的理论,也批评那种研究儿童心理发展时脱离其周围环境因素的理论。

瓦龙也认为,儿童心理的发展具有一定的阶段性。他将儿童心理的发展水平分为4个时期:

(1) 动作发展时期(出生至3岁),也可称为感觉运动时期。儿童总是通过不断地反馈来发展心理。如眼睛感知手部的运动,觉得有趣,反馈到大脑中,于是手继续运动,以便继续感知。

(2) 主观性时期(3岁至5～6岁),儿童表现出"时相"。在第一个时相里,儿童开始喜欢自以为是,不再喜欢交替扮演角色的游戏;在第二个时相里,儿童需要表现自己,让别人承认自己的长处;在第三个时相里,儿童从找出本身长处,转向到使用他人的长处来自我装饰。

(3) 客观性时期(5～6岁至11～12岁),儿童的兴趣从自我转向外界事物。他们对外界事物的认识,从主观的、片面的、孤立的看法,逐步发展到客观的、全面的、联系的认识体系。

(4) 青少年时期(12～13岁以后),儿童的心理倾向从外界事物转向内心世界,即从对外部世界的认识转向对自我人格的感知。

瓦龙认为,儿童心理的发展具有一定的整体性。任何一个年龄阶段的儿童,其心理活动总是呈现为一定的体系。儿童心理的发展过程,并不是某些心理活动的简单发展,而是从一个体系向另一个体系演化。

瓦龙也认为,儿童智力发展的根本问题,其实就是智力的两种形态的"转化"问题,即智力从感觉运动形态转化到言语形态。完成智力的这种形态转化,需要两个条件,一个是解剖学或机能构造的条件,另一个则是生活条件。

## 第二节 遗传因素与智力形成

遗传因素与智力形成的研究中,经常使用双生子作为研究被试。双生子有两种类型:一种是同卵双生子(monozygotic twin),代码 MZ,他们来源于同一个受精卵,具有完全相同的基因型;另一种是异卵双生子(dizygotic twin),代码 DZ,他们来源于两个受精卵,具有不尽相同的基因型,他们在遗传方面并不比普通的兄弟姐妹之间更为相似。

双生子研究的一个理论假设是:无论是同卵双生子还是异卵双生子,只要每一对双生子是在一起抚养长大,我们就认为,他们对内的环境条件没有显著差异。

双生子研究可以采用 3 种方法,即平均对差、相关分析和方差分析。

### 一、平均对差

什么是平均对差?对差是指一对双生子之间的智商之差数,平均对差就是指多对双生子之间的智商差数的平均数。

1933 年赫尔曼和霍格本(Herrman & Hogben)研究两类双生子及普通兄弟姐妹,使用平均对差作为双生子老大与老二之间的智力相似性指标,结果如表 4-1 所示。

表 4-1 赫尔曼和霍格本的研究结果

| 组别 | 对数 | 平均对差 |
| --- | --- | --- |
| 同卵双生 | 65 | 9.2±1.0 |
| 相同性别异卵双生 | 96 | 17.7±1.5 |
| 不同性别异卵双生 | 138 | 17.9±1.2 |
| 普通兄弟姐妹 | 103 | 16.8±2.3 |

我们可以看到,同卵双生组与其他任何一组相加比较,智商的平均对差都明显较小,

这表明同卵双生老大与老二之间的智力水平明显相似。由于同卵双生子具有相同的遗传因素，因此他们的智力相似就被认为是遗传因素所造成的。

我们也可以看到，不管是相同性别还是不同性别，异卵双生组智商的平均对差与普通兄弟姐妹组没有什么重大差别，这表明异卵双生老大与老二之间的遗传因素不仅有差别，而且这种差别与普通兄弟姐妹的差别不相上下。

1972年詹森（A. R. Jenson）总结了先前他人的4项关于分开抚养的同卵双生子的研究成果：

(1) 1937年纽曼（Newman）研究19对，得出他们的平均对差为8.2分；
(2) 1962年希尔兹（Shields）研究38对，得出他们的平均对差为6.7分；
(3) 1965年菊尔-尼森（Juel-Nielson）研究12对，得出他们的平均对差为6.5分；
(4) 1966年伯特（Buet）研究53对，得出他们的平均对差为6.0分。

詹森认为，上述4项研究具有4点不同之处：

(1) 在美国、英国、丹麦等3个不同的国家进行；
(2) 使用的智力测验大不相同；
(3) 实施测验时被试的年龄大小不一；
(4) 双生子分开抚养时的年龄也不尽相同。

但是，这4项研究的结果却很相似。而且，就总体122对双生子而言，他们的平均对差为6.6分，这个数值较小，与使用同一智力测验先后两次测量同一被试所得的智商差异相差无几。从中得出的结论是，遗传因素的一致性对于智力形成有着重大的影响。

值得注意的是，希尔兹研究中的一对双生子的智商差异为22分，纽曼研究中的一对双生女的智商差异更是高达24分。这对同卵双生姐妹是在18个月的时候分开的。姐姐在边远地区抚养，仅仅受过两年小学教育；妹妹则在一个繁荣的村庄里长大成人，并且读完专科学校。这对双生姐妹在35岁时接受智力测验，妹妹的智商分数比姐姐高出24分。这表示环境因素的真正差异对智力形成的重要作用。

## 二、相关分析

在上述纽曼的研究中，19对分开抚养的同卵双生子的IQ相关系数平均为0.77；而在伯特的研究中，53对分开抚养的同卵双生子的IQ相关系数平均为0.86。

1963年厄伦迈耶-金林和贾维克（Erlemeyer-Kimling and Jarvik）总结了先前半个世纪中他人的52项关于遗传与智力的研究成果。尽管在这些研究中，被试样本的民族不同,涉及8个不同的国家,他们的社会经济地位也各不相同,而且测量工具即使用的智力测验也大不相同。但是,研究结论倒是趋向一致的,即人们的遗传关系越密切,他们的智力水平也越相似。两者的对应关系,具体分为如下10种情况:

(1) 分开抚养的没有关系的人,相关系数为0.00;
(2) 一起抚养的没有关系的人,相关系数为0.25;
(3) 养父母和孩子,相关系数为0.20;
(4) 父母和孩子,相关系数为0.50;
(5) 分开抚养的兄弟姐妹,相关系数为0.40;
(6) 一起抚养的兄弟姐妹,相关系数为0.49;
(7) 一起抚养的不同性别的异卵双生,相关系数为0.53;
(8) 一起抚养的相同性别的异卵双生,相关系数为0.53;
(9) 分开抚养的同卵双生,相关系数为0.73;
(10) 一起抚养的同卵双生,相关系数为0.87。

1974年克雷奇(Krech)对上述研究结果进行再研究。他注意到,分开抚养的同卵双生,相关系数为0.73;一起抚养的同卵双生,相关系数为0.87。他也注意到,一起抚养的不同性别的异卵双生,相关系数为0.53;一起抚养的相同性别的异卵双生,相关系数也为0.53。因此,两者可以合并为,一起抚养的异卵双生,相关系数为0.53。另外,一起抚养的兄弟姐妹,相关系数为0.49。于是,再次合并为$(0.53+0.49)\div 2=0.51$,即一起抚养的非同卵的兄弟姐妹,相关系数为0.51。根据这4个数值,可以构成如下$2\times 2$列联表。

表4-2 一起抚养的与分开抚养的同卵双生子及非同卵兄弟姐妹之间的智力相关

| 环境变项 | 遗传变项 | |
| --- | --- | --- |
| | 同卵双生 | 非同卵的兄弟姐妹 |
| 一起抚养 | 0.87 | 0.51 |
| 分开抚养 | 0.73 | 0.40 |

克雷奇从两个方面对表4-2加以分析,即横向比较和纵向比较。

(1) 横向比较。首先,0.87>0.51,这就表示在相同环境下,同卵双生的智力相关系数大于非同卵的兄弟姐妹;其次,0.73>0.40,这就表示在不同环境下,同卵双生的智力相关系数也大于非同卵的兄弟姐妹。综合二者,在环境因素保持不变的两种情况下,遗传因素相同者的智力相关系数都大于遗传因素不同者,这就证明遗传是智力的形成和发展中的一个重要因素。

(2) 纵向比较。首先,0.87＞0.73,这就表示同卵双生在相同环境下的智力相关系数大于不同环境下的;其次,0.51＞0.40,这就表示非同卵的兄弟姐妹在相同环境下的智力相关系数也大于不同环境下的。综合二者,在遗传因素保持不变的两种情况下,环境因素相同者的智力相关系数都大于环境因素不同者的,这就证明环境是智力的形成和发展中的另一个重要因素。

1949年斯科达克和斯基尔斯(Skodak and Skeels)研究2岁至14岁养子女的IQ。结果发现,他们的IQ与亲生父母的IQ具有较高的相关系数,而他们的IQ与养父母的IQ只具有较低的相关系数。

1957年霍齐克(Honzik)研究亲生父母自己抚养的2岁至14岁子女的IQ,并且与上述研究相结合。结果得出三条2岁至14岁年龄的IQ相关系数曲线:一条是亲生父母抚养孩子时,孩子IQ与亲生父母IQ的相关曲线,另一条是养父母抚养孩子时,孩子IQ与亲生父母IQ的相关曲线,第三是养父母抚养孩子时,孩子IQ与养父母IQ的相关曲线。霍齐克发现,第一条曲线和第二条曲线基本上是一致的,而第三条曲线则表明孩子IQ与养父母IQ的相关是微不足道的。霍齐克从中得出结论,父母与子女间的智力相关是遗传因素使然。

1981年北京师范大学林崇德选择在相同或类似环境中长大的24对同卵双生子(幼儿、小学生和中学生各8对)和24对异卵双生子(幼儿、小学生和中学生各8对,且同性异卵和异性异卵各占一半)进行4方面的对照分析,研究结果如下:

(1) 运算能力的对照

在运算能力测验分数上,同卵双生子的平均总相关系数为0.89,其中幼儿相关为0.96,小学生相关为0.90,中学生相关为0.81。而异卵双生子的平均总相关系数为0.66,其中同性为0.71,异性为0.61;幼儿相关为0.89,其中同性为0.91,异性为0.86;小学生相关为0.63,其中同性为0.71,异性为0.54;中学生相关为0.46,其中同性为0.50,异性为0.42。这表明遗传因素越近,运算能力的相关系数越大。

(2) 学习成绩的对照

在各科学习成绩上,同卵双生子的平均总相关系数为0.81,其中小学生相关为0.85,中学生相关为0.77。而异卵双生子的平均总相关系数为0.59,其中同性为0.66,异性为0.51;小学生相关为0.61,其中同性为0.65,异性为0.56;中学生相关为0.56,其中同性为0.67,异性为0.45。这表明遗传因素越近,学习成绩的相关系数越大。

(3) 智力品质的对照

在运算能力测验小学生所表现出的智力品质上,8对同卵双生子的敏捷性相关系数为

0.74,灵活性相关系数为0.81,抽象性相关系数为0.62;而异卵双生子的敏捷性相关系数为0.56,灵活性相关系数为0.72,抽象性相关系数为0.48。这表明遗传因素越近,智力品质的相关系数越大。

(4) 语言发展的对照

这项研究表明,在相同环境中长大的婴幼儿,在说话开始早晚时间、语声高低粗细、说话多寡、掌握口头语言和书面语言情况以及词汇量多少等方面,同卵双生子的差异不大,而异卵双生子的差异则较为明显。试举一个三胞胎的例子。老大和老二为同卵,老三则为异卵。出生后他们在同一环境抚养,可是语言发展有所区别。同卵之间相似,异卵之间则相异。老三 6 个月开始发声"爸"和"妈",7 个月能够较为清晰地叫"爸爸"和"妈妈",且语声较粗;另一方面,这对同卵双生子却到 9 个月才能叫"爸爸"和"妈妈",不仅发音时间相近,而且语声相似,都较尖细。

## 三、方差分析

仅仅说明遗传和环境都是智力形成的重要因素,智力是遗传和环境两种因素相互作用的结果,这已经不是什么重要的结论。智力形成研究的重要意义在于,以这种说法为出发点,进一步研究在这样的相互作用中,遗传因素和环境因素各自起着多大的相对作用,并且根据两者之间的差值,推断智力的个体差异主要是由遗传因素的差异造成的,还是由环境因素的差异造成的。这样的研究意图,集中体现在对"遗传力"的估计上。

1. 基本概念

遗传力(heritability)一般使用符号"$h^2$"表示,也可称为遗传率或遗传度。

什么是遗传力?遗传力是指某种特性由遗传因素引起的变异与表现型的总变异之比率。"变异"是指群体内部的个体之间的差异,通常使用"方差"($V$)来计算变异的大小。这样,智力的遗传力的定义就是:在智力差异中,遗传差异的方差 $V_G$ 与总的表现型的方差 $V_P$ 之比率。

$$h^2 = \frac{V_G}{V_P}$$

"表现型",简称表型,通俗地说,就是可以使用常规方法进行测量的属性或特质。表现型的另一面则是基因型。试举一例,身高或体重就是体格特质的表现型;再举一例,智商 IQ 就是智力特质的表现型。

使用专业性的说法,表现型就是某一特质的基因型与特定环境相互作用后的表现形式。这样,表现型方差由两部分组成,一种是遗传差异的方差 $V_G$,另一种是环境差异的方差 $V_E$。也就是 $V_P=V_G+V_E$。

值得一提的是,基因型与表现型是两个不同的概念。同一基因型在不同的环境条件下,可以有不同的表现型;而不同的基因型在不同的环境条件下,倒也可以有相似的表现型。试举肤色为例。

有4名个体A、B、C和D。假设他们的基因型:A为白色,B为黑色,C为白色,D为黑色;再假设他们的环境条件:A接触阳光较少,B接触阳光较少,C接触阳光较多,D接触阳光较多。那么,他们的表现型则是:A为白色,B为灰色,C为灰色,D为黑色。

我们可以看到,A与C具有相同的基因型,均为白色,但他们的环境条件不同,A为接触阳光较少,C为接触阳光较多,结果他们具有不同的表现型,A为白色,C则为灰色;B与D也具有相同的基因型,均为黑色,但他们的环境条件不同,B为接触阳光较少,D为接触阳光较多,结果他们也具有不同的表现型,B为灰色,D则为黑色。

我们也可以看到,B与C具有不同的基因型,B为黑色,C为白色,但他们的环境条件也不同,B为接触阳光较少,C为接触阳光较多,结果他们反倒具有相同的表现型,均为灰色。

试介绍一下遗传力公式的推导:

(1) $V_{DZ} = V_{DZ}遗 + V_{DZ}环$

异卵双生子智力差异的方差,可以归因于遗传因素方差和环境因素方差两部分。

(2) $V_{MZ} = V_{MZ}环$

同卵双生子智力差异的方差,只能归因于环境因素方差,因为他们具有相同的基因型,或者说,他们遗传因素的方差为零,即 $V_{MZ}遗=0$。

(3) $V_{DZ}环 = V_{MZ}环$

理论上我们假设,只要同卵双生子或异卵双生子一起抚养长大,那么他们在智力差异上由环境因素所引起的对内差异则是相等的。

(4) $V_{DZ} - V_{MZ} = V_{DZ}遗 + V_{DZ}环 - V_{MZ}环 = V_{DZ}遗$

所以,

$$h^2 = \frac{V_{DZ} - V_{MZ}}{V_{DZ}} = \frac{V_{DZ}遗}{V_{DZ}}$$

异卵双生子智力差异的方差,减去同卵双生子智力差异的方差,再除以异卵双生子智力差异的方差,即为遗传力。

2. 一个实例

方差分析认为,双生子智商分数差异可以分为两个部分,一个是对内差异W,另一个

是对间差异 $B$。$W$ 表示每对双生子之内两人的智商分数差异，$B$ 表示各对双生子之间的智商分数差异。如果遗传因素与智力显著相关，那么对内差异 $W$ 必然小于对间差异 $B$。这样，我们可以使用对内相关公式 $R=(B-W)/(B+W)$ 来表示双生子对内智力相似程度。

前面提到，$V_P=V_G+V_E$，现在进一步把环境方差分为两个部分，一个是共享环境方差 $V_{CE}$，另一个是独特环境方差 $V_{SE}$。前者表示每对双生子共同享有的环境之间的差异，后者表示每个双生子单独拥有的环境之间的差异。于是

$$V_P = V_G + V_{CE} + V_{SE}$$

另外，根据遗传学知识，理论上可以假设，异卵双生子只有一半基因相同。

这样就可以把上述赫尔曼和霍格本的研究资料转换成表 4-3。

表 4-3  同卵双生和异卵双生智商差异的方差分析模型

| 组别 | 变异源 | 方差 | R | R 的方差分解模型 |
|---|---|---|---|---|
| 同卵双生 | 对间 $B$ | 850 | 0.84 | $V_G+V_{CE}$  ① |
| | 对内 $W$ | 75 | | |
| 异卵双生 | 对间 $B$ | 730 | 0.47 | $1/2V_G+V_{CE}$  ② |
| | 对内 $W$ | 260 | | |

①－②得出，$1/2V_G=R_{MZ}-R_{DZ}$。

因此，$V_G=2(R_{MZ}-R_{DZ})=2\times(0.84-0.47)=0.74$ 即 74%。

②×2－①得出，$V_{CE}=2R_{DZ}-R_{MZ}=2\times0.47-0.84=0.10$ 即 10%。

另外，$V_{SE}=V_P-V_G-V_{CE}=1-0.74-0.10=0.16$ 即 16%。

以上 3 个百分比数值说明，在一个群体内部，个体之间的智商分数的差异，其中 74% 可归因于遗传因素的差异，还有 10% 可归因于共享环境的差异，再有 16% 可归因于独特环境的差异。

1980 年华东师范大学李其维、金瑜等研究了 101 对学龄儿童的双生子，其中同卵双生 67 对，异卵双生 34 对。他们使用陆志韦和吴天敏的《第二次修订比内-西蒙智力测验量表》，作为智力测量的工具。研究结果如下：

(1) 平均对差。同卵双生的平均对差为 9.0，标准差为 6.9；异卵双生的平均对差为 15.24，标准差为 14.01。异卵双生的平均对差大于同卵双生的平均对差，它们的差数是非常显著的（$P<0.01$）。

(2) 相关系数。同卵双生的相关系数为 0.76，异卵双生的相关系数为 0.38。两个相关系数本身都具有显著性。同时，同卵双生的相关系数大于异卵双生的相关系数，它们的

差数是显著的($P<0.05$)。

(3) 遗传力。使用公式 $h^2=(r_{MZ}-r_{DZ})/(1-r_{DZ})$,得出 $h^2=0.61$。

3. 关于智力遗传力的几点说明

(1) 遗传力不是固定不变的常量,而圆周率则是常量。遗传力是3个特定因素的产物。其一是纵向的特定时期,在不同的历史时期,同一群体的智力遗传力有所不同;其二是横向的特定群体,在不同的国家或地区或民族或种族,同一时期的智力遗传力也有所不同;其三是特定测量工具即智力量表,如果使用不同的智力测验,那么即使在同一时期测量同一群体,得出的智力遗传力也不尽相同。

(2) 遗传力与环境影响力不相对立。估计遗传力并不意味着只是关注遗传因素对智力的影响作用,而忽视环境因素对智力的影响作用。因为我们事先假定,遗传影响和环境影响两者的作用数量之和为1.00。所以,知道了遗传力,同时也就知道了环境影响力,即 $1-h^2$。

(3) 遗传力大小与环境优劣有关。1971年美国斯卡-萨拉帕特克(Scarr-Salapatek)研究不同社会经济地位的白人儿童和黑人儿童的智力遗传力。结果她发现,在环境条件较为优越的情况下,黑人儿童和白人儿童一样,都有较高的遗传力。由此她认为,如果环境因素越是有利于儿童智力的发展,那么遗传因素的作用就越是充分表现出来,即智力遗传力较高;反之,如果环境因素越是不利于儿童智力的发展,那么遗传因素的作用就越是难以表现出来,即智力遗传力较低。

遗传影响和环境影响两者的作用数量之和为1。遗传力数值越大,则环境影响作用的数值就越小。这种情况说明什么问题?对于智力发展来说,到底是有利还是不利?

试举一例。假设有两个社区,在甲社区中,智力遗传力是0.80,环境影响力则是0.20;在乙社区中,智力遗传力是0.20,环境影响力则是0.80。问题是,哪个社区是较为理想的社区?

在甲社区中,智力的个体差异主要是由遗传差异而不是由环境差异来解释;而在乙社区中,智力的个体差异则主要是由环境差异而不是由遗传差异来解释。换句话说,在乙社区中,每个成员在获得有利于智力发展的各种资源时,机会不等,或者说,社区在给每个成员分配有利于智力发展的各种资源时,有失公平。甲社区无疑比乙社区更为理想,更有利于儿童智力的发展。

(4) 关于环境影响作用的问题。一般说来,如果遗传力较低,则环境差异的影响作用就较大,那么我们就越有可能改变环境来缩小个体差异。另一方面,如果遗传力较高,是否意味着环境作用不重要了呢？试举一个极端的例子。假设某个社区的智力遗传力为100％，则环境差异方差 $V_E$ 为零，这是否意味着环境因素对智力不起作用了呢？答案当然是否定的。

假设有一个理想化的群体，大家饮用的食物的种类和数量，都是完全相同的。这样，个体身体健康的差异中，由食物差异所引起的部分则为零。那么，改善食物的质量，将会使群体的所有成员的健康水平得到普遍提高。

智力的情况同样如此。应该努力创造条件，为所有儿童提供更好的、更有利于智力发展的环境。这样，群体的智力的遗传力和平均分数将会提高。

4. 对内相关 $R$ 的计算举例

假设有5对双生子，他们的智商分数如下：第1对，89与91；第2对，79与83；第3对，69与75；第4对，80与84；第5对，90与92。

第1对双生子智商分数的平均数 $M_1=(89+91)\div 2=90$，同理：

$$M_2=(79+83)\div 2=81,$$
$$M_3=(69+75)\div 2=72,$$
$$M_4=(80+84)\div 2=82,$$
$$M_5=(90+92)\div 2=91。$$

还有，全体被试智商分数的平均数 $M_T=(90+81+72+82+91)\div 5=83.2$

对间方差 $B=$ 对间平方和/组间自由度 $=2\Sigma(M-M_T)^2/(5-1)$
$=2[(M_1-M_T)^2+(M_2-M_T)^2+(M_3-M_T)^2+(M_4-M_T)^2+(M_5-M_T)^2]/4$
$=2[(90-83.2)^2+(81-83.2)^2+(72-83.2)^2+(82-83.2)^2+(91-83.2)^2]/4$
$=2\times 238.8\div 4$
$=119.4$

对内方差 $W=$ 对内平方和/组内自由度 $=\Sigma\Sigma(X-M)^2/(10-5)$
$=[(89-90)^2+(91-90)^2$
$+(79-81)^2+(83-81)^2$
$+(69-72)^2+(75-72)^2$
$+(80-82)^2+(84-82)^2$
$+(90-91)^2+(92-91)^2]\div 5$
$=38\div 5=7.6$

对内相关 $R=(B-W)/(B+W)=(119.4-7.6)/(119.4+7.6)=0.88$。

## 第三节 环境因素与智力形成

环境因素本是一个宏观的大概念,而我们把此处的环境因素限定为微观的小概念,主要包括2种因素:一种是家庭环境因素,另一种则是学校环境因素中的教师期望。

### 一、抚养环境与智力

关于抚养环境对智力形成的影响,大体涉及2类比较研究:一种是一起抚养双生子与分开抚养双生子的比较研究,另一种则是正常抚养孩子与异常抚养即兽孩的比较研究。

1. 双生子研究

1981年北京师范大学林崇德研究了相同环境的同卵双生子和异卵双生子,同时也研究了不同环境的同卵双生子,研究结果如下:

(1) 两种环境的同卵双生子

7对不同环境的同卵双生子,运算能力的相关系数为0.67,其中5对学习成绩的相关系数为0.58。与之相对照,24对相同环境的同卵双生子,运算能力的相关系数为0.89,学习成绩的相关系数为0.81。我们可以看到,相同环境同卵双生子的运算能力的相关系数和学习成绩的相关系数分别显著大于不同环境同卵双生子($P<0.05$),这表明环境因素对智力形成的影响。

再选择两对案例作典型分析。

个案分析例一:张××和上官××系同卵双生女,16岁,长相和健康情况相同。出生第一年,抚养环境相同,智力发展没有发现什么差异,观察力和语言发展等表现几乎相同。1岁以后,环境发生了根本性的变化。张××跟随农民生活,她的早期教育无人过问,上学后学习自流,没有形成良好的学习习惯;而上官××则跟随医生生活,早期教育抓得很紧,且教育得法,提前两年上了小学,又有良好的学习环境,形成了良好的学习习惯。结果造成了智力上的明显差异:她俩学习成绩有显著的区别;学习兴趣截然不同;智力品质各不相同。

由此可以看出,环境对儿童智力的发展起着决定的作用;同样的遗传素质,在不同的环境下可以得到不同的发展结果。可见环境因素对遗传因素的改造作用。

个案分析例二:李一和李二系同卵双生子,16岁,在小学阶段兄弟俩的智力发展与学习成绩均不分上下,各门学科学习平衡,没有特别的爱好。小学毕业后,他们分别进入两所中学学习。老大受到同班同学的影响,对数学产生浓厚兴趣;老二则受到语文教师的感染,喜欢写作。于是在智力上出现明显差异:老大偏理科,向抽象思维型发展;老二则偏文学创作,向形象思维型发展。

由此可以看出,在智力发展成熟之前,环境因素的差异和变化随时可以决定智力发展的方向和内容;环境因素对儿童智力发展的决定作用是通过儿童的活动得以进行的。

(2) 两种环境的异卵双生子

24 对相同环境的异卵双生子,运算能力的相关系数为 0.66,学习成绩的相关系数为 0.59。与之相对照,8 对不同环境的异卵双生子,运算能力的相关系数为 0.45,其中 5 对学习成绩的相关系数为 0.39。我们可以看到,相同环境异卵双生子的运算能力的相关系数和学习成绩的相关系数分别显著大于不同环境异卵双生子($P<0.05$),这也表明环境因素对智力形成的影响。

同样选择两对案例作典型分析。

个案分析例一:徐 A 和徐 B 系异卵双生子,兄弟俩有三项特殊的相同点:一是外语学习突出,能用英语会话;二是勤学好问,学业出色,都以"在校生"身份提前考入高等学校;三是乒乓球技高一筹,在全区比赛中双双夺得名次。

追踪调查获悉,兄弟俩从小形影不离,在家庭和学校为他们所创造的相同环境下一起成长。由此可以看出,环境是形成儿童特殊智能的决定因素。

个案分析例二:王甲和王乙系异卵双生子,从小在相同环境下长大,又在一个班级上学。初三之前,他俩在数学运算的敏捷性和灵活性上有着较大的区别。初三数学教师突出综合性练习,培养正确而迅速的运算能力。初三毕业时,王甲和王乙的数学成绩随全班同学而提高,两人数学运算的敏捷性和灵活性的差异显著减少。由此可以看出,环境是培养儿童智力品质的决定因素。

2. 兽孩研究

人们关于兽孩的观察研究,从反面证实环境因素对智力形成的影响。

世界各地已经先后发现数十起兽孩,其中包括狼孩、熊孩、猴孩、羊孩、牛孩、猪孩以及豹孩等,他们的遗传因素与一般孩子并无多大差别,但是由于环境因素的特殊影响,他们的智力没有得到正常的发展。结果,他们不仅缺乏正常人的智力,而且有着明显的兽性。

印度狼孩是兽孩研究中最具有代表性和权威性的一个案例。1921 年在印度一个人迹罕至的狼窝里发现两个女孩,小女孩 2~4 岁,大女孩 8~9 岁,后来分别被取名为阿玛拉

(Amala)和卡玛拉(Kamala)。刚被发现时,她们的日常生活习性竟和狼一般,用四肢着地走路,食生肉,昼伏夜出,不会说话,只会像狼一样引颈长嚎。随后她们被带往一家孤儿院抚养。阿玛拉不到一年就不幸丧亡。卡玛拉经过两年的特种教育训练,方才学会两腿站立,4年仅学会6个单词,6年学会直立行走,7年学会40多个单词,用手吃饭,拿杯子喝水。直到8年之后约17岁去世的时候,她的智力也只相当于3岁小孩的水平。

## 二、家庭环境与智力

家庭环境包括父母职业、父母受教育程度、家庭社会经济地位、家庭早期刺激、家庭类型、家庭教育等诸多方面。

### 1. 父母职业

1953年埃尔斯(K. Eells)研究父亲职业与儿童智力的关系。把父亲职业分成8个类别,使用韦克斯勒儿童智力量表去测量他们子女的IQ,如表4-4所示。

表4-4 父亲职业与子女IQ

| 父亲职业类别 | 儿童平均智商 | | |
| --- | --- | --- | --- |
| | 言语 | 操作 | 全量表 |
| 专业与半专业工作人员 | 110.9 | 107.8 | 110.3 |
| 业主、经理和公职人员 | 105.9 | 105.3 | 106.2 |
| 办事员、售货员和类似的人员 | 105.2 | 104.3 | 105.2 |
| 手艺工人、工头和类似的工人 | 100.8 | 101.6 | 101.3 |
| 技工和类似的工人 | 98.9 | 99.5 | 99.1 |
| 家庭保姆、防护人员和其他服务工人 | 97.6 | 96.9 | 97.0 |
| 农民和农场经理 | 96.8 | 98.6 | 97.4 |
| 农业工人、工头和类似的工人 | 94.6 | 94.9 | 94.2 |

我们可以看到,由于父亲职业的不同,专业人员子女和农工子女之间,言语智商、操作智商和全量表智商的差数分别高达16.3、12.9和16.1分之多。

1990年我国程跃等研究"智力表型表达等级及其条件"的课题。被试为幼儿园独生子女儿童309名,年龄3岁10个月至6岁。测量工具为韦克斯勒幼儿智力量表中国修订城市版,将智商水平按等级分为7组。IQ1:130以上,IQ2:120~129,IQ3:110~119,IQ4:100~109,IQ5:90~99,IQ6:80~89,IQ7:79以下。

这项研究结果之一是不同IQ组父母职业情况的比较,如表4-5所示。

表 4-5　不同 IQ 组父母职业比较

| IQ 组别 | 实际人数 父/母 | 父亲职业/母亲职业（%） | | | | | |
|---|---|---|---|---|---|---|---|
| | | 教师或医生 | 技术人员 | 干部 | 工人或军警 | 职员 | 个体或无业 |
| IQ1 | 23/22 | 26/41 | 22/14 | 35/18 | 17/9 | 0/18 | 0/0 |
| IQ2 | 32/33 | 25/18 | 16/27 | 34/18 | 19/30 | 6/9 | 0/0 |
| IQ3 | 52/58 | 11.5/19 | 2/17 | 25/7 | 50/53 | 9.5/3 | 2/0 |
| IQ4 | 57/60 | 2/8 | 26/17 | 16/3 | 53/67 | 3.5/3 | 0/2 |
| IQ5 | 48/50 | 6/8 | 8/8 | 15/4 | 63/72 | 8/8 | 0/0 |
| IQ6 | 11/16 | 0/6 | 9/13 | 27/0 | 36/50 | 27/19 | 0/13 |
| IQ7 | 9/9 | 0/0 | 0/0 | 0/0 | 89/56 | 0/11 | 11/33 |

我们可以看到父母职业与孩子智力之间的关系：随着 IQ 档次下降，教师或医生、技术人员、干部等三项的比例明显下降，而工人或军警、职员、个体或无业等三项的比例则直线上升。另外，当 IQ 到了 80 以下组，前三项的比例为零，而后三项的比例则为 100%。

2. 父母受教育程度

1963 年霍齐克使用纵向追踪方法，研究父母受教育程度与儿子 IQ 的相关系数以及父母受教育程度与女儿 IQ 的相关系数。被试年龄为 21 个月至 15 岁，男女儿童各 100 余人。这项研究得出以下两点结论。

(1) 父母的受教育程度和子女的智力，在最初年龄时并没有什么关系，但是到达一定年龄之后就有关系了。1968 年希伯、德弗和康里(R. Heber, R. DeVer & J. Conry)进行了类似研究，总体上证实了这个结论，对于智力较低的儿童尤为如此。他们发现，母亲平均 IQ 高于 80 的子女与母亲平均 IQ 低于 80 的子女，3 岁之前，两者的 IQ 并无不同；然而，年龄较大时，两者的 IQ 的差异日益加大；到达 14 岁及以上年龄时，两者的 IQ 的平均差数甚至超过 25 分。

(2) 父母的受教育程度和子女的智力开始出现相关的这一重要年龄，女孩早于男孩到达。或者说，女孩显出父母智力遗传因素影响的年龄，比男孩要早。其中的含义则是，儿童智力发展的速度上存在着男女性别差异，而这与女孩的生理早熟不无关系。

美国有个心理学家曾对 800 名从幼儿园到 8 年级的男性智力优秀儿童，进行长达 30 年的追踪研究。从中分别挑选出成年之后 20% 成就最大者和 20% 成就最小者，对照比较他们父母的受教育程度。结果发现，成就最大者中，有 50% 的家长是大学毕业；而成就最小者中,只有15%的家长是大学毕业。由此可见,家庭中父母受教育程度对子女智力的影响是不容否认的。

荷兰兵役制度规定,男性公民年满18周岁时必须接受一次体格检查和心理测验,后者包括智力测验。1954年以后,所使用的智力量表一直保持不变。这样,心理学家便有机会获得父亲和儿子同一年龄时在同一智力量表上的所得分数。另外,心理学家还调查父亲的受教育程度及其职业以及儿子的受教育程度。最后,计算父子双方的各种相关系数,如表4-6所示。

**表4-6 父子双方的各种相关系数**

|  | 父亲智力 | 父亲教育 | 父亲职业 | 儿子智力 |
|---|---|---|---|---|
| 父亲教育 | 0.53 | | | |
| 父亲职业 | 0.42 | 0.60 | | |
| 儿子智力 | 0.29 | 0.24 | 0.18 | |
| 儿子教育 | 0.33 | 0.43 | 0.37 | 0.49 |

我们可以看到:不论父亲还是儿子,他们本人的智力和教育之间均具有较高的相关;父亲的智力、父亲的教育、父亲的职业三者和儿子的教育之间均具有较高的相关;而父亲的智力、父亲的教育、特别是父亲的职业和儿子的智力之间均具有较低的相关。

1990年程跃等研究结果之二是不同IQ组父母受教育程度情况的比较,如表4-7所示。

**表4-7 不同IQ组父母受教育程度人数百分比**

| IQ组别 | 实际人数 父/母 | 父亲教育/母亲教育(%) | | | | | |
|---|---|---|---|---|---|---|---|
| | | 研究生 | 大本或大专 | 高中或中专 | 初中 | 小学 | 文盲 |
| IQ1 | 23/22 | 0/0 | 83/54.5 | 13/32 | 0/9 | 4/4.5 | 0/0 |
| IQ2 | 31/32 | 0/0 | 68/28 | 29/63 | 0/6 | 3/3 | 0/0 |
| IQ3 | 53/55 | 2/0 | 30/13 | 53/73 | 7.5/7 | 7.5/7 | 0/0 |
| IQ4 | 60/63 | 2/0 | 27/14 | 57/65 | 2/6 | 13/11 | 0/3 |
| IQ5 | 49/53 | 0/0 | 18/6 | 57/68 | 4/5 | 20/21 | 0/0 |
| IQ6 | 11/16 | 0/0 | 9/0 | 91/69 | 0/6 | 0/25 | 0/0 |
| IQ7 | 9/9 | 0/0 | 0/0 | 56/67 | 0/0 | 33/11 | 11/32 |

我们可以看到父母受教育程度与孩子智力之间的关系:随着 IQ 档次下降,受高等教育的父母人数明显减少,而受小学教育的父母人数则明显上升;受初中或高中教育的父母人数,在高 IQ 组中较少,在 IQ110 以下组中趋于平衡;另外,当 IQ 到了 80 以下组,受高等教育的父母消失,而父母文盲者则占一定比例。

3. 社会经济地位

家庭社会经济地位是一个综合了父母的教育、职业、收入等因素的指标。1965 年泰勒(L. Tyler)的研究结果表明:社会经济地位较高的儿童,4 岁时平均智商为 110~115,长大成人后,智商保持不变甚至稍有提高;而社会经济地位较低的儿童,4 岁时平均智商为 95,长大成人后,智商则下降至 80~85。

1973 年麦考尔、阿佩尔鲍姆和霍纳蒂(R. Mccall, M. Appelbaum and P. Honarty)的纵向研究也发现:2 岁半至 17 岁之间斯坦福-比内量表的智商分数,平均变化为 28.5 分,其中社会经济地位等因素决定着智商变化的方向。社会经济地位较高儿童的智商分数保持不变或有所上升,而社会经济地位较低儿童的智商分数则有所下降。

4. 家庭早期刺激

1963 年亚罗(Yarrow)研究母亲给孩子提供的刺激和婴儿智力发展之间的关系。结果发现,孩子 6 个月时的 IQ 和母子交往所花时间的总量之间,相关系数为 0.65。1972 年亚罗等人研究两类刺激对 5 个月婴儿智力发展的相对影响。其一是有生命的刺激。母亲或养护人陪伴婴儿,并对婴儿动作做出回应。结果,婴儿发音较多,并出现较多的目标指向性动作,如坚持尝试去获取刚好拿不到的东西。其二是无生命的刺激,如玩具之类。如果精心选择和布置婴儿周围的玩具,使"丰富的环境"成为"刺激的环境",那么婴儿同样会出现较多的目标指向性动作,但这和婴儿发音的多少不相联系。

1972 年霍齐克研究家庭早期刺激的长期效果。结果发现,40 岁时智力测验的言语分测验的 IQ,与 2 岁时母子的感情关系,存在着显著相关;而 40 岁时智力测验的操作分测验的 IQ,则与 2 岁时母亲的性格,存在着显著相关。母亲性格本身与母亲 IQ 没有什么关系。我们可以解释为,活泼开朗的母亲,容易与孩子建立友好和谐的关系,并且为孩子提供丰富多彩的游戏。

1966 年斯基尔斯研究对早期低刺激儿童的干预。2 岁之前,一批孩子生活在孤儿院里,缺乏社交刺激。2 岁时,分别选取两组,一组是实验组,另一组是控制组。实验组平均 IQ 为 64,转到一个智力落后儿童机构,由自身智力落后而年龄较大者照料;4 岁以后,再由别人抚养。这种安排保证实验组孩子得到相当程度的社交刺激。控制组平均 IQ 为 87,他们继续留在孤儿院。结果发现,成年时,实验组成员都能自食其力,而控制组40%成员仍需他人照顾;实验组成员平均受教育年限超过12年即中学毕业,而控制组只有一个成员读完中学。这项研究表明,实验组成员早期(0至2岁)缺乏社交刺激,智力严重落后;一旦得到早期补偿性教育,他们智力便有实质性的增长。

1992年中国儿童发展中心吴凤岗研究中国民俗养育方式对儿童智力发展的影响。结果发现:瑞文推理测验的智商平均数,"沙袋养育"儿童低于一般方式养育儿童,"船舱养育"儿童低于陆地养育儿童,两种情况的差异均为非常显著。CDCC测验的智力发展指数,"婆筐或背巾养育"儿童低于正常儿童,但无显著性差异;而运动技能发展指数,"婆筐或背巾养育"儿童也低于正常儿童,差异较为显著。

5. 家庭类型

家庭类型可以分为两种,一种是完整家庭,另一种是离异家庭。1993年我国傅安球等研究离异家庭儿童的认知发展。在全国27个省、市、自治区,选取小学一、三、五年级的在校学生共1733名,其中完整家庭儿童804名,离异家庭儿童929名。

他们参照美国吉德鲍迪(J. Guidubaldi)的有关量表,编制了《儿童认知发展评价量表》,分为两个部分,一个是文字性的认知分测验,另一个是非文字性的推理分测验。

这项研究结果之一是完整家庭儿童与离异家庭儿童认知总体水平的比较,如表4-8所示。

我们可以看到,无论是认知分测验成绩,还是推理分测验成绩,离异家庭儿童都低于完整家庭儿童。经过平均数差数的显著性检验,离异家庭儿童与完整家庭儿童在认知发展总体水平上存在着极为显著的差异。

表4-8 完整家庭儿童与离异家庭儿童认知总体水平比较

| 认知总体水平 | 认知分数 | | 推理分数 | |
|---|---|---|---|---|
| 家庭类型 | 完整 | 离异 | 完整 | 离异 |
| 人数 | 789 | 867 | 797 | 922 |
| 平均数 | 21.09 | 19.32 | 12.02 | 10.66 |
| 标准差 | 4.25 | 4.87 | 3.40 | 3.74 |
| Z比率 | 8.05 | | 8.00 | |
| P | <0.001 | | <0.001 | |

这项研究结果之二是不同年龄组完整家庭儿童与离异家庭儿童认知水平的比较,如

表 4-9 所示。

表 4-9　7~13 岁完整家庭儿童与离异家庭儿童认知水平比较

| 年龄组（岁） | 认知分数 | | 推理分数 | |
|---|---|---|---|---|
| | Z 比率 | P | Z 比率 | P |
| 7 | 2.78 | <0.01 | 1.69 | >0.05 |
| 8 | 3.06 | <0.01 | 2.27 | <0.05 |
| 9 | 4.06 | <0.001 | 1.44 | >0.05 |
| 10 | 2.02 | <0.05 | 1.55 | >0.05 |
| 11 | 4.22 | <0.001 | 4.09 | <0.001 |
| 12 | 2.58 | <0.001 | 1.61 | >0.05 |
| 13 | 3.84 | <0.001 | 3.31 | <0.001 |

我们可以看到，在 7~13 岁的 7 个年龄组中，离异家庭儿童与完整家庭儿童相加比较，在认知分测验成绩上，除了 10 岁组差异是较为显著之外，7 岁组和 8 岁组差异都是非常显著，而 9 岁组、11 岁组、12 岁组和 13 岁组差异更是极为显著；在推理分测验成绩上，除了 7 岁组、9 岁组、10 岁组和 12 岁组无显著性差异之外，8 岁组差异是较为显著，而 11 岁组和 13 岁组差异都是极为显著。

这项研究结果之三是完整家庭儿童与离异家庭儿童学习成绩的比较，如表 4-10 所示。

表 4-10　完整家庭儿童与离异家庭儿童学习成绩比较

| 学习成绩 | 语文成绩 | | 数学成绩 | | 语数总成绩 | |
|---|---|---|---|---|---|---|
| 家庭类型 | 完整 | 离异 | 完整 | 离异 | 完整 | 离异 |
| 人数 | 804 | 929 | 804 | 929 | 804 | 929 |
| 平均数 | 4.25 | 3.44 | 4.21 | 3.33 | 8.46 | 6.77 |
| 标准差 | 1.02 | 1.28 | 1.11 | 1.36 | 2.04 | 2.54 |
| Z 比率 | 13.50 | | 14.71 | | 15.40 | |
| P | <0.001 | | <0.001 | | <0.001 | |

我们可以看到，无论是语文成绩，还是数学成绩，或者是语数总成绩，离异家庭儿童都低于完整家庭儿童。经过平均数差数的显著性检验，离异家庭儿童与完整家庭儿童在学习成绩上存在着极为显著的差异。

这项研究结果之四是不同年龄组完整家庭儿童与离异家庭儿童学习成绩的比较，如表 4-11 所示。

表 4-11　7～13 岁完整家庭儿童与离异家庭儿童学习成绩比较

| 年龄组(岁) | 学习成绩 | |
|---|---|---|
| | $Z$ 比率 | $P$ |
| 7 | 4.48 | <0.001 |
| 8 | 7.96 | <0.001 |
| 9 | 7.79 | <0.001 |
| 10 | 6.93 | <0.001 |
| 11 | 6.69 | <0.001 |
| 12 | 5.32 | <0.001 |
| 13 | 4.69 | <0.001 |

我们可以看到,在 7～13 岁的所有 7 个年龄组中,离异家庭儿童与完整家庭儿童在学习成绩上全部存在着极为显著的差异。

6. 家庭教育

1990 年程跃等研究结果之三是父母各自教育方式类型与儿童 IQ 组别的关系,如表 4-12 所示。

表 4-12　不同 IQ 组父母教育方式类型自评比较(%)

| 父母 | IQ组别 | 放任 | 过度保护或过度替代 | 专制或虐待 | 溺爱 | 过分期待 | 迁就 | 民主或严格 |
|---|---|---|---|---|---|---|---|---|
| 父亲 | IQ1 | 19.7 | 22.4 | 7.5 | 24.9 | 24.9 | 34.8 | 79.6 |
| | IQ2 | 17.6 | 25.1 | 9.6 | 23.2 | 38.2 | 26.5 | 58.8 |
| | IQ3 | 32.2 | 28.3 | 6.4 | 22.7 | 25.3 | 31.1 | 59.7 |
| | IQ4 | 40.7 | 28.8 | 7.8 | 20.4 | 20.4 | 46.3 | 40.7 |
| | IQ5 | 32.4 | 28.3 | 8.1 | 14.9 | 22.4 | 34.9 | 62.4 |
| | IQ6 | 21.4 | 28.3 | 8.6 | 19.1 | 28.6 | 42.8 | 56.6 |
| | IQ7 | 31.7 | 63.4 | 44.9 | 31.7 | 22.4 | 31.7 | 11.1 |
| 母亲 | IQ1 | 20.1 | 23.9 | 4.1 | 24.1 | 24.1 | 36.8 | 69.5 |
| | IQ2 | 31.7 | 26.5 | 5.1 | 31.7 | 24.1 | 22.4 | 62.4 |
| | IQ3 | 34.9 | 28.3 | 4.6 | 22.4 | 31.7 | 31.7 | 51.2 |
| | IQ4 | 34.9 | 32.7 | 6.1 | 28.3 | 26.5 | 28.3 | 43.6 |
| | IQ5 | 28.3 | 37.4 | 10.0 | 12.1 | 33.8 | 34.9 | 43.6 |
| | IQ6 | 31.7 | 44.4 | 9.6 | 15.2 | 30.4 | 30.4 | 30.4 |
| | IQ7 | 37.4 | 86.7 | 79.6 | 2.3 | 2.3 | 37.4 | 18.9 |

我们可以看到,父母教育方式类型分为 7 种,其中 3 种与 IQ 组别的关系最大。"过度

保护或过度替代"和"专制或虐待"两种类型的比例随着 IQ 降低而升高,而"民主或严格"类型的比例则随着 IQ 降低而降低。换句话说,前者不利于儿童智力的发展,而后者则有利于儿童智力的发展。

程跃等研究结果之四是家庭教育态度一致性与儿童 IQ 组别的关系,如表 4-13 所示。

表 4-13 不同 IQ 组家庭成员教育态度一致性平均得分

| IQ 组别 | IQ1 | IQ2 | IQ3 | IQ4 | IQ5 | IQ6 | IQ7 |
| --- | --- | --- | --- | --- | --- | --- | --- |
| 夫妻间 | 1.90 | 4.39 | 2.00 | 1.74 | 2.23 | 3.60 | 0.67 |
| 夫妻与长辈间 | 0.70 | 1.81 | 1.57 | 1.96 | 1.96 | 1.20 | 5.00 |

我们可以看到,在智力较高和智力中常的 IQ1、IQ2 和 IQ3 等三组中,夫妻间的一致性较高,并且均高于他们与长辈间的一致性;而在智力落后的 IQ7 组中,夫妻间的一致性较低,并且低于他们与长辈间的一致性。

### 三、教师期望与智力

1966 年哈佛大学罗森塔尔(R. Rosenthal)及其助手雅格布森(L. Jacobson)研究教师期望对学生智力发展的影响。研究在橡树小学进行。学校有 6 个年级,每个年级有 3 个班级,每个班配备 1 位班主任,共计 18 位班主任。

罗森塔尔使用非文字智力测验 TOGA,测量学校全体学生。对教师隐瞒真相,告诉他们,学生所施测的是"哈佛应变能力测验",测验成绩可以预测学生未来的学术成就。换句话说,罗森塔尔要让教师相信,测验获得高分的学生,在未来一个学年中,学习成绩将有所提高。而 TOGA 测验本身并不具备这种预测功用。

每位班主任都得到一份名单,上面记录着本班在哈佛测验上得分最高的 10 名学生。本研究的关键之处是,名单上的 10 名学生完全是随机抽取的。这些学生组成实验组,其他学生则组成控制组。

一个学年结束之际,罗森塔尔再次使用 TOGA 测验来测量全体学生,计算每个学生 IQ 的变化情况,并比较实验组和控制组的 IQ 的变化差异。

结果发现,实验组 IQ 平均提高 12.2%,而控制组 IQ 平均提高 8.2%,两者差异非常显著($P<0.01$)。罗森塔尔也发现,这种差异主要是由一年级和二年级两个低年级组的悬殊差异使然,于是另作处理,如表 4-14 所示。

表 4-14  一、二年级学生 IQ 分数增加的人数百分比

| 增加分数 | 10 | | 20 | | 30 | |
|---|---|---|---|---|---|---|
| 组别 | 实验 | 控制 | 实验 | 控制 | 实验 | 控制 |
| 人数百分比 | 80 | 50 | 48 | 20 | 20 | 6 |

罗森塔尔研究证实，教师对学生行为的期望可以转化成学生的自我实现预期。教师期望某个学生会较大程度提高智力时，这名学生果真如此。研究报告的数据是每个年级 3 个班级的平均成绩。除了教师期望这个因素之外，我们难以使用其他理由加以解释。

## 第四节  出生顺序与智力形成

出生顺序是当代智力形成研究中一个新的热点话题。

### 一、研究实例

《纽约周报》曾经报道，在美国首批 23 名宇航员中，有 21 名在家庭中排行老大。其余 2 名中，一名曾经有过一个兄长，但这位哥哥不幸夭亡；另一位也有一个兄长，但他要比哥哥小 13 岁之多。

有人曾经研究家庭子女数及出生顺序与个体智力的关系，使用"全国学业质量测验（NMSQT）"测量 80 万被试，研究结果如表 4-15 所示。

表 4-15  NMSQT 测验的平均分数

| 家庭子女数 | 出生顺序 | | | | |
|---|---|---|---|---|---|
| | 1 | 2 | 3 | 4 | 5 |
| 1 | 103.76 | | | | |
| 2 | 106.21 | 104.44 | | | |
| 3 | 106.14 | 103.89 | 102.71 | | |
| 4 | 105.59 | 103.05 | 101.30 | 100.18 | |
| 5 | 104.39 | 101.71 | 99.37 | 97.69 | 96.87 |
| 双生子 | | | 98.04 | | |

我们不妨再计算一下子女的平均分数:

独生子女为 103.76,

2 子女为 $(106.21+104.44)\div 2=105.33$,

3 子女为 $(106.14+103.89+102.71)\div 3=104.25$,

4 子女为 $(105.59+103.05+101.30+100.18)\div 4=102.53$,

5 子女为 $(104.39+101.71+99.37+97.69+96.87)\div 5=100.01$。

关于子女数与智力的关系,我们可以看到:其一,独生子女的分数低于多子女的平均分数。其二,双生子的平均分数最低。其三,除了独生子女和双生子之外,子女数越少,子女平均分数就越高;而子女数越多,子女平均分数则越低。

关于出生顺序与智力的关系,我们可以看到,不论子女数的多少,只要在同一个家庭中,出生顺序越早,子女分数就越高;而出生顺序越晚,子女分数则越低。

1973 年荷兰研究营养不良对第二次世界大战末期出生的孩子智力的影响,使用瑞文推理测验来测量 35 万名年满 19 周岁的荷兰男子。其中两名研究者贝尔蒙特和马罗拉(Belmont & Marolla)意外发现了智力测验分数与出生顺序存在着显著相关。换句话说,测验分数随着子女数的增多而减少,并且随着出生顺序的朝后而下降,具体情况如图 4-1 所示。

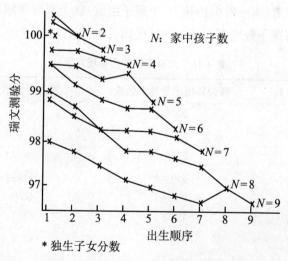

\* 独生子女分数

图 4-1 家庭子女数不等、出生顺序不同者的瑞文测验分数

他俩虽然发现了出生顺序效应,却难以解释个中原因。他们根据大量数据资料,否定

了社会经济地位因素使然,但是又提不出其他因素或过程来加以解释。

## 二、智力环境理论

1975年桑琼(R. B. Zajonc)及其助手马库斯(G. B. Markus)首创一种智力环境理论,用来破解出生顺序与智力关系的难题,被誉为心理学40项著名研究之一。

桑琼和马库斯提出"智力值"这一概念。值得一提的是,智力值不是指IQ分数。假设成人的智力值是100分,新生婴儿的智力值则是0分,每个孩子每年增加智力值5分。智力环境水平就是指家庭所有成员的平均智力值。智力环境水平越高,则越有利于孩子智力的形成和发展。

他们的推理过程如下:当一对夫妇生育第一个孩子时,智力环境由两个成人和一个婴儿组成,智力环境水平=[100(父亲)+100(母亲)+0(婴儿)]÷3=200÷3=66.7。如果两年以后,第二个孩子出生,那么,智力环境由4人组成,第一个孩子智力值为10分,智力环境水平=[100(父亲)+100(母亲)+10(2岁的孩子)+0(婴儿)]÷4=210÷4=52.5。如果再过两年,第三个孩子出生,那么,智力环境由5人组成,智力环境水平=(100+100+20+10+0)÷5=230÷5=46。他们认为,运用智力环境理论能够解释贝尔蒙特和马罗拉的研究数据。

假定有一个大家庭,由一对夫妇和10个孩子组成,这个家庭每隔两年增加一个孩子,其智力环境水平随着孩子数增多而变化的情况如表4-16所示。

表 4-16　大家庭的智力环境水平

| 孩子数 | 智力环境水平计算公式 | 智力环境水平 |
| --- | --- | --- |
| 1 | 200÷3 | 66.7 |
| 2 | 210÷4 | 52.5 |
| 3 | 230÷5 | 46.0 |
| 4 | 260÷6 | 43.3 |
| 5 | 300÷7 | 42.9 |
| 6 | 350÷8 | 43.8 |
| 7 | 410÷9 | 45.6 |
| 8 | 480÷10 | 48.0 |
| 9 | 560÷11 | 50.9 |
| 10 | 650÷12 | 54.2 |

我们可以看到,从第一个孩子至第五个孩子,智力环境水平持续下降;自第六个孩子以后,智力环境水平则开始缓慢回升。

我们不妨把表 4-16 和图 4-1 加以比较,可以看到,桑琼和马库斯的智力环境理论,能够解释贝尔蒙特和马罗拉的荷兰研究中的绝大多数数据。当然,其中存在着两项例外。一项是"独生子"现象,另一项是"末生子"现象。

根据智力环境理论,独生子的智力环境水平是 66.7 分,位居榜首,他们的瑞文测验分数理所当然应该最高。然而,实际情况并非如此,独生子的得分仅仅相当于 4 个孩子家庭中第一个孩子的得分。

同样,根据智力环境理论,在 6 个孩子及以上的家庭中,末生子的智力环境水平有所反弹,他们的瑞文测验分数理所当然也应该有所提高。然而,实际情况也并非如此,无论家庭孩子数多少,末生子的得分无一例外地下降,甚至幅度较大。同时,倒数第二或倒数第三的孩子,他们的得分与前面的孩子基本持平,甚至有所上升。

为了使智力环境理论能够较为完善地应用于荷兰的研究数据,桑琼和马库斯必须解释上述两种反常现象。他们试图寻找独生子和末生子所具有的相似智力环境因素,初观乍看,两者所处的智力环境截然不同。然而,他们终于发现了两者与其他孩子之间存在的一个重要差异,那就是两者永远都不可能成为老师。桑琼和马库斯认为:当一个孩子遇到无法解决的问题时,他最不可能去问年龄最小的孩子。换句话说,末生子不可能成为"老师",独生子也是如此。如果当"老师"的机会对智力发展没有任何促进作用,那才是一件令人奇怪的事情。

# 第五章 智力的发展

研究智力的发展问题,其实就是探讨智力随着个体年龄的增长而有所变化的规律。

## 第一节 智力发展的基本概念

经常和"发展"相提并论的另一个术语是"生长",但是"生长"和"发展"的含义不尽相同。生长是指逐渐增加,如身高的生长、体重的生长、智力的生长等。另一方面,"发展"的含义较为宽泛。发展既可以是增加,也可以是减少;发展既可以是逐渐的量变,也可以是突然的质变。

个体的年龄自然逐年增长,但其智力随之发生变化还是不发生变化? 如果确实发生变化,其中又有什么规律可循? 具体地说,智力发展的要素是什么? 智力发展的模式又是什么? 这些就是我们首先要解决的问题。

### 一、智力发展的四个要素

智力的发展涉及速度、时间、顶峰、阶段等4个基本要素。

#### 1. 速度

智力发展速度是指单位时间内智力变化的数量。在个体一生中,智力发展不是匀速运动,智力发展速度不是一成不变而是时快时慢。有的年龄,智力增加较快,而有的年龄,智力增加则较慢;有的年龄,智力减少较快,而有的年龄,智力减少则较慢;还有的年龄,智力几乎保持不变。

2. 时间

智力发展时间特指两个时间点,一个是开始时间,另一个则是成熟时间。智力由多种能力因素所构成。同一个体不同能力因素的发展的开始时间和成熟时间有所不同,不同个体同一能力因素的发展的开始时间和成熟时间也有所不同。开始时间和成熟时间两者之间没有必然的联系。开始时间较早,成熟时间不一定较早;开始时间较晚,成熟时间也不一定较晚,因为其中涉及发展速度的问题。试举一例,某个体某种能力因素的发展的开始时间较晚,但是发展速度较快,结果,成熟时间和他人相差无几。

3. 顶峰

智力发展顶峰是指智力在发展过程中所达到的最高水平。顶峰的高低与开始时间的早晚、成熟时间的早晚以及发展速度的快慢等三者中的任何一项完全无关。下面分别讨论3种典型情况:

(1) 顶峰的高低与开始时间的早晚无关。假设开始时间个体1较早,个体2较晚;成熟时间两人相同。我们并不能由此推断个体1的顶峰较高。如果发展速度个体2大于个体1,那么个体2的顶峰就有可能高于个体1。

(2) 顶峰的高低与成熟时间的早晚无关。假设成熟时间个体1较早,个体2较晚;开始时间两人相同。我们并不能由此推断个体2的顶峰较高。如果发展速度个体1大于个体2,那么个体1的顶峰就有可能高于个体2。

(3) 顶峰的高低与发展速度的快慢无关。假设发展速度个体1较快,个体2较慢;开始时间两人相同。我们并不能由此推断个体1的顶峰较高。如果成熟时间个体2晚于个体1,那么个体2的顶峰就有可能高于个体1。或者假设发展速度个体1较快,个体2较慢;成熟时间两人相同。我们并不能由此推断个体1的顶峰较高。如果开始时间个体2早于个体1,那么个体2的顶峰同样也有可能高于个体1。

归根结底,顶峰的高低是开始时间的早晚、成熟时间的早晚以及发展速度的快慢等三者综合影响的结果。确切地说,顶峰的高低取决于发展过程的时间长短和发展速度的快慢。

4. 阶段

智力发展的阶段是指发展过程中性质的变化,而不是简单的数量的变化。例如,皮亚杰把智力发展分为4个阶段:感觉运动阶段(0~2岁)、前运算阶段(2~7岁)、具体运算阶段(7~12岁)和形式运算阶段(12~17岁)。

一个经典的化学问题,可以说明智力发展4个阶段之间的差异。被试前面的桌子上,放置着 4 只相同的玻璃瓶,盛有不同的无色无臭的溶液,另一只小瓶盛有第 5 种溶液。主试演示:从另外 2 只相同的玻璃瓶中,分别倒出一些溶液到一只空的玻璃杯中,然后加入几滴小瓶中的溶液,玻璃杯中的无色液体立刻变成黄色。要求被试使用任何或全部 5 只容器中的溶液,再次产生同样黄色。

感知运动阶段 2 岁的婴儿并不注意问题的情景,而只顾摆弄他们自己的玩具。皮亚杰的解释是:婴儿缺乏词汇和运动技能,无法理解主试的要求,不知道干什么事情。8 个月之前的婴儿尚未形成"物体永恒性"概念。假如一个容器不见了,他也不会去寻找。

前运算阶段的幼儿只会随意地混合两种化学试剂,而不会留意他们已经做过的事情。皮亚杰的解释是:幼儿能够理解要他产生黄色液体。但他不能有序地组织自己的实验。他不能够记忆他所做的事情,也不知道把混合液分类为产生黄色的和不产生黄色的。他也许认为,容器的形状或溶液的多少等无关紧要的特征会决定液体的颜色。

具体运算阶段的儿童起先很有规则地从每个容器中取出溶液,并把 2 个容器中的溶液和小瓶中的溶液相混合。但是几个步骤之后,他糊涂了。皮亚杰的解释是:儿童能够有序地进行实验,每次使用一个容器,但是同时安排 2 个容器就有困难。能够把混合液分类为产生黄色的和不产生黄色的。掌握补偿性、可逆性、同一性等 3 个概念,正确解答"守恒"问题。知道化学问题的关键之处是试剂的性质,而不是容器的形状或溶液的多少。

形式运算阶段的儿童能够拟定一个合乎逻辑的完整计划来解决问题。他们每次从两个容器中取出液体,并记那些不会变成黄色的组合以免重复。皮亚杰的解释是:儿童具有排列和组合的知识,能够超越具体事物而以抽象形式来描述实验的性质。掌握符号逻辑,能够处理假设性情景和运用概率原则等。并能设想假如加入新的试剂将会发生什么情况。

## 二、智力发展的模式

1969 年洛文杰(J. Loevinger)使用速度、时间、顶峰等 3 个发展要素而提出了 4 种发展模式,如图 5-1 所示。

我们可以看到,在模式 1 中,所有个体开始时间相同,虽然成熟时间不同,但是发展速度也不同,最后反倒达到相同的顶峰。

在模式 2 中,所有个体开始时间相同,成熟时间也相同,但是发展速度不同,最后达到的顶峰也不同。

在模式 3 中,所有个体开始时间相同,但是成熟时间不同,尽管发展速度相同,最后达到的顶峰则不同。

模式 4 与众不同之处是,某种心理属性到达顶峰之后,并不是一直保持最高水平不变,而是随着年龄的继续增长开始有所下降。

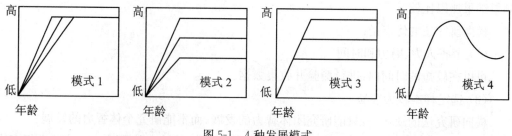

图 5-1  4 种发展模式

智力发展大体上遵循两种模式,一种是模式 2,另一种则是模式 4。前者讨论智力发展的差异性,而后者则讨论智力发展的相似性。

不同个体智力发展的开始时间几乎相同,但是个体之间存在着发展速度的差异,有的速度较快,有的速度较慢,还有的速度不快不慢。更为重要的是,大家的成熟时间大致相同,因此不同个体最后达到的智力顶峰高低不一。这就是模式 2。

智力是一种综合的能力。有些智力机能按照模式 2 发展,例如词汇和常识,1955 年贝利和奥登(Bayley & Oden)研究发现,它们不但随着年龄增长保持顶峰水平不变,而且随着年龄继续增长有所上升。另有些智力技能则按照模式 4 发展,例如要求快速反应的智力行为,它们随着年龄继续增长而衰退。1965 年卡特尔(R. B. Cattell)认识到这种差别,把智力分为两种形态,一种是晶体智力,另一种是流体智力。前者属于模式 2,而后者则属于模式 4。

## 第二节  两种研究方法

研究智力的发展,一般使用两种研究方法,一种是横向研究法,另一种则是纵向研究法。

### 一、两种研究方法简介

在大体相同的时间内,研究者对若干组不同年龄或不同年级的被试,同时进行一次智力测量,这种研究就称为智力横向研究法。例如,一位心理学家可能对3岁至5岁幼儿之间的智力发展颇感兴趣。为了进行这项研究,他就可以采用横向研究法,从上述年龄组的儿童中分别取样,在大约相同的时间内,对这些不同年龄的儿童进行一次智力测量,并对测量结果加以比较。

横向研究法的优点是:

(1) 节省人力、财力和时间

可以在较短的时间内,进行测验并收集数据。

(2) 选定样本较为容易

横向研究法的缺点是:只能研究团体智力的发展,而不能研究个体智力的发展。

在一个较长的时期内,研究者按照规定的时间间隔,对同一个或同一组被试进行多次智力测量,这种研究就称为智力纵向研究法。例如,一位心理学家可能希望知道,是否能够根据一个人7岁时的智商,预测他在15岁时的智商。为了进行这项研究,他就可以采用纵向研究法,至少在7岁和15岁两个关键年龄上,对同一被试进行两次智力测量,并对测量结果加以比较。

纵向研究法的优点是:不仅可以研究团体智力的发展,而且可以研究个体智力的发展。

纵向研究法的缺点是:

(1) 花费大量的人力、财力和时间

一定要等到各次测量所需间隔的年限到期,一项研究才能结束。

(2) 研究数据可能半途失效

现代文化的发展变化非常迅速,因此,纵向研究法的数据很有可能在研究尚未完成之前,就已经过时而失去价值。例如,一个研究者从某个年份开始研究儿童的逻辑能力的发展,却发现在10年之后,像"芝麻街"之类的新的电视教育节目已经卓有成效地影响了儿童智力成长的过程,则他受到的挫折是不难想象的,这项研究就有可能半途而废。

(3) 难以保持样本的恒定

在每次预定的测验中,有的被试因为患病不能参加,有的被试因为其他原因,诸如家庭迁居或拒绝进一步合作而不能参加,这样就使得较大年龄组的样本缩小了。

(4) 多次测量的负面影响

反复测量可能会影响儿童的智力发展的过程,从而影响所得测验数据的真实性。

## 二、两种研究方法的比较

1. 两种研究方法的格式的比较

假设研究课题为:5岁至7岁儿童的智力发展。研究时间从1998年开始。两种研究方法的格式如表5-1所示。

表5-1 两种研究方法的格式比较

| 出生年份 | 横向 | | | |
|---|---|---|---|---|
| 1993年 | 5岁 | 6岁 | 7岁 | 纵向 |
| 1992年 | 6岁 | | | |
| 1991年 | 7岁 | | | |
| 测验年份 | 1998年 | 1999年 | 2000年 | |

我们可以看到,如果采用纵向研究法,那么选择1993年出生的一组被试,分别在1998年、1999年和2000年,各对他们测量一次,需要3年时间才能完成;如果采用横向研究法,那么分别选择1993年、1992年和1991年出生的3组被试,在1998年对他们测量一次,在1年时间内就可完成。

2. 两种研究方法的实验结果的比较

谢伊(K. W. Schaie)和斯特罗瑟(C. R. Strother)曾经使用两种方法研究语词理解能力、空间知觉能力、推理能力和计数能力等4种特殊能力的发展,实验结果存在显著差异。他们从18000人中,经过分层随机取样,选出500名被试。从20岁至70岁,组距为5岁,共分为10个组别,每组男女各25人。间隔7年以后,使用同一测验,再次测量原有被试,其结果如图5-2所示。

使用纵向法研究的结果表明,4种特殊能力的前测和后测两次成绩相加比较,平均分数有的能力有所提高,有的能力并无变化。总的趋势是:4种特殊能力随着年龄增长而逐渐上升,达到一定年龄之后则随着年龄继续增长而逐渐下降。4种能力的上升年龄和下降年龄虽各不相同,但发展速度均较为缓慢。

使用横向法研究的结果表明,4种特殊能力也随着年龄增长而逐渐上升,但是上升年龄的范围明显偏小,有的能力甚至没有上升趋势。达到一定年龄之后4种特殊能力也随着年龄继续增长而下降,并且下降速度较为急速。

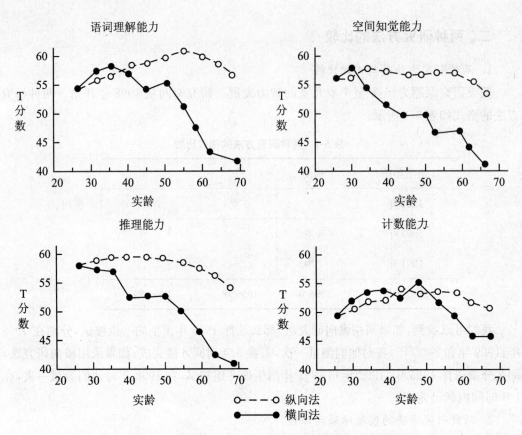

图 5-2 用横向法与纵向法研究 4 种特殊能力的发展

### 三、两种研究方法的误差分析

在纵向法研究中,对同一组被试,要重复实施同一个智力测验,可能会带来练习的影响。被试经历一次测验等于一次练习,因此,在后续的测验中,被试就有可能取得高于实际智力水平的分数。这种因素从两方面带来测量误差:一方面,在智力的上升期,可能出现增大智力上升趋势的偏向;另一方面,在智力的下降期,又可能出现缩小智力下降趋势的偏向。

在横向法研究中,同一时期使用同一测验去测量不同年龄组的被试,可能会带来不同时期环境差异的影响。我们进行测验时,是使用现在的大龄被试来替代将来的小龄被试,例如上述研究课题中,1998 年进行测验,使用 1991 年出生的 7 岁被试来替代 2000 年才满 7 岁的 1993 年出生的被试;或者使用现在的小龄被试来替代过去的大龄被试,例如 1998

年进行测验,使用1993年出生的5岁被试来替代1996年已经5岁的1991年出生的被试。社会总是向前发展,环境条件总是越来越有利于个体智力的发展。因此,相对而言,大年龄的被试就有可能取得低于实际智力水平的分数,而小年龄的被试就有可能取得高于实际智力水平的分数。这种环境差异因素也从两方面带来测量误差:一方面,在智力的上升期,可能出现缩小智力上升趋势的偏向;另一方面,在智力的下降期,又可能出现增大智力下降趋势的偏向。

在研究智力发展时,无论使用纵向法还是使用横向法,都要注意研究方法本身可能带来的测量误差。由于在数值上,横向法的误差要远大于纵向法的误差,因此,谢伊和斯特罗瑟认为,横向法研究不能全面反映智力发展的本质,只有纵向法研究,才能发现智力发展的本质。

# 第三节 智力发展曲线

在研究智力发展中,经常采用坐标图,以年龄为横坐标,以智力分数为纵坐标,在坐标图上描绘不同年龄点所测得的对应的智力分数,连接这些点,则形成一条曲线,即为智力发展曲线,它较为形象地表明智力随着年龄增长而发生的变化。

## 一、智力发展的研究

中外心理学家都对智力发展课题进行多项研究。

1. 平特纳的研究

早在20世纪20年代,平特纳(R. Pinterer)就研究了智力发展速度的课题。他认为,儿童出生至5岁,智力发展速度最快;5岁至10岁,智力发展速度仍然较快;10岁至15岁,智力发展速度较慢,但仍未停止;从16岁起,智力达到最高水平的顶峰。如图5-3所示。

2. 布卢姆的研究

20世纪60年代,布卢姆(S. Bloom)在《人类特性的稳定与变化》一书中认为,初生至5岁是智力发展最为迅速的时期,这与平特纳的观点是相一致的。如果以17岁所达到的智力顶峰水平为

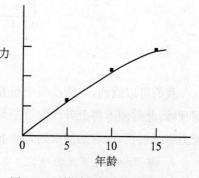

图5-3 平特纳的智力发展曲线

100%,那么,从出生至4岁,就已经获得其中50%的智力;4岁至8岁,又获得另外30%的智力;8岁至17岁,再获得最后20%的智力。如图5-4所示。

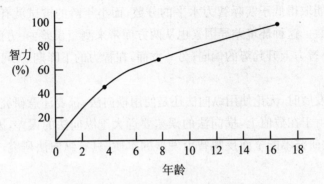

图5-4 布卢姆的智力发展曲线

3. 贝利的研究

1970年贝利(N. Bayley)在《心理能力的发展》一书中,报告了研究智力发展的成果。他采用纵向研究法,在从出生至36岁的不同年龄点上,对相同被试反复进行智力测验,所用测验材料分别是贝利婴儿发展量表、斯坦福-比纳智力量表和韦克斯勒成人智力量表。计算出3种智力量表的标准分数的平均数,绘制成智力发展曲线,如图5-5所示。

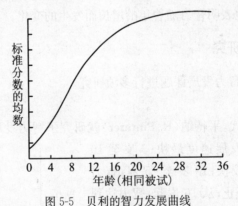

图5-5 贝利的智力发展曲线

我们可以看到,与前面两个研究有所不同,智力随着年龄一直增加到26岁左右才达到顶峰,此后便不再上升而保持平坦。26岁是一个总体平均数,这个年龄之后,有的被试智力继续增长,而有的被试则开始下降。

4. 谢伊和斯特罗瑟的研究

1968年谢伊和斯特罗瑟研究成人智力的发展,采用4种主要能力测验,根据测验分数绘制成智力发展曲线,如图 5-6 所示。

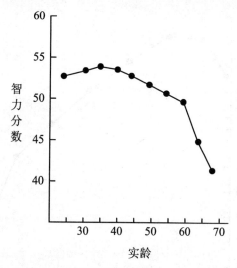

图 5-6 谢伊和斯特罗瑟的智力发展曲线

我们可以看到,这条曲线的最高峰即智力发展顶峰出现在 35 岁左右,以后逐渐下降,60 岁以后更是急剧下降。

5. 韦克斯勒的研究

1955 年韦克斯勒(D. Wechsler)编制成人智力量表,被试样本由 1700 人组成,年龄为 16 岁至 64 岁,分为 7 个年龄组。采用分层取样,每个年龄组的人员组成,人员的性别、种族、地区、职业、城乡及所受教育年限等条件都与全国人口普查的人口比例相符合。另外,由 475 名被试组成"老年样本",分为 4 个年龄组。根据两部分测验结果绘制成智力发展曲线,如图 5-7 所示。

我们可以看到,图中有两条曲线,左边一条曲线表示 17 岁至 60 岁各个年龄组中被试总量表分的平均数,而右边一条曲线则表示 62.5 岁至 79.5 岁各个年龄组中被试总量表分的平均数。把两半部分曲线合为一体,可以看到,20 岁至 34 岁是智力发展的高峰期,以后开始逐渐下降,直到 60 岁。60 岁以后则加速下降。

6. 中国学者的研究

龚耀先等人分别对韦克斯勒幼儿智力量表中国常模样本进行研究,发现 3 岁至 6.5 岁幼儿智力随着年龄增长基本上直线上升。张厚粲等对中国儿童发展量表 3 岁至 6 岁常模以及李丹等对麦卡锡幼儿智能量表 2.5 岁至 8.5 岁中国常模的研究分析,也发现了类似的趋势。

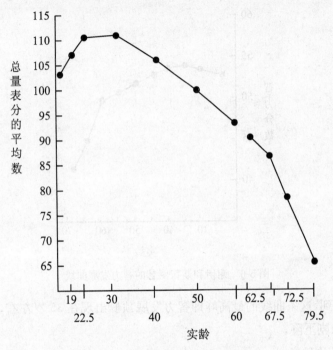

图 5-7 韦克斯勒的智力发展曲线

对韦克斯勒儿童智力量表中国常模样本的研究发现,尽管智力随着年龄的增长而不断提高,但智力发展速度呈现阶段性变化,13~14岁之前快速上升,此后明显变慢。龚耀先等使用非文字测验对5个少数民族地区正常儿童的研究,也揭示了智力发展速度具有阶段性的特点。

## 二、智力发展的一般趋势

根据上述几个研究成果,我们可以得出关于智力发展的3点结论:

(1) 智力随着年龄增长的发展变化,可以划分为3个时期:

① 上升期。在这个时期,智力随着年龄增长而上升,开始快速上升,以后缓慢上升,最后达到智力的顶峰。

② 高峰期。在这个时期,智力随着年龄增长而基本不发生变化,始终保持在最高水平附近。

③ 下降期。在这个时期,智力随着年龄增长而从最高水平下降,开始缓慢下降,以后

快速下降。

（2）对于3个时期的起止年龄,也就是高峰期的起止年龄,研究者的观点有所不同。有人认为从16～17岁开始,也有人认为从26岁开始,还有人认为高峰期在35岁左右,但西方大多数心理学家倾向于20岁至34岁是智力发展的高峰期。

（3）在上升期内,智力快速上升到什么年龄为止,研究者的观点大致相同,即到10～13岁为止。在下降期内,智力快速下降从什么年龄开始,研究者的观点也大致相同,即从60岁开始。

综合上面3点结论,我们可以指出智力发展的一般趋势是:从出生至10～13岁,智力快速上升;从10～13岁至20岁,智力缓慢上升;在20岁左右,智力达到顶峰,高峰期一直保持到34岁左右;从35岁至60岁,智力缓慢下降;60岁以后,智力则急剧下降。

## 第四节 智力的各种能力及因素模型的发展

### 一、智力的各种能力的发展

智力是多种认识能力的综合体,而各种能力的发展存在着差异,它们在发展速度、成熟时间、高峰期范围、衰退时间等方面各不相同。

1. 迈尔斯的研究

迈尔斯(W. R. Miles)使用多种测验,研究各种能力的发展,研究结果如表5-2所示。

表5-2 各种能力的平均发展水平

| 能力 | 年龄（岁） | | | | |
| --- | --- | --- | --- | --- | --- |
| | 10～17 | 18～29 | 30～49 | 50～69 | 70～89 |
| 知觉 | 100 | 95 | 93 | 76 | 46 |
| 记忆 | 95 | 100 | 92 | 83 | 55 |
| 比较和判断 | 72 | 100 | 100 | 87 | 69 |
| 动作与反应速度 | 88 | 100 | 97 | 92 | 71 |

(以100为最高水平,其他数字均指与最高水平相比较)

我们可以看到三点:

(1) 各种能力的高峰期的时间范围不一样。知觉能力的高峰期的范围最小,从10岁至17岁,只有7年。其次是记忆能力和动作与反应速度能力,两者的高峰期都保持11年,从18岁至29岁。比较和判断等思维能力的高峰期的范围最大,可以保持21年之久,从18岁至49岁。

(2) 各种能力的发展速度和成熟时间不一样。知觉能力的发展速度最快,成熟时间也最早,10岁时就达到顶峰。其次是记忆能力,在14岁左右已经达到最高水平的95%,18岁达到顶峰。再次是动作与反应速度能力,在14岁左右可以达到最高水平的88%,18岁达到顶峰。最后是比较和判断等思维能力,在14岁左右仅仅达到最高水平的72%,18岁达到顶峰。

(3) 各种能力的衰退时间也不一样。知觉能力的衰退时间最早,从23岁就开始衰退。其次是记忆能力和动作与反应速度能力,两者都从40岁开始衰退。最后是比较和判断等思维能力,从60岁以后才开始衰退。

2. 瑟斯顿的研究

瑟斯顿(L. L. Thurstone)研究了言语理解、语词流畅、一般推理、知觉速度等4种主要能力的发展问题,研究结果如图5-8所示。

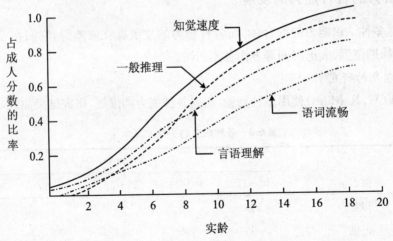

图5-8 四种主要能力的发展曲线

假设成人的测验分数为一个单位即1.0,则4种能力在各个年龄的成绩就是占成人分数的比率。我们可以看到,4种能力的发展速度各不相同。以达到成人水平的80%为例,知觉速度能力发展速度最快,在12岁左右;其次是一般推理能力,在14岁;再次是言语理解能力,在 18 岁;发展速度最慢的是语词流畅能力,要在 20 岁以后。

3. 中国学者的研究

张厚粲等使用瑞文标准推理测验对 5 岁至 16 岁儿童的研究发现,图形推理能力随着年龄增长而上升,11 岁之前逐年直线上升,11 岁之后渐趋平稳,15~16 岁达到顶峰。

李丹等对学龄儿童的研究发现,儿童的数字广度在 10 岁之前发展较快,10 岁之后发展缓慢,基本保持平稳趋势。在韦克斯勒儿童智力量表中国常模样本的研究中发现,背数分测验中也存在类似的年龄特征。

缪小春等使用图片词汇测验(PPVT)中国修订版对 3.5 岁至 9 岁儿童的研究发现,这个阶段儿童的听觉语言理解能力随着年龄直线上升。

龚耀先等对非文字智力量表常模样本的研究分析发现,各个分测验成绩处于高峰期的年龄各不相同:填图、填数在 15~17 岁,分类在 13~26 岁,编码在 16~18 岁,接龙在 15~26 岁,认数辨色在 17~26 岁。

2001 年申继亮等进行中美成人智力发展的比较研究。分为 5 个年龄组:20~29 岁青年组,30~45 岁成年组,46~59 岁中年组,60~69 岁老年组以及 70 岁以上老老年组。使用成套认知测验中的数字比较、匹配图形、图形归类、减法乘法、词汇理解这 5 项测验。得到如下研究结果:

(1) 年龄主效应反映在数字比较和匹配图形上。青年组和成年组得分显著高于其他 3 组,中年组得分显著高于老老年组。

(2) 文化主效应反映在匹配图形上。中国被试得分显著高于美国被试。

(3) 性别主效应反映在图形归类上。男性得分显著高于女性。

(4) 年龄和文化的交互作用表现在以下 3 项测验上。

在词汇理解上,美国的青年组得分显著低于其他 4 组,成年组得分显著低于老老年组;中国的青年组得分显著高于中年组、老年组和老老年组。

在减法乘法上,美国的 5 组被试之间得分无显著年龄差异;中国的老年组和老老年组得分显著低于其他 3 组,成年组和中年组得分显著低于青年组。

在图形归类上,美国的 5 组得分从青年组一直到老老年组依次递减;中国的青年组得分显著高于其他 4 组,老老年组得分又显著低于其他 4 组,另 3 组之间得分则无显著年龄差异。

## 二、智力因素模型的发展

卡雷尔(Carrett)提出"智力分化理论":智力因素随着年龄增长而不断分化,因素数量增多,并由某种单一的、笼统的能力逐渐变化为一组或多组结构松散、彼此独立的能力因素。

美国许多独立的研究者例如考夫曼(Kaufman)对韦克斯勒儿童智力量表修订版常模样本进行因素分析,结果发现了3因素模型,即言语理解、知觉组织、不分心等3个因素。

王晓平等对韦克斯勒儿童智力量表中美两种版本各年龄组常模样本进行验证性因素分析,结果发现了重叠的3因素模型,即常识、类同、算术、词汇、理解、填图、排列等测量言语理解因素;填图、排列、积木、拼图、迷津等测量知觉组织因素;常识、算术、背数、译码等测量不分心因素。进一步分析则发现6岁半至8岁半低龄儿童更适合于共同模型。

洪戈力对韦克斯勒儿童智力量表上海常模样本进行研究,发现在不同年龄组3个因素所解释的方差比率有所不同,随着年龄增长而递减。

美国研究者对韦克斯勒儿童智力量表第三版常模样本进行因素分析,结果发现了4因素模型,即常识、类同、词汇、理解等测量言语理解因素;填图、排列、积木、拼图等测量知觉组织因素;算术和背数测量不分心因素;译码和符号搜索测量加工速度。

1991年布莱哈和沃尔布朗(Blaha & Wallbrown)对韦克斯勒幼儿智力量表修订版常模样本进行因素分析,结果发现了2因素模型,这与测验结构分为言语量表和操作量表相一致。

## 第五节　智力发展的特殊期

在智力发展的过程中,存在着3个特殊时期,应该引起我们更多的关注,这就是:早期、中青年期、老年期。

### 一、早期

智力发展的早期是指出生至5岁。这个时期智力发展的特点是,发展速度最为迅速。在这个时期,个体对外界刺激的变化特别敏感,极易接受特定影响而获得某种能力,这就是所谓的智力发展的"关键期",也可以称为智力发展的"敏感期"或"最佳期"。

1. 早期教育的可行性

根据前面所述,平特纳认为,从出生至5岁,智力增长最快;布鲁姆也认为,5岁前是智力发展最为迅速的时期,并且从出生至4岁,就已经获得50%的智力。

我国关于脑电波的研究也证明,大脑的发展并不是等速的,5~6岁是第一个加速期。大脑在这一时期迅速发展表现在以下4个方面:

(1) 头围。出生时34厘米,6个月42厘米,1岁46厘米,2岁48厘米,3岁49厘米,5岁近51厘米,基本接近成人水平。

(2) 脑重。新生儿390克,9个月660克,3岁1000克左右,约相当于成人脑重的2/3,7岁1280克,与成人脑重1400克相差无几。

(3) 脑细胞数目。2岁时,就已达到140亿个,与成人脑细胞数量相同。

(4) 大脑皮层。3岁时,大脑皮层细胞完成分化。大脑皮层以枕叶、颞叶、额叶为次序逐渐成熟,到4岁额叶的发育已经基本完成。

古今中外的许多事例也证明了进行早期教育的可行性。

我国古代著名文人王勃6岁善文辞;李贺7岁能辞章;白居易5~6岁能作诗;李白5岁诵六甲。

在国外这种事例也屡见不鲜:德国诗人歌德8岁时能够使用德语、法语、意大利语、拉丁语和希腊语阅读和书写;奥国作曲家莫扎特6岁主演演奏会;英国哲学家、经济学家兼逻辑学家约翰·斯图尔特·穆勒3岁开始学习希腊语,4~5岁时能够阅读希腊文的《伊索寓言》等作品。

我国目前心理学界在有关超常儿童的研究中,也提供了不少事例。例如,在书面语言方面,有的儿童1岁7个月认字400多,2岁半认字1000多,4~5岁认字2000多;有的4岁开始写日记和看图写话,文笔生动流畅,句子完整;在数概念及其运算方面,有的儿童2岁会数200以内的数,4岁会加减乘除四则混合运算,5岁会小数、分数;有的3岁就学完小学数学课本第3册;有的在5岁半时能在10分钟内,正确算出6位数乘6位数的积;有的7岁开始自学初中数学。

2. 早期教育的重要性

在早期,给予足够的合理的教育,能够促进大脑的发展;反之,则可能阻碍大脑的发展。

对动物进行的"感觉剥夺"实验证明了这一点。例如,两组同样的老鼠,一组从小饲养在形色丰富的环境里,另一组饲养在视觉刺激贫乏的环境里。经过一段时间以后检查结果,无论在行为表现上,还是在脑细胞形态结构的发展上,前者都优于后者。

1985年8月,第六届超常儿童世界讨论会在德国汉堡召开。中国科学院心理研究所查子秀在会上报告了题为《中国超常儿童心理发展的研究》的论文,根据对超常儿童心理发展的 6 年追踪研究,得出的重要结论之一便是:良好的早期教育条件是超常儿童成长的基础。

如果个体的早期生活一旦脱离社会和教育,就会给智力发展带来无可挽回的损失,这同样证明出生至 5 岁的早期确是儿童智力发展的关键期。

前述印度"狼孩"卡玛拉就是一个明显的例子。这里再讲一个现代"野孩"的故事。

吉妮是美国轰动一时的现代野孩,她大脑发育正常,出生头一年就牙牙学语,但 20 个月之后,狠心的父亲做了一个套具,套着她赤裸裸的身体,天天坐在一个不显眼的固定位置上。除了可以移动手脚之外,整天没有任何事情可做,也听不到外界任何声音,晚上则被塞进一个狭小的硬套,关进小铁笼里,再盖上一块布。吉妮在 1970 年被发现时,已经 13 岁了,但智商只有 38,绝对智力水平如同 1 岁的婴儿那样低下。此后经过心理学家的多种训练,她的智商虽有提高,但仍远落后于正常人,15 岁时是 53,17 岁时是 65,20 岁时上升到 74。听觉记忆还是 3 岁儿童的水平,视觉记忆也只达到 10 岁左右儿童的水平。吉妮的遭遇及其智力发展状况,告诉我们早期教育的重要性,儿童如果缺少正常的早期教育,其智力就无法正常发展,甚至导致枯萎。

早期教育的重要性,还可以从反面得到证明。

我国解放前的白毛女,外国小说《鲁滨逊漂流记》中的鲁滨逊,虽然他们都曾一度脱离人类社会,但由于这种脱离发生在早期生活之后,因此他们就不会丧失人类的智力特点。鲁滨逊在荒岛上充分发挥智力,与大自然展开顽强斗争,自制船只成功,终于脱离荒岛,回归人类社会。

日本横井庄一也是一个具有说服力的例子。在第二次世界大战中,横井庄一为了躲避战争,逃进深山老林,过着野兽一般的生活,与世隔绝长达 28 年之久。1972 年被人发现,由东南亚的丛林送回日本。只经过短暂的 81 天的训练,就基本恢复了正常的智力,很快适应了人类社会的生活,并于当年结婚成家。

横井庄一虽然野居数十年,但训练不久智力就恢复正常,而狼孩卡玛拉虽然野居只 7 年,但训练 10 多年仍然无济于事,没有恢复正常智力。两者的根本区别就在于,前者的早期生活是正常的,而后者则没有受到人类的早期教育。

3. 如何进行早期教育

家庭教育要从娃娃抓起,21 世纪的广大家长已经充分认识到早期教育的可行性和重要性,越发重视早期教育,并大力进行智力投资。但是现在开始出现另一种偏向,有些家长望子成龙盼女成凤,心情迫切,在早期教育中,使儿童受教育的时间过度,或教育方法不

## 智力的发展

当,或教育内容不适合儿童。这种拔苗助长的做法,自然难以取得预期的良好教育效果。

总的来说,早期教育是一种启蒙教育,主要是向儿童提供丰富的、有益的刺激,以促进其心理发展,尤其是智力的发展。因此,早期教育的学习内容和形式,千万不能机械照搬学校的教育方式,而一定要符合儿童的生理特点和心理特点,遵循智力发展的规律,因势利导,既要给儿童提供一定的知识,又不能给他们造成一种精神压力。

具体说来,早期教育要抓住一、二、三:即一条原则、两个方面、三种方法。

(1) 一条原则

早期教育的学习内容和形式,要符合儿童的生理特点和心理特点。

在早期,儿童的感知力、注意力、记忆力、想象力、思维力,都各有其自身的特点和发展规律。错过关键期,坐失良机,固然会给儿童的智力发展带来重大损失。另一方面,操之过急,拔苗助长,也会使儿童的智力发展产生不良后果。例如,强行叫一个言语器官和其他机能尚未发展到一定程度的婴儿学讲话,那肯定是此路不通。而且这种超出儿童身心发展限度的强制性学习,对儿童反而是一种伤害,因为这不仅会使儿童的大脑负担过重,同时,这种由外部强行灌输的方法,充其量只能训练儿童的机械记忆,而绝不可能发展儿童的智力,甚至由此还会抑制他们的兴趣和好奇心的发展。

早期教育只有遵循儿童身心发展规律,才能获得预期的效果。例如,幼儿注意的特点是:无意注意占优势,注意很容易转移。平时注意保持的时间,3岁仅有5～10分钟,4～5岁平均注意15分钟,6岁平均注意也不超过20分钟。因此,每次教学的数量不宜太多,时间不宜太长。同时,形式应该生动多变游戏化,使儿童乐于学习,避免疲劳。又如,幼儿思维的特点是直观形象性。因此,教他们识字时,可以采用有图有字的卡片,并且应该先教儿童那些经常看得见、摸得着、听得到的实物的名词,以及儿童经常重复的动作的动词。再如,幼儿的记忆带有很大的无意性,凡是儿童感兴趣的、印象鲜明的事物就容易记住。因此,要他们记的材料应该富于趣味性。讲故事时,要根据故事情节的需要,给儿童呈示各种图片,或者玩具、实物,并根据故事中人物角色的特点,讲得别有声色。如果要儿童记住数目,就要提供他们喜欢摆弄的小东西,如五颜六色的玻璃或塑料或木制小球、小珠之类。

(2) 两个方面

早期教育不仅要发展儿童的智力,而且要使他们在德育、智育、体育、美育等诸方面都得到全面的和谐的发展。尤其要注意尽早培养儿童的良好品德,3岁时所具有的道德品质,对今后一生都具有深远影响。其中特别重要的是,要使孩子从小就具有诚实、不说谎话,不自私、不占小便宜,团结友爱、不吵架打架等优良品质。

(3) 三种方法

早期教育的主要方法有三种,即游戏、故事、音乐。

① 游戏。游戏是早期儿童的最为主要的活动,是促进儿童智力发展的最佳活动形式。儿童的游戏多种多样,如角色游戏,儿童扮演汽车司机、售票员等;建筑游戏,儿童利用积木、装插材料或泥土、砂石等,拼搭各种物体,如房屋、公园、汽车、飞机、马牛羊狗等;活动性游戏,如走、跑、跳、攀登、投掷等。

在丰富多彩的游戏里,儿童的各种能力都得到迅速的发展。游戏往往离不开千变万化的玩具,儿童只有细心观察各种事物的不同点,才能把事物区别开来;只有总括出事物的相似点,才能用玩具来代替某些东西。为了使玩具用得恰当,儿童就必须仔细观察周围的事物。这样,观察力就得到发展。

儿童在游戏中的一举一动、一言一行全凭想象力来进行。儿童所扮演的角色及其相应的语言和动作,对于想象力的发展起着重要的促进作用。

由于游戏中角色和规则的要求,使儿童增强注意的有意性。研究表明,在游戏中注意保持的时间比平时长得多。在游戏中,3岁能坚持20分钟,4～5岁能坚持50分钟,5～6岁可长达1小时,而在平时,5～6岁也仅能注意20分钟。

在游戏中,儿童由于极大的兴趣性,促进了有意记忆的发展。儿童由于在游戏中扮演角色的需要,必须自觉地积极地有目的地去识记和追忆,因而无论记忆的数量还是质量,都比平时高得多。研究表明,在游戏中识记的单词的平均数,3～4岁提高0.67倍;4～5岁提高1.0倍;5～6岁提高0.65倍。

游戏离不开语言,语言丰富,游戏才活跃。儿童与成人,儿童与儿童之间,用语言互相交流思想,表达内心活动,遂使游戏得以成功进行。在语言的指导下,儿童行为的有意性得以增强,思维能力在此基础之上得到发展。

② 故事。故事形象生动,有情节有内容,孩子非常容易接受。通过编讲故事,不仅能扩大儿童的知识面,而且有利于发展记忆力和口头语言的表达能力,同时富有教育意义。

在讲故事的过程中,可以多提一些"以后会怎么样了"的问题,启发孩子勤思考,发展儿童的想象能力。还可让孩子与成人一起互动讲故事。成人编故事中讲到富有启发性情节时,让孩子接着讲完,以训练儿童的创造力。

③ 音乐。婴幼儿的音乐活动包括音乐欣赏、唱歌、舞蹈、节奏乐等。

孩子自出生之日起就喜欢音乐,在孩子高兴时可以让他听短小轻松的乐曲,以促进大脑反应性机制的发展。实验表明,5个月孩子,可以区分一些乐器的音调差异;周岁左右的婴儿,可多听些小歌曲,以发展言语听觉;3~4岁已经具备初步的音乐欣赏能力。

国外有人研究两个孩子出生后的音乐能力,在两个家庭父母按时给孩子唱歌,孩子到4个月就会模仿父母的音调,一个女孩已会模仿一首简单的曲调,另一个男孩能模仿句子的尾音。他俩不到1周岁就都会哼哼所学的曲调了。

有些美妙动听、生动形象的器乐曲,对婴幼儿的感染很强,可以训练婴幼儿对音乐的辨别力、注意力、记忆力和分析能力。

唱歌可以促进言语器官功能的发育,有利于语言听觉的发展,更有利于锻炼发音器官的灵活性。因而有助于婴幼儿正确发出字音,并可丰富词汇,发展口语表达能力。幼儿通过有表情的演唱,可以培养艺术美感、美的心灵、美的语言和美的情操,使幼儿保持健康活泼的乐观情绪。

幼儿舞蹈是发展儿童模仿力、想象力和创造力的极好的活动方式,可以满足他们好动的心理需要。幼儿节奏乐,指孩子们演奏音响不同的节奏乐器,伴随成人的风琴或钢琴等演奏优美器乐曲,可以更有效地培养听觉、节奏感、音乐欣赏能力以及演奏技能,提高音乐艺术素质。

总之,音乐活动可以调节神经系统的活动功能,促进神经系统的健康发育,使儿童保持朝气蓬勃的精神状态,更为重要的是,它有助于发展儿童的有意注意、有意记忆、分辨、理解、想象、思维等能力。

## 二、中青年期

中青年期是指20~34岁。这段时期是智力发展中又一个特殊的时期,其间智力发展的特点表现在两方面。

1. 智力发展的高峰期

根据前面"智力的发展曲线"中所述,西方大多数心理学家的实验研究表明,20~34岁是智力发展的高峰期,这个时期智力始终保持在最高水平上。

再从4种主要能力的发展来看,思维能力处于100~100,即自始至终保持在最高水平上;动作与反应速度能力处于100~98,即在这个时期开始时,这种能力在最高水平上,在这个时期结束时,它仍然保持最高峰的98%;记忆能力处于100~96,即在这个时期开始时,这种能力在最高水平上,在这个时期结束时,它仍然保持最高峰的96%;知觉能力处于96~94,即在这个时期开始时,这种能力在最高峰的96%的水平上,在这个时期结束时,它仍然保持最高峰的94%。总之,在20~34岁这个时期里,4种主要能力都处在最高水平附近。

2. 与科学发明期密切相关

中外许多学者都曾经研究科学发明的最佳年龄区的问题,但由于评判指标和研究对象取样的不同,使得研究结论也不尽相同。

有人统计了1500~1960年期间,全世界1249名杰出科学家和1928项重大科研成果的数据分布,从中发现,科学发明的最佳年龄区在25~45岁之间,其最佳峰值年龄在37岁左右。

另有人对诺贝尔奖获得者进行统计,物理奖获得者作出获奖成就的平均年龄为35~36岁,化学奖获得者做出获奖成就的平均年龄为39岁,生理奖或医学奖获得者做出获奖成就的平均年龄为41岁。

心理学家李曼等人的研究更为系统:

1939年研究音乐家,结果表明,作曲家多产年龄为35~39岁;

1942年研究著名哲学家,结果表明,完成重要著作的平均年龄是35岁;

1945年研究运动员,结果表明,体育运动最佳创造纪录年龄为25~35岁;

1949年研究不同领域的作家,结果表明,创作最优秀作品的平均年龄是:抒情诗人为27岁,描写诗人为28岁,喜剧与悲剧作者为35岁,散文作家为42岁,油画家为32~36岁。

1951年再次研究运动员,结果表明,从1900~1950年期间,各项运动的大部分世界纪录获得者年龄为25岁左右。

从上面多项研究结果可以看出,科学发明的最佳年龄区为25~45岁之间。

我们已经知道,中青年期为20~34岁,与智力高峰期相吻合。我们不妨把中青年期分为两个阶段:前5年(20~24岁)和后10年(25~34岁)。

后10年已经处于科学发明的最佳年龄区,其重要性也就不言而喻,广大中青年应该珍惜大好的黄金年华,努力多出成果,出好成果,为祖国建设多作贡献。

前5年,我们也可以称之为科学发明的前奏期,在这个年龄时期,诚然也可以出科研成果,这样的事例在科学史上也不是绝无仅有的,但从统计的角度来看,这个年龄期主要是为以后的科学发明做好准备。当然,从科学发明最佳年龄区的上限45岁来看,后10年也有一个为未来的科学发明做准备的问题。

如何为科学发明做准备?回答是三句话:

（1）发展智力。使智力的各个组成因素，即注意力、观察力、记忆力、想象力、思维力及其相互结构，都具有良好的品质。

（2）掌握知识。既要精通某一领域的专门知识，又要拓宽知识面，涉猎相关领域的有关知识。现代科学发展的一个重要特点是学科之间互相渗透，边缘科学不断产生，科研人员要想有所作为，就需要具备相关学科的知识。

（3）培养非智力因素。科学家的成功，除了他们具有较优秀的智力水平之外，还由于他们同时具有较优秀的非智力因素。

对科学的浓厚兴趣是科学发明的催化剂，古今中外凡是大有作为的科学家，无一例外对某一领域情有独钟。相对论的创立者爱因斯坦，被誉为科学史天才人物的爱迪生，莫不如此。

另外，大有成就的科学家都具有坚强的意志。爱迪生在发明电灯的过程中，为了寻找一种合适的材料做灯丝，先后失败了8000多次，最后获得成功。法国细菌学家、近代微生物奠基人巴斯德说：告诉你使我达到目标的奥妙吧，唯一的力量就是我的坚持精神。

### 三、老年期

此处的老年期是指60岁左右。传统观点一般认为，60岁之后智力急剧下降。然而，当代有些心理学家的研究，却得出了不同以往的结论。

1. 格林的研究

1969年格林(R. Green)采用横向研究法，研究25～64岁之间的波多黎各公民的智商分数的变化。他把各年龄组的教育水平调节至对等之后再进行分析，结果发现，全量表IQ分数一直增长到40岁，其后仍然保持稳定。至少在64岁之前，年龄本身看来跟智力的任何方面的衰退都无联系。他把智力测验分数分为言语部分和操作部分时则发现，言语智力在25～64岁之间平稳增长。

2. 布卢姆、贾维克和克拉克的研究

1970年布卢姆、贾维克和克拉克(J. E. Blum, L. F. Jarvik & D. H. Clark)采用纵向研究法，研究65～85岁智力变化趋势，结果发现，65～73岁智力测验分数只有微弱的衰退。他们还发现，在智力测验的不同分测验中，智力变化的速度不尽相同。如词汇分测验的分数，直到85岁还未见到明显衰退。

3. "末期下降"理论

这种理论由里盖尔兄弟二人(K. F. Riegel & R. M. Riegel)于1970年代正式提出。他们认为,绝大多数个体的智力水平至少到70岁保持稳定。在这个年龄之前所观察到的平均智力下降,几乎全都是由于"末期下降"(即那些注定不能再活过5年的个体的智力急剧衰退)而造成的。老年人平均智力的衰退是由于"末期下降"的人数的增多,而不是由于所有的老年人智力都平稳地衰退。

一些研究结果证实了这种理论。布卢姆等人1970年的研究发现,活到85岁的个体在65~73岁时的智力衰退,比起那些在85岁之前就过世的个体在同一年龄时期的衰退要少一些。

赖默尼斯(G. Reimanis)与格林1971年对美国退伍军人局医院的住院者进行智力测验,他们的平均年龄为58岁。10年之后进行复测,结果发现,在第二次测验后一年之内去世的那些人,比起仍在世的那些人,在两次测验之间智力显著衰退更为急剧。

从以上各项研究中,我们不难得出一个令人欣喜的结论:60岁左右老年期的智力仍然保持在一个较高的水平上。如果我们说,20~34岁(即智力高峰期)是人们智力的黄金时代,那么我们不妨说,60岁左右是智力的黄金二代。因此,这个时期的老年人可以而且应该让智力再度发出灿烂光芒,或老骥伏枥,志在千里;或甘当人梯,扶植新秀,继续为伟大祖国现代化建设的宏伟事业再建新功,再立新劳。

# 第六章 智力的差异

智力的差异具有多种表现形式。一般说来,它们之间的逻辑关系,可以构成4个层次智力差异的分类系统,如图6-1所示。

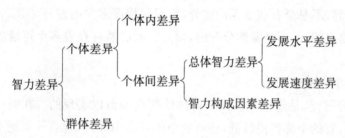

图6-1 智力差异的分类系统

我们可以看到,在第一层次,智力的差异可以分为两大领域,一个是智力的个体差异,另一个是智力的群体差异。

在第二层次,智力的个体差异又可以分为两个组成部分,一个是智力的个体内差异,另一个是智力的个体间差异。

智力的个体内(intra-individual)差异是指每一个体内部,智力的不同构成因素或能力之间的差异。这是个体自身的不同能力之间的比较,而不是不同个体之间的总体智力或同一构成能力的比较。

智力的个体间(inter-individual)差异是指相同年龄或相同年级的个体之间,存在着的智力差异。这是个体之间的智力的相互比较。

在第三层次,智力的个体间差异还可以分为两种情况,一种是总体智力的个体间差异,另一种是智力的构成因素的个体间差异。

在第四层次,总体智力的个体间差异还可以表现在两个方面,一个是智力发展水平的个体间差异,另一个是智力发展速度的个体间差异。

# 第一节　总体智力的个体间差异

## 一、智力发展水平的个体间差异

我们使用智力测验来测量个体的智力,采用智商 IQ 分数来表示智力发展水平。

1. 智商的个体间差异的性质

智商的个体间差异属于量的差异。其一,在测量智商中,我们难以确定智商的绝对零点,因此智商的个体间差异,不是全有或全无的差异,而只是程度多少的差异。其二,两种显著不同的智商表现程度之间,并不是截然分开的,而是其间必然存在着多个连续的中间程度。

2. 智商的个体间差异的模型

智商的个体间差异的研究,是通过测量同一群体的智商而得以实现的。在同一群体之内,有的个体智商较高,有的个体智商较低,还有的个体智商中等,但智商分布绝不是杂乱无章的,而是有其内在规律的,这就是智商的正态分布模型,如图 6-2 所示。

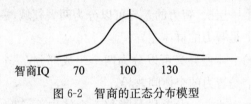

图 6-2　智商的正态分布模型

早在 1869 年英国高尔顿(S. F. Galton)出版专著《遗传与天才》,书中首次提出了人类智商正态分布的理论。智商的正态分布模型具有以下 3 个特点:

(1) 中间大,两端小。越趋向于中间,越属于正常,最正常的状态当然是处于分布的中央即中位数或平均数;而越趋向于两端,越属于异常,左端是低于平均数的异常,右端则是高于平均数的异常。

(2) 左右对称。理论上左右完全形成轴对称,而实际样本的数据可能略有出入。

(3) 曲线两端不断向左右延伸,但是与水平直线永远不会相交,或者说,水平直线是曲线的渐进线。由此,我们可以知道,理论上不存在"智商异常到极点"的个体,不管是高端还是低端;在智商的实际测量中,也不存在"最为聪明"的个体和"最为愚笨"的个体。

3. 智力分布的等级

按照智力发展水平的高低,可以把智力划分为三类:超常、正常和低常。一般认为,智商在 130 以上表示超常,智商在 70 以下表示低常,而智商在 100 左右则表示正常或中常。

关于智力的这三种类型的个体间差异,其实早在两千多年前我国春秋时期的孔子就已经提出。孔子曾经说过:"中人以上,可以语上也;中人以下,不可以语上也。"孔子另外说过:"惟上智与下愚不移。"我们可以知道,孔子按照智力发展水平,把人分为三等:上智或中人以上(相当于超常)、中人(相当于正常)、下愚或中人以下(相当于低常)。

高尔顿提出,人类智力呈正态分布,智力中常者为 50%,智力高于中常者为 25%,而智力低于中常者也为 25%。

超常、正常和低常是智力发展水平的三个大的等级,每个大的等级还可以再划分为若干个小的等级,并给予不同的名称。

(1) 推孟的划分

美国斯坦福大学推孟(L. M. Terman)使用本人及其同事共同编制的斯坦福-比内智力量表,测量 905 名 5 岁至 14 岁儿童的智力,得出一个实际样组的智力分布的数据。他按照智商水平的高低,把智力分成 9 个等级,详见表 6-1。

表 6-1 推孟对智力的分类

| 智商 | 类别 |
| --- | --- |
| 140 以上 | 天才(Genius) |
| 120~140 | 上智(Very Superior) |
| 110~120 | 聪颖(Superior) |
| 90~110 | 中才(Average Intelligence) |
| 80~90 | 迟钝(Dull) |
| 70~80 | 近愚(Borderline Case) |
| 50~70 | 低能(Moron) |
| 25~50 | 无能(Imbecile) |
| 25 以下 | 白痴(Idiot) |

推孟发现,以智商 90~110 作为狭义的智力中常的标准,智力中常者占全体被试的 46.5%;而以智商 80~120 作为广义的智力中常的标准,则智力中常者占全体被试的

79.1%。推孟提出的"天才"即智力超常的标准是智商 140 以上,样组百分比为 1.3%;而包括低能、无能和白痴等在内的智力低常的标准则是智商 70 以下,样组百分比为 2.7%。

(2) 韦克斯勒的划分

美国纽约大学韦克斯勒(D. Wechsler)在他人分类标准基础之上,提出一家之言,把智力分成 7 个等级,详见表 6-2。

表 6-2　韦克斯勒对智力的分类

| IQ | 类别 | 百分比 | |
| --- | --- | --- | --- |
| | | 实际样组 | 理论正态曲线 |
| 130 以上 | 极优秀 | 2.3 | 2.28 |
| 120～129 | 优秀(上智) | 7.4 | 6.90 |
| 110～119 | 中上(聪颖) | 16.5 | 15.96 |
| 90～109 | 中才 | 49.4 | 49.72 |
| 80～89 | 中下(迟钝) | 16.2 | 15.96 |
| 70～79 | 低能边缘 | 6.0 | 6.90 |
| 70 以下 | 智力缺陷 | 2.2 | 2.28 |

我们可以看到,以智商 90～109 作为狭义的智力中常的标准,智力中常者占全体被试的 49.4%;而以智商 80～119 作为广义的智力中常的标准,则智力中常者占全体被试的 82.1%。

韦克斯勒提出的"极优秀"即智力超常的标准是智商 130 以上,样组百分比为 2.3%;而智力缺陷即智力低常的标准则是智商 70 以下,样组百分比为 2.2%。

表 6-2 中第 4 列为理论正态曲线百分比,顾名思义,是根据正态曲线理论,通过数学计算所得出。众所周知,韦克斯勒离差智商的平均数为 100,标准差为 15。据此,我们不妨计算理论正态曲线百分比的 7 个数值。

IQ130 以上组,$Z_1=(130-100)\div 15=2$;查阅正态曲线表,概率 $P_1=0.9772$;$P_1'=1-P_1=1-0.9772=0.0228$。即理论百分比为 2.28。

IQ120～129 组,$Z_2=(120-100)\div 15=1.33$;查阅正态曲线表,概率 $P_2=0.9082$;$P_2'=P_1-P_2=0.9772-0.9082=0.069$。即理论百分比为 6.90。

IQ110～119 组,$Z_3=(110-100)\div 15=0.67$;查阅正态曲线表,概率 $P_3=0.7486$;$P_3'=P_2-P_3=0.9082-0.7486=0.1596$。即理论百分比为 15.96。

IQ90～109 组,根据左右对称性,$P_4' = (P_3 - 0.5) \times 2 = (0.7486 - 0.5) \times 2 = 0.2486 \times 2 = 0.4972$。即理论百分比为 49.72。

IQ80～89 组,根据左右对称性,$P_5' = P_3' = 0.1596$。即理论百分比为 15.96。

IQ70～79 组,根据左右对称性,$P_6' = P_2' = 0.069$。即理论百分比为 6.90。

IQ70 以下组,根据左右对称性,$P_7' = P_1' = 0.0228$。即理论百分比为 2.28。

依据高尔顿正态分布模型,在理论上,人类智商的分布应该左右完全对称,上述计算所得的 7 个数据也表明这点。但在实际中不尽是如此,而是最左端的面积略大于最右端的面积,即智力很低的人数略多于智力很高的人数。因为一些疾病,如出生之时短暂窒息缺氧、持续高热不退、脑膜炎等,都会损伤大脑,导致个体智力低下;同样,一些意外事故,如高空坠落、交通事故等,也会导致原本正常个体智力低下。

## 二、智力发展速度的个体间差异

人们在智力发展速度上,同样存在着个体间差异。试以赛跑为例,有的运动员起跑速度特别快速,有的运动员分段加速,还有的运动员临近终点全力冲刺,等等。根据智力表现的早晚,可以分为以下 3 类:

(1) 智力早现。指有的个体智力发展速度早期较快,也称智力早熟。

(2) 智力晚出。指有的个体智力发展速度晚期较快。

(3) 一般发展。指有的个体智力发展速度基本上符合正常个体的智力发展曲线。

关于智力发展速度的这 3 种类型的个体间差异,我国古代学者也早就注意到。例如汉代王充曾经说过:"人才早成,亦有晚就。"从这里我们可以看到,王充提出了早成和晚就这两类,这是智力发展速度中的两端情况。至于中间的情况,王充虽未提及,但是我们不难推出,那就是智力发展速度既不是早现,也不是晚出,而是平稳发展,这正是智力的一般发展。

智力发展速度个体间差异的 3 种类型也呈正态分布,即在全体人口中,智力早现和智力晚出的人数均极少,而一般发展的人数则占绝大多数。

关于智力发展速度个体间差异的课题,智力心理学至今尚未加以深入研究,只是粗略地分为这 3 类,而没有再进行第二层次的细分;同时,对于每种类型的人数占全体人口的百分比,也没有进行全面的统计分析。个中原因主要是,对于早现和晚出的认定,缺乏较为科学的统一标准。尽管如此,智力早现和智力晚出的事实,在古今中外倒是屡见不鲜的。

智力早现,实际上也就是儿童期智力超常的表现。

有人曾于史籍中收集我国古代自先秦至清末的958名超常儿童的案例,如表6-3所示。

表6-3 先秦至清末的超常儿童分布

| 朝代 | 先秦 | 汉 | 魏晋南北朝 | 隋 | 唐 | 宋 | 元 | 明 | 清 | 合计 |
|---|---|---|---|---|---|---|---|---|---|---|
| 人数 | 20 | 68 | 201 | 15 | 102 | 206 | 48 | 121 | 177 | 958 |

在"智力的发展"一章中谈到的我国的王勃、李贺、白居易、李白等,以及国外的歌德、莫扎特、穆勒等,都是历史上众所周知的智力早现的实例。

小时候智力早现,但长大成人却未必大有作为,这种情况也是客观存在的。换句话说,小时候智力发展速度较快,但以后智力发展速度却为一般,甚至较慢,成人后的智力水平就不再属于超常,而是归于平常的行列了。

我国北宋时,江西金溪有一位名叫方仲永的儿童,早在6~7岁时就写得一手好诗,但是到了12~13岁时,方仲永不如以前那样突出了,再到20岁时则甚至连诗也写不出来了,令人大跌眼镜。王安石还特别为此写了《伤仲永》的文章。试从智力发展速度的观点加以分析,方仲永6~7岁时,智力发展速度较快,因而智力超常;以后智力发展速度趋于缓慢,最终长大成人后智力就属于中常了。

像方仲永这样的学生,在我们当今社会里也是经常见到的。有些儿童智力早现,在幼儿园,或中小学时代出类拔萃,智力超常,但以后智力却发展一般,长大成人后智力则平淡无奇。由此看来,我们的学校教育,切不可满足于学生的智力早现,而要根据智力发展的规律和具体学生的各自特点,注意因"智"施教,使他们的智力继续朝着良好的方向发展,日后成为对国家对社会有所作为的人才。

早期智力不甚突出,一般发展,甚至发展较差一点的个体,后来智力发展速度加快,最终做出重大贡献者也不乏少见,这就是智力晚出。

我国宋朝的苏洵,27岁才开始发愤读书,最终成为著名文学家。现代著名画家齐白石,直到40岁才表现出他的绘画才华。

美国的发明大王爱迪生,少年时代挺"傻气",功课不好,只上学三个月就因学习成绩太差而被学校开除。但是他最终成为了世界第一流的大发明家,一共完成2000多项科学发明。

无独有偶。今年正值相对论发表100周年。大科学家爱因斯坦(A. Einstein)幼儿时代智力一点也不高超,直到 2 岁半方才开始牙牙学语,父母甚至担心儿子是智障儿。在小学里他动作笨拙,老师批评他制作的板凳是全世界最为粗糙的一个;他学习成绩也糟糕,老师向他的父母告状,认为他智力迟钝,不堪造就。中学的训导主任也预测他将来必定一事无成。15 岁那年,他更是由于学业差劲而被学校勒令退学。但是 11 年之后的 1905 年,26 岁的爱因斯坦在德国的《物理学纪事》杂志上连续发表 3 篇重量级的物理学论文,第一次正式提出了相对论的概念,给物理学带来划时代的革命,经典的牛顿力学只不过是相对论中的一个特例而已。14 年之后的日食观察证实了相对论的推测,爱因斯坦从此被誉为人类历史上最伟大的科学巨匠。

我国著名数学家张广厚,小学毕业时因为数学不及格,连初中都没有考上,但他日后却在数学领域做出重大贡献,与杨乐合作,发明了"张杨定理",得到世界数学同行的公认。

上述例子并不是绝无仅有的个别情况,国外有人专门做过一项统计,在大有作为的科学家和发明家中,小时候智力特别突出的仅占 5%,而小时候学习并不特别突出的倒占 95% 之多。当然,值得一提的是,智力晚出的个体,小时候其智力发展速度虽然相比普通儿童为慢,但是他们智力的潜在顶峰却比普通儿童高得多,只是由于没有得到适当的机会来表现他们的才华,或者是由于没有良好的教育条件来发展他们的智力。

像爱因斯坦、张广厚这样的学生,在我们今天的中小学里是并不少见。他们善于独立思考,甚至怀疑书本知识,不单纯追求考试分数,因而往往被误认为是智力中常的学生,甚至是智力低常的差生。所以,我们的中小学教育切不可轻视、更不可歧视智力晚出的个体,应该想方设法提供适合他们智力特点的教育条件,开发他们的智力宝库,使他们的潜在智力最终得以晚出。

## 第二节 智力构成因素的个体间差异

智力是由多种因素构成的综合体,因此,即使个体间的总体智力没有差异,但是在智力的各种构成因素上,仍然可能存在着个体间差异。或者说,个体的总体智力大致相同,在完成某种智力活动中达到相同的水平,但不同的个体可能以不同的能力或不同的能力组合为其基础。

### 一、智力构成因素的类型差异

人们在知觉、表象、记忆、思维等智力活动中,都表现出个体间类型差异。

1. 知觉的类型差异

人们在知觉方面,表现出个体间类型差异,可以分为3类:

知觉综合型。这种个体知觉的特点是,观察时注意事物的概括性和整体性,但分析能力较弱,对于事物细节的感知不足。

知觉分析型。这种个体知觉的特点则与第一种个体相反,有较强的分析能力,观察时注意事物的细节,但对于事物的整体性感知不够。

知觉的分析-综合型。这种个体兼有上面两种知觉类型的特点,在观察中既能注意事物的整体,也能注意事物的细节。另一方面,这种个体注意事物整体的程度不如第一种个体,而注意事物细节的程度又不如第二种个体。

2. 表象的类型差异

人们在表象方面,也表现出个体间类型差异,可以分为4类:

表象视觉型。这种个体视觉表象占优势。

表象听觉型。这种个体听觉表象占优势。

表象运动觉型。这种个体运动表象占优势。

表象混合型。这种个体几乎在同等程度上运用各种表象。

表象的个体间类型差异可以作为某种智力活动的条件,从而成为某种特殊能力的构成部分。同时,从事同一种智力活动也可能依靠不同的表象。如一些作家主要依靠听觉表象,另一些作家则主要依靠视觉表象。

3. 记忆的类型差异

人们在记忆方面,也表现出个体间类型差异。

根据各种分析器参与记忆的情况,可以分为4类:

记忆视觉型。这种个体运用视觉记忆时效果较好。

记忆听觉型。这种个体运用听觉记忆时效果较好。

记忆运动觉型。这种个体有运动觉参与记忆时效果较好。

记忆混合型,如记忆的视觉-听觉型、记忆的视觉-运动觉型、记忆的听觉-运动觉型等。这种个体运用多种记忆表象时效果较好。

许多画家、作家、演员等往往具有发展较好的视觉记忆,使得他们在绘画、写作或表演动作中能够较为准确地再现瞬息呈现的人物景象。

另外,根据记忆不同材料的效果和方法,可以分为3类:

直观形象的记忆类型。这种个体记忆物体、图画、颜色、声音等材料时,效果较好。

词汇抽象的记忆类型。这种个体记忆词汇、概念和数字、字母、符号等材料时,效果较好。

中间的记忆类型。这种个体兼有上面两种记忆类型的特点,但另一方面,这种个体记忆形象材料的程度不如第一种个体,而记忆抽象材料的程度又不如第二种个体。

4. 思维的类型差异

人们在思维方面,也表现出个体间类型差异。

根据集中与发散,可以分为2类:

集中思维型。这种个体解决问题时,集中性思维占优势,对一个问题往往得出一个正确答案或一个最佳的解决方案。

发散思维型。这种个体解决问题时,发散性思维占优势,对一个问题能够得出多个切合题义的答案。

另外,根据具体与抽象,可以分为2类:

具体思维型。这种个体思维的形象性较强。

抽象思维型。这种个体思维的逻辑性较强。

## 二、智力构成因素的量的差异

智力水平的高低一般通过智力测验来加以测量。从整体智力的理论观点出发,智力量表往往包括若干个分测验。当代在美国以及包括中国在内的其他许多国家最为盛行的智力测验之一便是韦克斯勒智力量表,其中的韦氏儿童智力量表适用于6岁至16岁的被试,大致相当于我国的中小学生。

韦克斯勒儿童智力量表中国修订版首先分为言语和操作两大部分。在言语部分有6个分测验,它们是常识、类同、算术、词汇、理解、背数等,前5个为常规测验,最后一个为备用测验;在操作部分也有6个分测验,它们是填图、排列、积木、拼图、译码、迷津等,前5个同样为常规测验,最后一个也为备用测验。测验结果所得的总体智商的高低与每一个分测验的得分有着同样重要的关系。

智力构成因素的量的差异,就是指不同被试在全量表智商相同的情况下,他们的各个分测验的得分却不尽相同,甚至存在着显著差异的现象。这一点其实是不难理解的。试举一例。某学校初二年级500名学生参加韦克斯勒儿童智力量表的测试,结果发现其中10名学生的智商均为100,这是否意味着他们的智力没有任何差异呢?答案当然是否定的。他们的智商数值都是100,这只是表示他们的总体智力水平的高低是相同的。至于他们的各个分测验的得分,完全可能存在着高低不一的差异。笔者曾经参加了韦克斯勒儿童智力量表的上海市区常模的制订工作,样组被试共 660 名,没有发现其中分测验得分完全相同的两名被试。

严格地说,智力构成因素的量的差异是绝对地存在的,即事实上不可能存在各个分测验得分都完全相同的两名被试。也许有人会提出异议,把被试数量从 660 名扩大到某一数值,一定会出现这种现象。我们承认有这种可能性。但是如果让这些分测验得分相同的被试,再次参加另一个或第三个智力测验,则又必然会出现智力构成因素的量的差异。

智力构成因素的量的差异,在教育上具有重要的启示:

其一,我们不仅要一般了解学生的总体智商,而且要具体了解他们的各个分测验的得分情况,韦克斯勒儿童智力量表就提供一个每个分测验量表分的剖面图。这样,我们就可以扬长避短,发扬其长处,克服其不足。

其二,这种情况告诉我们,构成智力的各种因素之间的关系并非是一成不变的。个体某一方面智力的不足与弱点,可以由其他方面的智力发展来加以补偿与替代,这就使得学生智力的发展有了更大的可能性,我们应该针对他们智力发展的特点,给予相应的指导和教育。

### 三、特殊能力的类型差异

特殊能力由若干种不同的因素所构成。研究表明,完成同一种活动的因素组合有所不同。试举 3 例。

#### 1. 音乐能力的类型差异

音乐能力主要由旋律感、节奏感、听觉表象等 3 种因素组成。第一种个体的音乐能力的特点是,具有强烈的旋律感和优秀的听觉表象,但节奏感较弱;第二种个体的音乐能力的特点是,具有优秀的听觉表象和强烈的节奏感,但旋律感较弱;第三种个体的音乐能力的特点是,具有强烈的旋律感和节奏感,但听觉表象较弱。

#### 2. 运动能力的类型差异

试举一例。击剑运动能力由观察力、反应速度、攻击力量、意志力等多种心理因素组成。有人研究 3 位国际级击剑运动员的特点,结果发现,他们具有同等水平的职业能力,并达到同样的运动成绩,但是他们的击剑运动能力的构成因素的发展水平却不尽相同。第一个运动员具有高度发展的观察力和"感觉因素",即正确估计现场情况与及时做出攻防动作;第二个运动员具有出色的灵活性和坚韧性;第三个运动员则具有强大的攻击力量和必胜的信心。

短跑运动能力主要由动作强度、动作与节奏的配合等因素组成。两个短跑运动员可以达到同样速度的成绩,但一个运动员依靠动作与节奏的更好配合,另一个运动员则依靠更大的动作强度。

3. 组织能力的类型差异

A·B·彼得罗夫斯基在《普通心理学》一书中,介绍了组织能力类型差异的两个案例。他们都具有杰出的组织能力,前者的组织能力由这些心理品质综合组成:主动、敏感、观察力强、关心他人、对别人要求合理、善于并乐于分析同伴的才能、兴趣和性格、高度的集体责任感、个人魅力等;而后者的组织能力则由另一些不同的心理品质综合组成:严峻、精明强干、考虑周到、善于利用同伴的各种弱点等。

# 第三节 智力的性别差异

智力的群体差异是指首先按照某种非智力的属性将人群分类,然后研究两个及以上人群在智力上的差异。

最为基本的智力群体差异包括年龄或年级智力差异(这部分内容在"智力的发展"中已作讨论,此处不再展开)、种族或民族智力差异、性别智力差异等三种。本节讨论男女智力差异。

男女智力差异的特点,可以使用一句话来加以概括,这就是:总体上平衡而部分上不平衡。这种既平衡又不平衡的特点,具体表现在年龄阶段、层次分布、智力的构成因素等3个方面。

## 一、年龄阶段

智力的发展可以分为若干个年龄阶段。在总体年龄阶段上,男女智力是相互平衡的,不存在谁优谁劣的问题;而在不同的年龄阶段,男女智力则是不平衡的,是互占优势的。我国大多数研究者的结论如下:

(1) 乳婴儿时期:男女智力几乎没有什么差异;

(2) 幼儿时期:男女智力开始出现差异,女性的智力略微高于男性,但差异不显著;

(3) 从小学阶段开始,到女性青春期(一般为 10~13 岁)为止,男女智力存在明显差异,女性智力显著高于男性;

(4) 从男性青春期(一般为13~15岁)开始,到20岁左右为止,男女智力存在差异,男性智力后来居上,开始逐渐优于女性,并且越是随着年龄的增长,这种优势就越是显著;

(5) 20岁以后,男性优于女性的智力差异逐渐减弱。

关于男女智力差异在各个年龄阶段上的表现,国内外都进行了广泛的研究。由于所使用的智力量表有所不同,以及选取被试的抽样误差等原因,研究结论并不完全一致。这里介绍笔者自己参与的2项研究,以供大家参考。

1. 关于中小学生男女智力差异的研究

1984年笔者参加韦克斯勒儿童智力量表上海市区常模的制订工作。样组的构成,以年龄、性别、学校性质(重点学校与非重点学校)为3项变元,采取分层随机抽样方法选取被试,从6岁至16岁,分为11个年龄组,每组60人,男女各半,共660名被试。这个样组对于上海市区的中小学校具有较好的代表性,因此,其研究结论在这个范围内具有一般意义。

根据我们的研究结果,各年龄组男女儿童的智商平均数如表6-4所示。

表6-4 各年龄组男女儿童智商平均数比较

| 年龄(岁) | 6 | | 7 | | 8 | | 9 | | 10 | |
|---|---|---|---|---|---|---|---|---|---|---|
| 性别 | 男 | 女 | 男 | 女 | 男 | 女 | 男 | 女 | 男 | 女 |
| 平均数 | 101.70 | 98.23 | 102.13 | 97.97 | 103.23 | 96.63 | 104.40 | 95.67 | 102.53 | 97.43 |
| 差数 | 3.47 | | 4.16 | | 6.60 | | 8.73 | | 5.10 | |
| t | 0.90 | | 1.08 | | 1.75 | | 2.34* | | 1.34 | |

| 11 | | 12 | | 13 | | 14 | | 15 | | 16 | |
|---|---|---|---|---|---|---|---|---|---|---|---|
| 男 | 女 | 男 | 女 | 男 | 女 | 男 | 女 | 男 | 女 | 男 | 女 |
| 106.30 | 93.73 | 104.03 | 95.97 | 105.23 | 94.73 | 103.83 | 96.10 | 106.23 | 93.77 | 105.67 | 94.37 |
| 12.57 | | 8.06 | | 10.50 | | 7.73 | | 12.46 | | 11.30 | |
| 3.57** | | 2.14** | | 2.88** | | 2.04* | | 3.51** | | 3.13** | |

我们可以看到,按照11个年龄组进行男女儿童比较时,各组男性智商平均数都高于女性,但是6岁、7岁和8岁这三个组的平均数的差数,经过统计检验之后表明无显著差异。随着年龄增长,t值出现逐渐增大的趋势,这就说明男女智力差异是在一定年龄之后才发生的现象。

2. 关于大学生男女智力差异的研究

笔者曾经参与吴福元教授的"大学生智力发展与智力结构"的研究课题。其中一个问题就是大学生男女智力差异比较,研究中的被试为上海师范大学的学生,男性 49 人,女性 37 人,共 86 名,年龄分布在 17 岁至 26 之间,多数为 19~21 岁,平均年龄为 20 岁。使用韦克斯勒成人智力量表中国修订版。研究结果如表 6-5 所示。

表 6-5 男女大学生智商比较

| 智商 IQ | 男 | | 女 | | $t$ |
|---|---|---|---|---|---|
| | 平均数 | 标准差 | 平均数 | 标准差 | |
| 言语 | 119.57 | 6.02 | 114.76 | 6.09 | 3.65*** |
| 操作 | 113.57 | 9.17 | 108.38 | 10.29 | 2.47* |
| 全量表 | 118.69 | 6.13 | 113.41 | 6.97 | 3.69*** |

我们可以看到,无论在言语智商、操作智商,还是在全量表智商方面,男性平均数都高于女性,其中操作智商的男女差异具有一定显著性,而言语智商和全量表智商的男女差异更是极为显著。

再从各个分测验的量表分,来分析男女大学生的智力差异,如表 6-6 所示。

表 6-6 男女大学生分测验成绩比较

| 分测验 | 男 | | 女 | | $t$ |
|---|---|---|---|---|---|
| | 平均数 | 标准差 | 平均数 | 标准差 | |
| 常识 | 13.20 | 1.49 | 12.00 | 1.80 | 3.40*** |
| 理解 | 13.29 | 2.56 | 12.65 | 1.87 | 1.28 |
| 算术 | 12.43 | 2.41 | 11.43 | 1.83 | 2.10* |
| 类同 | 12.51 | 1.43 | 11.35 | 1.58 | 3.55*** |
| 背数 | 12.63 | 2.21 | 12.89 | 2.90 | 0.52 |
| 词汇 | 14.00 | 1.12 | 13.65 | 1.23 | 1.38 |
| 译码 | 14.12 | 1.64 | 14.27 | 1.59 | 0.42 |
| 填图 | 11.16 | 1.76 | 9.68 | 1.89 | 3.76*** |
| 积木 | 13.33 | 1.81 | 12.08 | 2.32 | 2.80** |
| 排列 | 11.02 | 1.99 | 10.68 | 2.19 | 0.76 |
| 拼图 | 11.63 | 2.01 | 11.27 | 2.26 | 0.79 |

我们可以看到,男生平均数高于女生平均数有 9 项:常识、理解、算术、类同、词汇、填图、积木、排列和拼图,其中算术的差异达到显著,积木的差异则是非常显著,而常识、类

同、填图等的差异更是极为显著。女生平均数高于男生平均数有 2 项:背数和译码,但它们的差异均不显著。

最后从项目难度进行分析。分测验算术有 4 道加分题,满分为 8 分;分测验积木也有 4 道加分题,满分为 24 分。男女大学生在这两项分测验中的得分情况如表 6-7 所示。

表 6-7　男女大学生加分题成绩比较

| 项目 | 男 | | | 女 | | | $t$ |
|---|---|---|---|---|---|---|---|
| | 平均数 | 标准差 | 正确率 | 平均数 | 标准差 | 正确率 | |
| 算术 | 4.99 | 2.16 | 61.94 | 3.84 | 1.76 | 47.97 | 2.57** |
| 积木 | 18.49 | 4.57 | 77.04 | 13.76 | 6.37 | 57.32 | 4.01** |

我们可以看到,加分题的平均数和正确率男生均优于女生,差异非常显著。韦克斯勒成人智力量表各个分测验的项目按照由易到难顺序排列。对较易项目的得分男女生大致相同,而对较难项目的得分则男生优于女生,且随着项目难度增加,男女生的得分差异相应增大。

## 二、层次分布

智力差异可以表现为高低不同的若干个层次。以全体男性与全体女性的平均智力而言,智力差异在总体上是平衡的,实难判定谁为上乘。众所周知,智力测验的原始分数转换表是不分性别的,男女合用同一个常模表。

虽然男女两性的智商平均数没有什么显著差异,但是男性的标准差大于女性的标准差。从男女两性智力分布的各个层次来看,在智力水平很高和智力水平很低这两端层次中,男性人数均多于女性。换句话说,男性智力的分布较为悬殊,而女性智力的分布则较为均匀。

从学习成绩的平均分数,也可以看出男女智力差异在总体上的平衡性;另一方面,从学习成绩的分布,同样可以看出男女智力差异在层次上的不平衡性。

根据我国的有关调查,不论在中学还是大学,一般而言,成绩较好的和成绩较差的,总是男生居多,而成绩中等的则是女生居多。在我国恢复高考的首届大学生中,几乎是男生的一统天下,个中原因就在于此。近年大学连续扩招,入学率大幅提高,高等教育已从精英阶段发展到大众化阶段,大学校园里男女学生日趋平衡;上海的高等教育更是接近普及化阶段,不少大学里反倒是女生在唱主角。

男女两性在事业上的表现,同样存在着这种就总体而言是平衡的、就层次而言是不平衡的现象。在事业上取得优异成绩者,固然男性较多,然而由于种种原因难以在事业上有所作为者,同样是男性较多。男性虽然在事业中做出重大贡献者远远超过女性,但是他们之中智力低下的平庸之辈亦比女性更为常见。如果排除在事业上做出杰出贡献者和无所作为者这两端层次,那么我们可以说,就绝大多数的男女两性而言,他们各自在事业上的表现基本上是平分秋色。

### 三、智力的构成因素

一般认为,智力由观察力、注意力、记忆力、思维力、想象力等5种因素构成。在这些智力构成因素上,仍然存在着男女性别差异。

1. 观察力

就观察力的总体来说,男女智力差异是平衡的,不存在谁优谁劣的问题;而就观察力的部分来说,男女智力差异则是不平衡的,是互占优势的。

例如,在感知觉方面,男性的视觉能力较强,对视觉刺激的反应速度较快。尤其是视觉的空间知觉能力,男性显著优于女性;但是在视觉的时间判断方面,男性却不如女性。女性的听觉能力较强,特别是对声音的辨别和定位,女性明显优于男性;但是在听觉的时间判断方面,女性却不如男性。

2. 注意力

就注意力的总体来说,男女智力差异是平衡的,不存在谁优谁劣的问题;而就注意力的部分来说,男女智力差异则是不平衡的,是互占优势的。

男性注意大多定向于事物,对于事物的注意稳定性较好,持续时间较长;而女性注意大多定向于人物,对于人物的注意稳定性较好,持续时间较长。试举一例。中超足球联赛的球场上,不乏女性球迷的身影,但男性球迷注意"看人踢球",而女性球迷则往往注意"看踢球的人"。

3. 记忆力

就记忆力的总体来说,男女智力差异是平衡的,不存在谁优谁劣的问题;而就记忆力的部分来说,男女智力差异则是不平衡的,是互占优势的。

男性理解记忆能力和抽象记忆能力优于女性,而女性机械记忆能力和形象记忆能力则优于男性。试举复述课文为例。男性喜欢对记忆内容进行逻辑加工,根据课文大意自由复述;而女性则喜欢从头到尾的逐字逐句的记忆和背诵。

4. 思维力

就思维力的总体来说,男女智力差异是平衡的,不存在谁优谁劣的问题;而就思维力的部分来说,男女智力差异则是不平衡的,是互占优势的。

男性第二信号系统的活动相对占优,因此抽象思维能力优于女性;女性第一信号系统的活动相对占优,因此形象思维能力优于男性。男性比较喜欢计算机、数学、物理、化学等偏理的学科,而女性比较喜欢语文、外语、政治、历史等偏文的学科。同样一篇作文,男生擅长新奇的立意和多变的布局以及运用抽象意义的词汇,而女生则擅长流畅的叙述和细致的描写以及运用丰富多彩的词汇。

5. 想象力

就想象力的总体来说,男女智力差异是平衡的,不存在谁优谁劣的问题;而就想象力的部分来说,男女智力差异则是不平衡的,是互占优势的。

男性的逻辑性想象能力优于女性,而女性的形象性想象能力优于男性。男性的想象表象偏重于事物以及事物与事物之间的关系,而女性的想象表象则偏重于人物以及人物与人物之间的关系。

## 四、能力倾向的性别差异

在音乐、机械等能力倾向上,同样存在着男女性别差异。

1. 机械能力倾向的性别差异

英国心理学家的研究发现,机械能力倾向的性别差异早在幼儿期就开始出现。男孩的活动多定向于事物,喜欢拆卸或拼装玩具,探究玩具的内部结构;而女孩的活动多定向于人物,一般根据常规用途来使用玩具。

庇隆夫人对109名13～14岁儿童的研究发现,男性的机械能力超过女性。在结构复杂的滑车问题、图形填充、图形回转等运用空间表象视觉化的测验中,男性成绩明显优于女性;在寻找通路、替换符号、认知物件、比较齿轮等需要仔细观察的测验中,男性成绩也优于女性,但无统计显著性。

另有研究发现,从7岁起,男性拆散结构再建的能力优于女性;从8岁起,男性识别较为复杂的地区结构图的能力优于女性。掌握机械和理解机械结构的能力,应付迷宫、建筑图和电子线路图的能力,都是男性优于女性。

女性感知觉较为敏锐,运动记忆水平较高,注意分配较好,模仿力较强,手指灵敏度和手眼协调性均占优势,因此女性更适合从事动作准确性较高的工作,例如缝纫、编织、发报、装配精密仪表等。

2. 音乐能力倾向的性别差异

有人统计了各年龄阶段表现音乐能力的男女人数百分比,如表6-8所示。

表6-8 各年龄段表现音乐能力男女人数百分比

| 年龄（岁） | 百分比 | |
|---|---|---|
| | 男 | 女 |
| 3之前 | 22.4 | 31.5 |
| 3～5 | 27.3 | 21.8 |
| 6～8 | 19.5 | 19.1 |
| 9～11 | 16.5 | 19.6 |
| 12～14 | 10.7 | 6.5 |
| 15～17 | 2.4 | 1.0 |
| 18之后 | 1.2 | 0.5 |

我们可以看到,儿童在3岁左右开始显露音乐能力的人数百分比最多,而其中女性人数百分比显著高于男性。

另外,女性对音乐旋律和节奏的感知能力和再现能力优于男性,爱好音乐的人数也多于男性,但是,出类拔萃的音乐人才还是男性居多。试举一例。世界著名的作曲家贝多芬、莫扎特、肖邦、柴可夫斯基、聂耳、冼星海等,无一不是男性。

3. 数学能力倾向的性别差异

国内外研究均表明,男性数学能力优于女性。在小学阶段获得数概念和掌握四则运算的能力,男女间无显著差异。从12岁起,男性数学能力迅速发展,随着年龄增长和年级升高,男性优于女性的差异越来越明显。

美国贝勃拉等人在1972～1979年研究10000名7～8年级男女学生的数学能力,经过10次测验,发现男生数学成绩比女生好。每次测验,得分最高的男生成绩均超过得分最高的女生成绩。1976年的一次测验,满分为800分,男生有半数以上超过600分,而女生竟无一人达到600分。

施米德伯格对2284名学生的研究也证明,男性数学能力优于女性,且随着项目难度的增加,差异也增大。在回答较简单的问题时,男生正确率为51%,女生为49%;在回答较复杂的问题时,男生正确率为52.4%,女生为46.4%;在回答更难的数列问题时,男生正确率上升为65.2%,而女生则下降为34.4%。

我国上海中学校长唐盛昌等人调查上海中学学生数学学习情况发现,初一时女生成绩略高于男生，初二、初三时男生成绩逐渐赶上并超过女生，从高一开始男生成绩则显著超过女生。

华东师范大学时蓉华等人研究2759名小学1～5年级男女学生数学思维能力发现，在解答较为简单的题目时，各年级男女生成绩差异不大，女生正确率略高于男生；在解答较为复杂的题目时，男生正确率略高于女生；成绩最优组中，男生占64％，女生占36％，而成绩最差组中，男生占44％，女生占56％，差异均为显著。

### 五、智力测验对智力性别差异的影响

我们在研究智力性别差异中，使用智力测验来测量男女个体的智商。因此，智力测验本身必然对性别差异的研究结果，产生至关重要的影响。

1. 测验项目

智力测验的编制者事先考虑到男女性别的不同，避免选择只对男女一方有利的项目，淘汰两性得分差异显著的项目。这样，智力测验中男性占优势的项目和女性占优势的项目基本平衡。使用这类智力测验来研究智力性别差异，结果可想而知，当然是男女各在某些方面互占优势，而智商平均数没有差异。

L·M·推孟等人第二次修订斯坦福-比纳量表时，淘汰所有造成两性差异的项目。对2000多名被试的测验结果表明，6～13岁男孩比女孩平均高2分，14岁以上男孩比女孩平均高4分。但是，V·V·卡迈特使用保留全部男女显著差异项目的比纳-西蒙量表，对中小学生的测验结果表明，男性智商平均数为102.29分，女性智商平均数为96.12分，男女差异极为显著。J·R·霍布森使用塞斯顿量表，对2000多名8～9年级学生的测验表明，除了空间知觉分测验男性占优之外，在其他言语、数字、记忆、推理等分测验上，都是女性占优，结论是女性智商高于男性。

2. IQ分数

个体智力水平的高低，是使用IQ分数来表示的。IQ分数是一种经过数学转换的相对分数，它的前提假设是，男女智力的组间差异不会大于组内差异。因此，男女两性合用一个智力测验的常模，而没有各自适用的常模。

值得一提的是，如果男女之间在智力上确实不存在显著差异，那么，两者合用一个常模就是合乎科学的；另一方面，如果男女之间在智力上确实存在着显著差异，那么，两者合用一个常模则是不尽合理的。在这种情况下，使用IQ分数来研究和解释智力性别差异，难免有些牵强附会。

# 第七章 智力超常儿童

智力超常儿童这一话题,包括超常儿童的概念、鉴别、学校教育以及超常智力测验等诸多内容。

## 第一节 超常儿童的概念

### 一、超常儿童的含义

超常儿童的日常概念是指特别聪明的儿童。超常儿童的科学概念是指这类儿童的智力发展水平明显超过相同年龄正常儿童的智力或一般儿童智力。

超常儿童的概念具有相对性。超常儿童是与同龄儿童相比较而言,严格说来,超常儿童的比较对象应该是同一群体中的同龄儿童,因为这里涉及不同群体的文化背景的差异。

"明显超过"一说法不是语义性探讨,应该具有操作性。具体含义下面再作讨论。

### 二、超常儿童的称呼

关于超常儿童,古今中外有几种不同的称呼。

1. 神童

我国古代把智力出众的儿童称为神童。有的儿童记忆能力超强,过目不忘;有的儿童言语能力优异,出口成章;有的儿童擅长绘画,作品栩栩如生;有的儿童精于数学,巧妙解答一般成人也束手无策的数学难题。他们之所以被称为神童,是因为人们认为这类儿童的出类拔萃的才智,是由神所赐的。

2. 天才

这是西方的说法,英文为genius。天才有三种不同的含义。其一是中世纪的欧洲,他们的观念与我国古代有类似之处,认为非凡的才智是由天所赐的;其二是19世纪中叶,英国心理学家高尔顿(F. Galton)研究名人家谱,1869年出版专著《遗传与天才》,提出观点,天才是由遗传而来;其三是当代西方也使用天才一词,指高度发展的才智。

3. 资优儿童

这是当代中国的台湾、香港等地区的说法。根据台湾郭为藩主编《特殊教育名词汇编》的解释,资优儿童的全称是资赋优异儿童,泛指那些在思考、推理、判断、发明和创造能力方面明显超过一般同龄儿童的儿童。

4. 超常儿童

1978年中国科学院心理所等单位提出超常儿童的说法。中国心理学家称之为超常儿童,有下列几点含义:

(1) 超常儿童是相对于常态儿童而言的。两者的智力虽有差异性,但是也有共同性。智商分数是一个正态分布,是连续的而不是间断的。所以,两者之间并没有不可逾越的鸿沟。

(2) 超常的智力,不是神赐的,不是天赐的;也不仅是遗传决定的。而是遗传与环境的统一,可能性与现实性的统一。

(3) 超常儿童是一个动态概念而不是一个静态概念,超常的智力不是固定不变而是发展变化。随着年龄的增长,超常儿童的智力,可能仍然是超常发展,但也可能是正常发展,甚至也可能是发展缓慢。这取决于环境的客观条件和个体的主观条件。

(4)"天才"一词,也可以把其中的"天"理解为定语,即像天一般高的。那么,天才就是高度发展的才智。但即使如此,也仅仅从才智一个方面来理解,而"超常"则是一种全面的解释,包括智力超常,也包括非智力因素超常。

### 三、智商数值与人数比率

超常儿童可以分为两种类型:一类是智力发展全面超过一般水平,另一类是智力的某一方面的发展,超过一般水平。我们这里主要讨论前者,严格说来,后者尚不能属于超常。

如果仅仅考虑智力,那么超常儿童的智力,其 IQ 的数值下限应该设定为多少?有两种基本观点,一种认为是 IQ140 以上,另一种认为是 IQ130 以上。

1. IQ140 以上

美国斯坦福大学推孟曾经使用斯坦福-比内智力量表来鉴别超常儿童,被试年龄从学前至八年级,所采用的标准就是 IQ140 以上,结果鉴别出超常儿童 1528 名,其中男性 857 名,女性 671 名,平均 IQ 为 151。

我国心理学家吴天敏 1979 年对中国比内智力测验进行第 3 次修订,提出智力超常的标准为 IQ140 以上。

2. IQ130 以上

美国纽约大学韦克斯勒把智力发展水平分为 7 类,其中 IQ130 以上称为"极优秀",当然与"超常"无异。

我国杨清主编《简明心理学辞典》,书中提到 IQ130 以上为超常儿童。

这样自然引出一个问题:上述两种标准中,单从数值上看,140 无疑大于 130,这是否表示第一种标准一定高于第二种标准?我们的回答却是否定的。因为两者使用的 IQ 不是同一个概念,前者是比率智商,而后者则是离差智商,所以它们之间没有可比性。

现在心理学家一般认为,离差 IQ130 以上的标准较为科学。它的操作定义是,超过相同年龄正常儿童 2 个标准差。

至于超常儿童的人数比率,其实涉及两种情况,一种是样本数据,另一种是理论数据。样本数据随着样本的不同而有所变化,而且,同一样本使用不同的智力测验所得数据也有所变化。韦克斯勒本人研究的样本数据为 2.3%。理论数据是根据正态分布概率表计算所得,不随样本或智力测验而变化。$IQ=130$,$Z=(130-100)\div15=2$,查表,$P=0.9772$,$1-0.9772=0.0228$,即 2.28%。

# 第二节 超常儿童的鉴别

在超常儿童的研究中,超常儿童的鉴别是一个十分重要的环节。只有尽早发现超常儿童,才能及时对他们因"智"施教,使他们的潜在智力得到充分的发展,最终成为卓越人才。

## 一、国外对超常儿童的鉴别

国外对超常儿童的鉴别方法，一般可以分为以下 5 种：

1. 智力测验

早在 20 世纪 20 年代，推孟首先使用智力测验来鉴别超常儿童，提出比率 IQ140 以上的标准；后来韦克斯勒又提出离差 IQ130 的标准。时至今日，智力测验一直是西方国家鉴别超常儿童的常规工具之一。

2. 创造力测验

1950 年以后，一些心理学家通过研究发现，使用智商来预测超常具有局限性，例如不能测量出儿童的创造能力。1951 年普里查德（Prichard）提出，天才概念中应该包括创造力在内。1959 年吉尔福特首次提出思维的两种类型：集中性思维与发散性思维。于是，心理学家开始编制和使用创造力测验来测量儿童的发散性思维。

3. 学业能力倾向测验

学业能力倾向测验，英语是 Scholastic Aptitude Test，代码 SAT。这原本是美国大学入学考试之一，分为语言和数学两部分。1972 年，约翰·霍普金斯大学斯坦利（J. C. Stanley）使用 SAT 的数学部分来鉴别数学超常儿童。20 世纪 80 年代他还和上海师范大学等合作，使用 SAT 鉴别中国数学超常中学生，进行中美数学超常儿童的比较研究。

SAT 数学测题举例：

(1) 如果 $x$ 是一个奇数，那么，比 $3x+1$ 大的最小的两个奇数的和是多少？

(2) 在赛跑中，如果乙的速度是甲的 4/5，丙的速度是乙的 3/4，那么，甲的速度是其他两人平均速度的多少倍？

(3) $2n+1$ 是 3 的倍数，并且 $n$ 是小于 10 的正整数，比较 $n$ 与 5 的大小。

(4) 如果 $a\phi b=ab+a$，并且 $4\phi 6=x\phi 5$，那么，$x=$？

(5) 如果 $3=b^x$，那么 $3b=$？

(6) 现在甲的年龄是乙的 2 倍。2 年之后，如果甲是 $n$ 岁，那么，乙是多少岁？

4. 行为表

在西方的许多学校中，鉴于使用智力测验或创造力测验来鉴别超常儿童都存在相当程度的局限性，于是一些研究者根据智力超常者的行为表现列出一个细目表，作为推荐超常儿童的参考标准。这里向大家介绍两种代表性的超常儿童行为表。

一种是美国"全美教育协会"制定的行为表,共有10条超常儿童的能力标准:
(1) 使用语言正确而流利。
(2) 即使不怎么进行机械练习,也能轻松而迅速地学习。
(3) 对于疑难问题能够保持长久的注意力。
(4) 能够提出意味深长的问题。
(5) 对于各种话题都具有浓厚的兴趣。
(6) 能够理解意义,认识关系,并且能够合理推理。
(7) 能够掌握抽象概念。
(8) 能够使用独创的方法和概念。
(9) 记忆力强。
(10) 对于观察到的现象喜欢寻根究底,常常提问"为什么"。

另一种是美国旧金山公立学校制定的行为表,共有31条超常儿童的能力标准:
(1) 好学不倦。
(2) 在科学、艺术或文学方面受过奖励。
(3) 对于科学或文学有着浓厚的兴趣。
(4) 能够非常机敏地回答问题。
(5) 数学成绩突出。
(6) 兴趣广泛。
(7) 情绪非常稳定。
(8) 大胆,急于尝试新的事情。
(9) 能够控制局面或左右同龄伙伴。
(10) 善于经营企业。
(11) 喜欢自己一个人做事。
(12) 对别人的感情敏感,或者对周围的情况敏感。
(13) 对自己充满信心。
(14) 能够控制自己。
(15) 喜欢观赏艺术表演。
(16) 使用创造性的方法解决问题。
(17) 善于洞察事物之间的联系。
(18) 面部或姿态富于表情。

(19) 急躁——易于发怒或急于完成一件工作。

(20) 渴望胜过别人的愿望强烈,甚至达到作弊的程度。

(21) 语言丰富多彩。

(22) 能够讲述富有想象力的故事。

(23) 在别人谈话时经常插嘴。

(24) 坦率地表达对成人的看法。

(25) 具有成熟的幽默感,如双关语、联想等。

(26) 好奇好问。

(27) 仔细观察事物。

(28) 急于把发现的东西告诉别人。

(29) 能够在显然不相关的概念中找出内在关系。

(30) 遇到新发现,出声地表示兴奋。

(31) 有忘记时间的倾向。

这张行为表,看来对我们不无启发意义。特别值得注意的是,该表把"急躁"、"插嘴"、"急于告人"、"忘记时间"等条列作为推荐超常儿童的行为标准。这些经常被人们认为属于学生的不足之处的特征,现在反倒成为了智力超常的一部分标志,确实令人深思。

5. 多方面指标

20世纪70年代,美国联邦教育部规定,天才儿童应该包括5个方面:①一般智力;②特殊能力倾向;③创造性思维;④艺术才能;⑤领导才能。并且认为其中某几个方面甚至某一个方面表现杰出者,都可称为天才儿童。

1978年伦朱利(J. S. Renzulli)提出,天才儿童的心理成分包括3个方面:①中等以上的智力,即离差IQ=110以上;②较高的创造力;③任务承诺,如动机、责任性、兴趣等。虽然智商的要求降低了一点,但由三者交互作用而成,即同时具备3个方面。

1983年泰伦鲍姆(A. T. Tannenbaum)提出,天才由5个因素交互作用而成:①一般智力;②特殊能力倾向;③非智力人格特征,如自我力量、奉献、牺牲精神等;④环境因素,如家庭、学校、社区等;⑤机遇因素。

罗伯特·斯腾伯格提出另一种具体的多方面指标,除了考虑智力之外,还考虑想象力、实践才智等其他素质,共包括19条项目,用来鉴别6岁至12岁的超常儿童。

(1) 上预备课之前,就单独或同他人一起学习识字。

(2) 爱看书,看得快。

(3) 对字典或百科全书饶有兴趣。
(4) 虽然很快学会了阅读,但书写有一些困难。
(5) 喜欢与年龄较大的伙伴或成年人在一起。
(6) 喜欢交谈。
(7) 提出许多问题,要求别人解答。
(8) 好分心,如一旦入迷,则能够表现出很强的观察力和洞察力。
(9) 对他人评头论足。
(10) 讨厌常规,如洗澡、重复的练习等。
(11) 对不公平的事情非常敏感,即使与自己无关。
(12) 具有幽默感。
(13) 喜欢玩复杂的游戏,如中国的七巧板、国际象棋等。
(14) 喜欢独自一人劳动。
(15) 对天下万物、对人类起源颇感兴趣。
(16) 不做十分努力就能获得好分数。
(17) 具有发挥性的审美感。
(18) 爱好常变。
(19) 对已进入中学的孩子:在小学时人缘较好,到中学后就不如小学人缘好。

## 二、我国对超常儿童的鉴别

我国对超常儿童的鉴别方法,一般可以分为以下两种:

1. 智力特点

超常儿童可以表现出不同类型和不同发展水平,但是总体来说,仍然可以发现其中一些共同的智力特点。我国一些心理学工作者长期从事这方面研究,总结出超常儿童在智力上的表现特点:

(1) 求知欲强,兴趣广泛。喜欢打破砂锅问到底,学习任何知识都会感到津津有味。
(2) 观察力特别敏锐。往往在一般儿童看不出问题的地方发现问题。
(3) 想象力异常活跃,特别是富于幻想。考虑问题时常常标新立异,异想天开。
(4) 思维敏捷,理解力强。易于掌握事物的本质,抓住问题的关键;善于对事物进行分析、综合、比较、对照、归纳、推论。
(5) 富有独立性和创造性。不仅解决问题的速度很快,而且往往能够打破框框,想出与众不同的各种解决方法。

（6）注意力具有主动性和集中性。能够自己支配注意力，在较长时间内聚精会神地从事某种学习活动。

（7）记忆力较强。善于在理解的基础上进行记忆。

（8）学习方法较好。善于从别人和自己的学习经验中，总结出适合于自己特点的一套学习方法。

智力超常儿童在各个年龄阶段都存在，但是他们在不同年龄阶段表现出各自不同的特点：

（1）婴儿期（1～3岁）：对学习饶有兴趣，感知特别敏锐（如对汉字字形的形象知觉，对上下、左右、前后的方位知觉，以及一般视觉和听觉的辨别能力），记忆力比较强，分析和概括能力也得到初步发展。例如某个男孩，2岁2个月时，他就能够区别大小、长短和上下左右，辨别圆形、三角形、正方形、长方形等图形，认出红绿黑白4种颜色，并认识汉字约400个，口数和点数实物1至10。

（2）幼儿期（4～6岁）：具有较精细的视、听辨别能力，较强的记忆力，较稳定的注意力，还具有一定水平的抽象概括能力和初步的推理能力。例如某个女孩，5岁半时认识汉字2000多个，基本上能阅读报纸。不足6岁她便考入小学二年级学习，对于"1+3+5+…+19=？"的等差级数问题，她会使用凑成10或20的方法快速求出答案。她能够正确解答"小华比小明高，小红比小英高，小明和小英一样高，问小华与小英两人谁高？"的推理题。在随机数字的瞬时记忆上，她通过9位数字。

（3）学龄期（7～11岁）：求知欲旺盛，记忆力强，思维灵活敏捷，有的形象思维能力发展突出，有的逻辑推理能力高度发展，具有一定的创造性。例如某个男孩，从小就对事物爱问为什么，9岁升入初中，半天内记住100多个生字。在一项推理测验中，他的得分超过比他大5岁的14岁年龄组的平均数。在思维流畅性测验中，他对"汽车"一词进行多方面联想，不仅想到车辆的类型；汽车的结构，如发动机、方向盘、轮胎等；想到汽车的运行原理，如惯性、拉力、摩擦力、速度、时间、路程等；而且想到汽车的用途及驾驶员、售票员、乘客等。

2. 多方面指标

1978年中国科学院心理所查子秀组建全国超常儿童研究协作组，提出4方面的具体指标：

（1）认知能力：感知观察力、记忆力、思维力（包括类比推理和创造性思维）。

(2) 学习能力:在学习过程中掌握知识和技能的快慢速度、深刻程度和巩固程度以及解决问题的能力和学习成绩。

(3) 特殊能力:数学能力、外语能力以及音乐、绘画、书法等能力。

(4) 个性品质:抱负、独立性、好胜心、坚持性、求知欲、自我意识等。

具体鉴别程序如下:

(1) 推荐:由教师或家长推荐,填写儿童超常的主要表现。

(2) 初试:主课考试,加上一般智力测验,如韦克斯勒儿童智力量表或中国比内量表等。

(3) 复试:使用超常儿童研究协作组编制的《超常儿童认知能力测验》。成绩通过的标准为:超过同龄组平均数两个标准差以上,或高于2岁以上年龄组的平均数,或第95百分位数以上,三者居一即可。

(4) 问卷:向原学校教师问卷调查儿童的个性品质。

(5) 体检:了解健康状况,身体患病者暂缓录取。

(6) 确定:参加超常儿童实验班。

现以1982年北京八中首届超常儿童实验班招生为例。

(1) 报名:招生简章发到各小学,并登报,由教师或家长推荐。报名条件为:年龄10岁以下。文化程度小学四年级以上。学习成绩一贯优秀。求知欲旺盛、记忆力出色、思维能力强、意志品质坚强。身体健康。

(2) 初试:采取团体测验形式,包括语文测验、数学测验和思维能力测验。

(3) 复试:使用《超常儿童认知能力测验》中的3个分测验,其中语词类比推理测验和数类比推理测验为团体测验,创造性思维测验则为个别测验;对于达到认知能力测验标准的儿童,向原学校班主任问卷调查学生个性品质;同时体检。

(4) 录取:报名700多人,初试537人,复试120人,录取35人。

实验班开学伊始进行智力测验,使用中国比内量表,平均IQ=138.6。

## 第三节 超常儿童的学校教育

### 一、国外超常儿童教育概况

20世纪初叶,西方国家关于超常儿童教育存在着3种偏见:智力高的儿童必然体弱多病,早熟早衰;智力高的儿童必然与社会格格不入;儿童过早的学习,是不良的家庭教育或学校教育的特征之一。

20世纪50年代以后,倡导早期教育,日益成为一种世界性的潮流,个中原因是:①20年代至50年代,关于超常儿童心理学研究的大量事实和数据都证明:对超常儿童的加速教育,不仅没有造成早衰,而且晚年比一般人更有作为;②知识爆炸,人类知识的积累数量以几何级数递增,这无疑对学生掌握知识提出了全新的要求:更快、更好、更高;③越来越多国家领导人认识到,世界各国的竞争,归根到底是教育的竞争。

美国1972年联邦教育部正式成立"天才儿童教育局",各州也相继成立相应的机构。1978年美国国会通过一条法令,增加各州的教育经费,用以加强、改进和发展天才儿童教育。据1989年资料,美国有137所大学开设天才儿童班级。

英国1974年成立"天才儿童国家协会",下设34个地方分会。

前苏联通过"奥林匹克"竞赛选拔超常儿童,从数学扩展到物理、外语等。20世纪80年代全国开设数学物理学校800所,外语学校70所。

## 二、国外超常儿童学校教育类型

国外超常儿童的学校教育,大致可以分为以下3种类型:

1. **加速教育**

加速教育的一种形式是提前入学,提前进入小学、中学、大学等各级学校;加速教育的另一种形式则是跳级。加速教育的目的是,使得超常儿童更快通过正规教育。

许多教育心理研究表明,加速教育产生较好的、持续的效果。但是,也有研究者认为:跳级可能跳过某些重要的教学内容,致使儿童的知识体系连贯不足;另外,年幼的超常儿童与年长的一般儿童在同一个班级学习,可能在生理和心理方面不相适应。

2. **充实教育**

充实教育是指在常规班级学习,同时,另外安排学习,加深教学内容。例如,课外兴趣小组,双休日或寒暑假的集训班等。

3. **集体教育**

集体教育是指超常儿童单独编班,或开设超常儿童学校,或在常规学校中附设超常儿童班级,包括大学少年班。

### 三、国外超常儿童学校教育实例

美国华盛顿大学儿童发展研究组的从幼儿园到大学的一条龙研究:1976年在华盛顿建立超常儿童实验幼儿园,招收2岁至5岁的超常儿童;与公立学校合办"天才儿童"中小学实验班;华盛顿大学特设"天才少年班",招收10岁至16岁的超常儿童。

前苏联的超常儿童学校曾多达1000余所,其中最为著名的当属国立新西伯利亚大学附属数学物理学校,20世纪60年代初期成立,每年经过严格、激烈的选拔考试择优录取超常中学生,学习2年毕业,除了完成国家规定的中学教学内容之外,数理化3门课程增加学时30%,另开设近40门选修课程。1979年在校学生600多名。

法国、德国、日本、以色列等国也都建立"天才儿童"实验学校或实验班级。

### 四、我国超常儿童学校教育大事

在我国超常儿童学校教育中,有4件大事值得一书:

1. 中国科学技术大学少年班

1978年3月中国科学技术大学首期"大学少年班"隆重开办,招收全国21名学生。到1987年10月,连续办学11期,共招生407人,其中男生355人,女生52人。平均入学年龄不足15周岁,最小仅11岁。学历最高为高中二年级,最低为小学五年级。据1988年资料,已有6届毕业生,共190人,其中143人考取国内外硕博研究生。近年中国科学技术大学少年班招生形势持续红火,如2005年招生计划人数仅为40名,但全国报考人数却超过3000名。

2. 超常儿童研究协作组

1978年中国科学院心理所、上海师范大学等5家单位联合发起,后来在中国心理学会发展和教育心理专业委员会下,正式成立"中国超常儿童研究协作组"。到1984年,全国有32家单位参加该协作组。

3. 大学少年班的发展

1985年国家教育部肯定中国科学技术大学少年班的成功经验,同时批准另外12所重点高校试办少年班,它们是:清华大学、北京大学、复旦大学、上海交通大学、西安交通大学、浙江大学、南京大学、北京师范大学、武汉大学、吉林大学、华中理工大学和南京工学院。

与此同时,各种形式的超常儿童教育应运而生,从单一的大学少年班发展到由儿童班

(小学阶段)—少儿班(初中阶段)—少年预备班(高中阶段)—少年班(大学阶段)组成的一条龙超常教育体系,如中国科学技术大学分别与北京景山中学和江苏省苏州中学合作,创办少年预备班。

据2003年资料显示,全国有6所重点高校附设少年班,2所高中附设少年预科班,30余所学校附设少儿班,2所小学附设儿童班。

4. 超常教育研究会

1988年5月中国科学技术大学和南京大学联合发起,在安徽省合肥市召开全国首届超常教育学术讨论会,全国47家学校和科研单位派员参加。会议决定成立"全国超常教育研究会"。

## 第四节　超常儿童研究中的若干热点问题

超常儿童的认知发展、成长类型以及性别差异,是这一领域当前的研究热点所在。

### 一、超常儿童的认知发展

超常儿童的认知发展的研究,是近年国外超常儿童研究内容的重头戏之一,具体包括以下4个方面:

1. 认知加工速度

认知发展的实证研究表明,简单问题的加工速度与智力之间存在联系。这类研究表明,完成简单认知作业中智力超常组比同龄控制组的速度更快,"检测信息时间"或"接受信息时间"可以解释智力分数20%的差异。而在复杂认知作业中,加工速度与智力之间的联系则更为明显。例如,要求被试追踪多个目标时,加工速度比起其他影响智力的因素的作用更大。

在推理问题的加工速度上,超常儿童与普通儿童同样存在着差异。这类研究选取婴儿作为被试,认为适应与好奇心两者都可以反映出推理速度的差异。前者测量学习的过程,即婴儿逐渐适应某个刺激;而后者则测量学习的结果,即婴儿对新奇刺激的反应。

在适应研究中,给被试呈现一个刺激,测量婴儿的注视时间,然后重复呈现这个刺激,测量婴儿的注视时间的下降量。研究表明,适应与以后智力测验分数之间负相关。对重复刺激注视时间较短的被试,以后智力测验分数较高,更有可能成为超常儿童。儿童出生时适应能力分数与5岁智力测验分数的相关系数为0.29,而儿童6个月适应能力分数与8岁智力测验分数的相关系数则为0.61。

在好奇心研究中,给被试呈现两个刺激,一个是婴儿熟悉的刺激,另一个则是婴儿不熟悉的刺激。如果婴儿对后者的注视时间较长,就认为婴儿的好奇心较强。研究表明,好奇心与以后智力测验分数之间正相关。

问题解决时间的研究,则从另外一个角度证明加工速度的差异。有人研究比较超常儿童和普通儿童的问题解决时间。结果发现,尽管超常儿童解决复杂认知问题所花的总时间要少一些,但他们在问题的探索和计划阶段所花的时间却比普通儿童更长。戴维森和斯藤伯格(J. E. Davidson & R. J. Sterberg,1984)对超常儿童的洞察力的研究也表明类似的结果,他们在高层次的言语问题上所花的时间更长,这可能是由于他们更注意细节和更准确的表述。

2. 知识背景

知识背景的发展差异及其个体差异普遍存在于儿童的学习过程中,而且还会影响儿童的思维。根据哈根(Hagen)的研究,知识的广度和深度是鉴别超常儿童的最重要的、也是最明显的两个特征。一般知识本身也是智力测验的最基本的内容。

塞西(S. Ceci)认为,知识是决定个体智力差异的因素。而且,认知加工能力影响个体知识获取,而知识获取又反过来影响认知加工能力。

超常儿童与普通儿童的差异在于,他们所获取的知识的类型、数量以及建构方式均有所不同。至于超常儿童为什么获取知识更为敏捷、他们如何运用高级知识、他们解决复杂问题时使用哪些知识等课题,都有待进一步研究。

3. 元认知

元认知是影响超常儿童表现的另一个重要因素,也是许多智力理论的重要概念之一。元认知成分包括问题认知、问题定义、问题表征、策略形成、收集资源、问题解决的监控及评估等各个方面。

对超常儿童和普通儿童的元认知技能的比较研究发现,不管是学龄前、小学还是成人阶段,超常儿童在元认知方面都占有优势。

许多研究表明,超常儿童在解决问题时会运用元认知策略。在完成拟定问题解决的计划、组织不同层次的知识等任务时,超常儿童的元认知策略与专家完成任务的方法十分相似。

有趣的是,对超常儿童中的学习困难儿童的实证研究,同样表明元认知对于学习的重要性。对学习困难儿童的研究已经表明,这类儿童的学习问题在某种程度上是由于元认知的缺陷。如果属于超常儿童同时又出现学习困难,那么他的元认知表现就会因为他的超常表现而只受到轻微的影响。

4. 问题解决与策略能力

策略是指人们解决问题时有目的的、主动选择的过程,即从多种解决方法中进行选择的过程。

有关策略知识的研究表明,超常儿童比普通儿童具有更多的问题解决策略的知识。在蒙塔古(Montague)的研究中,比较3个超常儿童与3个虽属超常但伴有学习困难的儿童,发现前者提出更多的解决复杂数学问题的策略。耀索佛(Jausover)的研究也证实,超常学生比一般学生知道更多的策略,而且这种策略并非从教育中获取,而是由他们自己所发展。

有关运用策略类型的研究发现,超常儿童选择策略时更可靠、更灵活、也更有效。缪尔和布罗德斯(Muir & Broaddus)研究初一、初二学生类比问题解决,把被试分成4组:智力超常高成就组、智力超常低成就组、普通学生高成就组、普通学生低成就组。结果表明,智力超常高成就组提出的策略更多,也更可能运用最为有效的策略去解决新的问题。斯克鲁格斯(Scruggs)等研究记忆策略时发现,超常儿童比普通儿童运用策略更有效,也更恰当,同时他们所运用的策略也更详尽、更复杂,这表明他们运用策略的水平更高。

戴维森和斯藤伯格认为,问题解决时的理解力是智力超常儿童的核心成分,高水平的理解力包括以下3项能力:选择性地对重要信息译码而忽视无关信息的能力;选择性地把重要信息与问题相加结合的能力;选择性地把问题与以往所学的材料相加比较的能力。

选择性译码,从某种角度反映出认知控制,即主动抑制无关信息。基普(K. Kipp, 2002)等对超常儿童与普通儿童完成一组认知控制任务的比较研究表明,超常儿童具有更好的认知控制能力。他们认为,智力不仅与主动的应答有关,而且与抑制无关信息有关,因而认知控制是智力个体差异的核心成分之一。

有关迁移的研究表明,超常儿童在远迁移任务中表现更好些,但在近迁移任务中则和普通儿童差不多。在远迁移任务中,儿童需要运用所学的策略来解决不相类似的问题,因此超常儿童的表现更好。

在策略获取过程中,应用新策略总会花费一定时间,而这实际上又会阻碍儿童的问题解决能力,这种现象就是所谓的"应用新策略缺陷"。高尔特纳(Gaultney)的研究表明,超常儿童同样不能摆脱这一现象。一方面,超常儿童比普通儿童遭遇更多的"应用新策略缺陷",因为他们必须丢弃更多原来所学的策略;另一方面,超常儿童能够更快地走出"应用新策略缺陷",因为他们很快就形成了新策略的自动应用能力。

## 二、超常儿童成长过程的类型

查子秀等长期从事超常儿童的追踪研究,2000年提出超常儿童的成长过程可以分为5种不同类型,并且分析了每种类型的表现与原因。

1. 跃进式

表现:幼年早慧,提前入学或插班,此后稳步超常发展;或从小学、中学至大学有过一次或多次跳跃式前进。

原因:家庭、学校提供有利于他们发展的条件;本人求知欲旺盛,主动积极,具有良好的个性特征。

2. 渐进式

表现:幼年或童年已有超常出众表现,按常规年龄入学,没有跳级,而是在课外或校外接受充实的超常教育,优势和才能逐步发展,超常表现比较稳定。

原因:家庭、学校和社会提供他们渐进的超常发展的条件(缺乏加速式教育的机会),儿童本人具有良好个性特征,有些并具有某方面才能,有利于这种类型的发展。

3. V形前进式(或波浪式)

表现:幼年表现早慧,提前入小学或插班,在小学或中学阶段一度表现下降,与常态儿童无异。经采取措施后,逐渐回升,再次超常出众。

原因:儿童在学校受挫折,积极性受影响;儿童本人贪玩,自控能力差,缺乏学习动机;出现某种行为问题;或因病缺课过多,缺乏学习信心等。

4. 后起式

表现:幼年或童年未发现超常表现。小学或初中阶段,由于某次竞赛或机遇,成绩突出一鸣惊人,此后受到学校的重视,给予特殊培养,稳步上升,发展优异。

原因:幼年在农村跟老人生活,缺乏早慧条件;或由于某个原因,表现"开窍"较晚。

5. 滑落式

表现:幼年早慧,中小学或大学阶段一帆风顺名列前茅,是竞赛的优胜者。中学、大学或毕业后,由于某个原因,学习或工作成绩下降、情绪波动或崩溃、不能自拔,经帮助也无效,发展失去优势。

原因:在较复杂环境中不能适应,或遇逆境,不能正确认识自己。自我控制能力差,缺乏耐受力,或由此引起神经衰弱、抑郁症等身体的或心理的病态反应。

### 三、超常儿童的性别差异

美国斯坦利 1980 年至 1982 年使用学业能力倾向测验数学部分(SAT-M)测量 7～8 年级中学生。结果表明：男生平均数比女生高 30 分；500 以上者，男生是女生的 2 倍，而 640 分以上者，男生更是女生的 8.8 倍。

我国 1987 年也使用 SAI-M 测量 13 岁以下数学优秀儿童 229 名。结果表明：700 分以上者，男生 28 人，而女生仅 7 人，前者是后者的 4 倍。

1982 年北京八中首届超常儿童班的研究数据则表明，《中国比内量表》和《超常儿童认知能力测验》语词推理和数推理的得分，男女生无显著差异，如表 7-1 所示。

表 7-1　男女生得分比较

| 性别 | 人数 | 比内量表 | 语词推理 | 数推理 |
| --- | --- | --- | --- | --- |
| 男 | 25 | 138.50 | 10.56 | 27.12 |
| 女 | 10 | 139.30 | 9.80 | 26.70 |

## 第五节　超常智力测验

### 一、超常儿童认知能力测验

1986 年全国超常儿童研究协作组编制《超常儿童认知能力测验》。这个测验适用于鉴别 3 岁至 14 岁的超常儿童。整个测验分为类比推理、创造性思维、观察、记忆等 4 个分测验。各项分测验均分为 2 个年龄组，一个是 3 岁至 6 岁，另一个是 7 岁至 14 岁，其中创造性思维再把后者一分为二：7 岁至 12 岁和 13 岁至 14 岁。

7 岁至 14 岁测验的具体内容如下：

1. 类比推理

类比推理分测验包括 3 个方面：

(1) 图形类比推理。共有 12 个项目。

第 1 题至第 8 题属于一种类型，每题共有 10 个方格，每 2 个方格为 1 组，共 5 组。前面 4 组方格里各画着一对图形，最后 1 组方格里只画着 1 个图形，另 1 个方格则为空白。

首先找出4组图形中的共同关系,如大小、上下、左右、内外等,然后在空白方格里画上对应的图形。如图7-1所示。

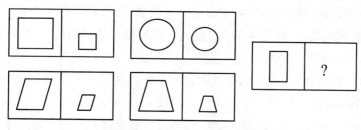

图7-1 图形类比推理示例

第9题属于另一种类型,共有5个方格,前面4个方格里各画着1个圆内三角形,最后1个方格则为空白。首先找出4个圆内三角形的共同关系,然后在空白方格里画上具有同样关系的圆内三角形。

第10题属于第3种类型,共有5个方格,前面4个方格里各画着2个圆,最后1个方格则为空白。首先找出4个方格里2个圆的所有的共同关系,然后在空白方格里画上不具有这些关系的2个圆。

第11题至第12题属于第4种类型,每题前面有8个方格,每2个方格为1组,共4组,每组方格里各画着一对立体图形。首先找出4组立体图形中的共同关系,然后在第5组右边4个立体图形中,给左边那个立体图形选择1个正确答案,使得它们具有同样关系。

(2) 语词类比推理。共有12个项目。

第1题至第9题属于一种类型,每题共有6组语词,横线上面有2组语词,横线下面有4组语词。每组语词由斜线前后的2个词组成,它们表明事物之间的一种关系。首先看横线上面的2组语词,想想它们共同表明了事物之间的一种什么关系。例如野兽/狼、苹果/水果。狼是野兽中的一种,苹果也是水果中的一种,两者都是种属关系。然后看横线下面的4组语词,找出其中的一组语词,它所表示的事物关系应该与横线上面2组语词所表示的事物关系相同。例如土地/粮食、小麦/粮食、肥料/粮食、食油/粮食。其中小麦/粮食为正确答案,因为小麦是粮食中的一种。

第10题至第12题属于另一种类型,不同之处是,横线下面有4组语词,但每组语词仅给出一个而缺少另一个。要求给每组语词中的一个语词配上另一个合适的语词,它们所表示的事物关系应该与横线上面2组语词所表示的事物关系相同。例如,横线上面有2组语词:物理/化学、太阳/月亮;横线下面有4组语词:植物/*、*/城市、空间/*、工业/*。

正确答案分别是:动物、乡村、时间、农业,因为它们都表示并列关系。

(3) 数类比推理。共有 8 个项目,每个项目分为 4 个小题,共有 32 个小题。

每个项目中画有一条竖线,竖线左边有 2 个例题,竖线右边有 4 个试题。首先找出 2 个例题中数字排列的特点,然后在每个试题的空缺处填写适当的数字,它们应该具有例题中数字排列的类同特点。例如,竖线左边的 2 个例题是:2—4—3—6—5—(10)—(9)、3—5—8—13—21—(34)—(55);竖线右边的 4 个试题是:4—6—10—16—26—( )—( )、5—6—11—17—28—( )—( )、6—12—13—26—27—( )—( )、8—24—22—66—64—( )—( )。解题过程如下:例 1 中数字排列的特点是:×2—1,即 2×2=4,4—1=3 等;例 2 中数字排列的特点是:前面 2 个数字相加等于后面第 3 个数字,即 3+5=8,5+8=13 等。试题 1 和试题 2 中数字排列的特点同样是:前面 2 个数字相加等于后面第 3 个数字,所以,试题 1 中应该填写数字 42 和 68,试题 2 中应该填写数字 45 和 73。试题 3 中数字排列的特点是:×2+1,所以应该填写数字 54 和 55;试题 4 中数字排列的特点是:×3—2,所以应该填写数字 192 和 190。

其中第 4 题是:在空白小圆中填入合适的数字,使得 3×3 矩阵的每行之和与每列之和均相等,如图 7-2 所示。

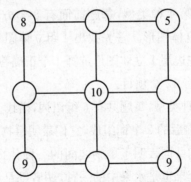

图 7-2 数类比推理的 3×3 矩阵示例

2. 创造性思维

创造性思维分测验分为两个年龄组,一个是 7 岁至 12 岁,另一个是 13 岁至 14 岁。两个年龄组各有 10 个项目,它们的题型相似,但难度不同。其中 7 个项目只有一个正确答案,另 3 个项目具有 2 个及以上正确答案,多多益善。例如,7 岁至 12 岁组的一个项目是:用五个"3",列出结果等于 10 的多种式子;而 13 岁至 14 岁组的对应项目则是:用六个"9",列出结果等于 100 的多种式子。前者的 7 个参考答案如下:

(1) $3÷3+3+3+3=10$

(2) $(3×3×3+3)÷3=10$

(3) $33÷3-3÷3=10$

(4) $3^3÷3+3÷3=10$

(5) $(3÷3)^3+3×3=10$

(6) $3×3+\sqrt{3×3}÷3=10$

(7) $\sqrt{33×3+3÷3}=10$

后者的多个切合题义的答案,恭请富有兴趣的读者诸君自行思考。

3. 观察

观察分测验共有8个项目。第1题至第4题属于一种类型,每题中画有6个图形,要求找出其中2个相同的图形。第6题和第8题的类型与上述类型类同,但难度增加。第6题有18个图形,且一些图形经过平面转动而成,要求找出其中3个完全相同的图形;第8题有36个人体图形,要求找出其中2对相同的图形。第5题和第7题的类型各不相同。

4. 记忆

记忆分测验包括4个方面:

(1) 记忆广度。也称"数字跟读"。主试朗读一组数字,每个数字间隔1秒,之后要求被试复读。共有3组数字表,都从5位数字到12位数字。一组数字表做完之后,再做另一组数字表。

(2) 记忆速度。也称"按形填数"。首行有7个形状不同的刺激图形,每个图形中分别写着1至7的数字。下面另有10行图形,每行10个,这些图形均为随机排列。要求被试依次在每个图形中填写对应的数字。

(3) 再认图形。依次呈现10张图形,每张图形呈现时间为1秒。然后要求被试在一张印有20个图形的作业纸上,找出刚才看到的图形。

(4) 长时记忆。发给被试一张识字卡片,上面有50个无意义汉字,用10分钟识记,收回卡片;发给一张白纸,要求写出所识记的50个汉字;再次发给卡片,让被试对照改错,直到记住每个汉字为止。一周之后,出其不意地要求被试回忆识记的50个汉字,次序不作要求。

## 二、瑞文高级推理测验

瑞文(J. C. Raven)是英国著名心理学家,瑞文推理测验有3种形式:标准推理测验(Standard Progressive Matrices,SPM)、彩色推理测验(Coloured Progressive Matrices,

CPM)和高级推理测验(Advanced Progressive Matrices, APM)。其中高级推理测验适用于智力超常的青少年和成人,1947年初版,1962年首次修订,最近修订本为1994年版。

瑞文高级推理测验包括2套测验,第一套测验有12个项目,第二套测验有36个项目,共有48个项目,由易到难排列。每个项目的题型相同,上面是一张大图形,下面是8张小图形。大图里留有一处空白,要求从8张小图中找出一张,最适合填补在大图的空白处。如图7-3和图7-4所示。

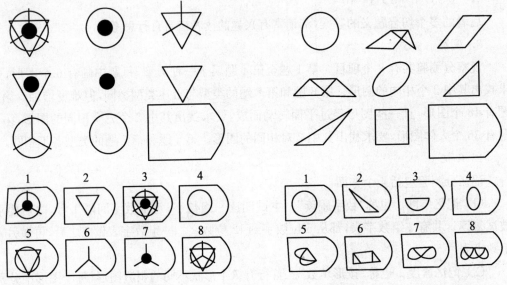

图7-3　APM第1套测验示例　　　图7-4　APM第2套测验示例

## 三、超常行为检查表

1993年北京师范大学郑日昌编制《超常行为检查表》,适用于儿童和成人。整个测验分为4个分测验:智力、创造力、社会活动和领导能力以及身体能力。

**1. 智力**

(1~4项只用于儿童)

(1) 选择比自己年龄大的朋友。

(2) 与成人相处得好。

(3) 宁愿与成人而不愿与同龄人在一起。

(4) 喜欢阅读传记和自传。

(5~33项可用于各种年龄)

(5) 好奇,喜欢探究。

(6) 词汇丰富。

(7) 使用语言生动自如。

(8) 喜欢读书。

(9) 主意多。

(10) 记忆力强。

(11) 见闻广。

(12) 时间观念强。

(13) 学习事物快捷轻松。

(14) 注意细节。

(15) 解答问题快。

(16) 回答问题适当得体。

(17) 较快抓住因果关系。

(18) 喜欢学校,喜欢学习。

(19) 较快理解别人的意见和观点。

(20) 学习迁移能力强。

(21) 做事有始有终。

(22) 做事先有计划。

(23) 精力充沛。

(24) 勤奋。

(25) 进取心强。

(26) 能够独立工作。

(27) 竞争力强。

(28) 自我要求严格。

(29) 直觉判断能力强。

(30) 喜欢智力游戏和谜语。

(31) 具有较多常识。

(32) 学习成绩好。

(33) 智商较高。

附加项目(用于儿童)

(1) 入学前自学阅读。

(2) 收集一些东西如集邮,并对收集的东西加以整理和保存。

(3) 长期保持一种兴趣爱好。

(4) 使用科学的有分析有条理的方法来思考和解决问题。

2. 创造力

(1) 思维灵活。

(2) 敢于做没有把握的事情。

(3) 对问题能够做出多种解答。

(4) 提出独特的意见,做出独特的解答。

(5) 具有独立性。

(6) 不受禁令约束。

(7) 喜欢冒险。

(8) 别出心裁,搞些新花样。

(9) 富于幻想。

(10) 想象力丰富。

(11) 对难题认真思考。

(12) 不怕与众不同。

(13) 喜欢强烈刺激。

(14) 质疑现状。

(15) 提出建设性意见和批评。

(16) 提出建议方案。

(17) 热衷于变化、改革和革新。

(18) 对美敏感。

(19) 对他人敏感。

(20) 自知。

(21) 自尊。

(22) 具有幽默感。

(23) 有时也会退却或放弃努力,但对自己的计划总是充满自信。

(24) 情绪稳定(但有时可能出现25、26、27三项的情况)。

(25) 容易兴奋。

(26) 烦躁(尤其当个人活动受到干扰时)。

(27) 喜怒无常。

(28) 不喜欢常规和重复性工作。

(29) 喜欢有目的的工作。

(30) 迅速抓住事物整体。

(31) 对比例和平衡的感觉敏锐(在视觉、心理和身体上)。

(32) 喜欢选择可以发挥创造力的工作。

美术创造力附加项目(用于儿童)

(1) 喜欢一些特殊的颜色。

(2) 倾向于美术课程或工作。

(3) 空间能力强。

(4) 对形式或外形感觉敏锐。

(5) 对结构感觉敏锐。

(6) 在美术创作中运用各种不同的线条、结构和选型。

音乐创造力附加项目(用于儿童)

(1) 倾向于选择音乐活动。

(2) 能够准确定音。

(3) 容易记忆一个曲调,并能够正确唱出或答出。

(4) 从小喜欢乐器玩具。

(5) 能够自己创造曲调。

(6) 能够自己发明东西。

(7) 能够较快学会识谱。

3. 社会活动和领导能力

(1) 自信。

(2) 厌烦例行公事。

(3) 容易被事情吸引和卷人。

(4) 对争论、成人谈话、抽象问题等感兴趣。

(5) 善于组织。

(6) 对道德伦理问题感兴趣。

(7) 目标高。

(8) 喜欢承担责任。

(9) 平易近人。

(10) 善于与人相处。

(11) 在各个年龄都充满信心。

(12) 容易适应新环境。

(13) 灵活改变达到目的的途径。

(14) 愿意和别人在一起。

(15) 对其他人感兴趣。

(16) 是活动的发起人。

(17) 别人总是向你求助或求教。

(18) 参加许多社会活动。

(19) 是集体的领导人。

(20) 谈吐流畅。

4. 身体能力

(1) 一般健康状态优秀。

(2) 力气大。

(3) 身体灵活。

(4) 平衡性好。

(5) 节奏性好。

(6) 协调性好。

(7) 比同龄儿童高。

(8) 精力充沛。

(9) 运动时轻松自如。

(10) 参加体育活动或游戏。

(11) 愿意自己参加运动,不愿旁观。

音乐能力附加项目(用于儿童)

(1) 身体随着音乐协调运动。

(2) 轻松模仿别人的姿势和动作。

# 第八章 智力测验

众所周知,测量智力可以使用多种多样的方法,如观察法、作品分析法、访谈法、个案法、测验法等,而其中最为可靠而准确的一种方法当属测验法。

早在1951年史蒂文斯(S. S. Stevens)就指出:测量是按照法则给事物指派数字。所谓法则就是确定测量对象即事物属性与测量结果即数字之间的对应关系。在智力测量中,法则体现于测量工具即所使用的智力测验中,一般也称之为智力量表。"量表"的英文为 scale,而 scale 的释义之一则是"秤"。换句话说,我们使用智力量表这把秤,去称重被试智力水平的高低。

## 第一节 个别智力测验

在个别智力测验中,一个主试同一时间只是测量一个被试。使用最为广泛的个别智力测验有以下3个系列。

### 一、比内智力量表

(一)比内-西蒙智力量表

1. 1905年量表

1905年法国比内(A. Binet)及其助手西蒙(T. Simon)在《心理学年报》上发表论文《诊断异常儿童智力的新方法》,我们现在称之为1905年比内-西蒙智力量表。这是第一个科学智力量表,适用于3~11岁儿童,包括30个测验项目,按照由易到难的顺序排列,具体项目如下:

(1) 视觉协调。用一支点燃的火柴,在儿童面前慢慢移动,看他的眼睛能否跟随火柴移动。

(2) 触觉领会。用一个物体,接触儿童的手掌或手背,看他能否拿住物体,并且放在嘴里。

(3) 视觉领会。把一块木头放在儿童面前,看他能否去抓握。

(4) 辨认食物。给出一块巧克力糖和一块木头,看儿童能否接受前者而拒绝吃后者。

(5) 搜寻食物。在儿童面前,用纸包好一块糖果,看他能否把纸包打开,把糖果吃掉。

(6) 执行简单命令。让儿童关门或坐下,看他能否照办。

(7) 认识物体。说出身体各部位的名称和讲出经常看到或听到的物品。

(8) 认识图片。给儿童看一张图片,然后问他某物在什么地方。

(9) 列举图片中人物和物体。儿童须在图片中列举常见的物品和人物。

(10) 比较两条线的长短。儿童3次都能够指出哪条线长,哪条线短,才算通过。

(11) 重述三位数字。

(12) 比较两个物体重量。一个重3克,另一个重12克。

(13) 抵抗暗示能力。问儿童一个看不见的物体。如一幅图画上没有茶杯,问他茶杯在哪里;或用无意义的字询问图片中的物体;或比较线的长短,开始3根线是不一样长的,后来3根线是一样长的。

(14) 词汇解释。如钥匙、房屋、小狗、妈妈等。

(15) 重述句子。每个句子有15个字母,先说一次给儿童听,然后要求他背诵。

(16) 说出两个物体的区别。如苍蝇与蝴蝶、纸与布等。

(17) 记忆图片中物件。给儿童看一张图片,上面有13个普通物件。让他看30秒后再背出,越多越好。

(18) 根据记忆重画图形。给儿童看几种图形,然后要求他画出其中的一种。

(19) 重述数字。能够背出6位数字算通过。

(20) 说出两个物体的相同点。如红花与鲜血。

(21) 比较线的长短。先让儿童看3厘米长的线条,然后要求他从另一图中找出相同长度的线段。

(22) 比较重量。要求儿童把5个重量不同的物品(18克、15克、12克、9克和6克)依次排列。

(23) 重量记忆。做对第22题后,拿走一个物品,问儿童哪一个重量的物品被拿走了。

(24) 说出同韵的字。

(25)完成句子。每一个句子缺少一个单词,要求儿童填入,使其成为有意义的句子。

(26)造句。要求儿童使用指定的3个单词造句。

(27)问题理解。由易到难,共有15句。例如,你在睡觉时做什么?假如回答"做梦"则正确。

(28)交换钟表长短针的位置。问儿童交换之后是什么时间。

(29)剪纸。将正方形纸折成若干次,然后剪去其中一个角,问儿童打开之后有几个洞,而且画出洞的位置。

(30)抽象语词定义。例如,要求儿童说出"革命"与"进化"、"总统"与"皇帝"有什么不同。

2. 1908年量表

1908年比内和西蒙修订1905年量表,发表论文《儿童智力之发展》,现在称之为1908年比内-西蒙智力量表。主要有3处修订:①增删测验项目。删除1905年量表中不尽满意的项目,另增加新编项目,共有59个项目;②测验项目按照年龄分组,组别从3岁至13岁;③使用"智力年龄"(Mental Age,MA)表示测验结果。

3. 1911年量表

1911年比内再次修订1908年量表,现在称之为1911年比内-西蒙智力量表。主要有2处修订:①项目。删除9个原有项目,增加4个新编项目,共有54个项目。除了4岁组只有4个项目之外,其他各年龄组均有5个项目。并且重新安排项目的顺序。②组别。取消11岁组和13岁组,增加15岁组和成人组。1911年量表因当年比内去世而成为绝版,全文介绍如下:

3岁组

(1)指出自己的鼻子、眼睛、嘴巴的位置。

(2)复述两位数字。

(3)列举一张图画中的物件。

(4)说出自己的姓名。

(5)复述6个音节的句子。

4岁组

(1)说出自己的性别。

(2)说出钥匙、小刀和硬币的名称。

(3)复述4位数字。

(4) 比较两条线的长短。

5 岁组

(1) 比较两个重量。

(2) 照样画一个正方形。

(3) 复述 10 个音节的句子。

(4) 数 4 个硬币。

(5) 用 2 个三角形合成一个长方形。

6 岁组

(1) 辨别上午和下午。

(2) 解释物名（根据用途下定义）。

(3) 照样画一个菱形。

(4) 数 13 个硬币。

(5) 辨别图画中丑与美的面孔。

7 岁组

(1) 指出右手和左耳。

(2) 形容一幅图画。

(3) 执行同时发出的 3 个命令。

(4) 数 9 分（3 个 2 分，3 个 1 分）。

(5) 说出 4 种主要颜色的名称。

8 岁组

(1) 靠记忆力比较两件事物。

(2) 从 20 倒数至 0。

(3) 指出图画中缺少的东西。

(4) 说出年月日。

(5) 复述 5 位数字。

9 岁组

(1) 兑换。

(2) 根据比用途更好的标准，给常用词汇下定义。

(3) 认识 9 种钱币名。

(4) 依次说出 12 个月份的名称。

(5) 回答容易的问题。

10 岁组

(1) 根据重量排列 5 块木头。

(2) 靠记忆默写图画。

(3) 指出句子中的错误。

(4) 回答较难的问题。

(5) 用指定的 3 个字,造 2 个句子。

12 岁组

(1) 不受暗示,认识线段的长短。

(2) 用指定的 3 个字造句。

(3) 3 分钟内说出 60 个字。

(4) 解释一些抽象的名词。

(5) 重新组织句子。

15 岁组

(1) 复述 7 位数字。

(2) 说出 3 个同韵字。

(3) 复述 26 个音节的句子。

(4) 解释图画。

(5) 解释某种事实。

成人组

(1) 解答裁纸问题。

(2) 颠倒三角形,想象其结果。

(3) 区别一些成对的抽象名词。

(4) 说出总统与皇帝的 3 点区别。

(5) 听别人朗读一篇选文之后,说出主要意思。

(二) 斯坦福-比内智力量表

1. 1916 年斯坦福-比内智力量表

比内智力量表问世之初,美国出现多个修订译本。其中 3 个值得一提,它们各具特色。一个是"最早"版本,1910 年瓦因兰德(Vineland)训练学校戈达德(H. H. Goldddard)第一个修订比内量表。另一个是年龄"最小"版本,1912 年库尔曼(Kuhlmann)修订比内量表,适用年龄下限为3个月婴儿,这是最早的婴儿智力测验。第3个则是"最佳"版本,1916年斯坦福大学推孟(L. M. Terman)及其同事修订比内量表,冠上所在大学名,称为斯坦福-比内量表。当选"最佳"的理由有3点:①使用智商(Intelligence Quotient, IQ)表示测验结果。②严格规定测验的实施、记分等各项程序,从而提高量表的信度。③共有90个项目,其中新编项目多达39个;重新安排项目所属的年龄组别;将成人组一分为二,设立普通成人组和优秀成人组。

2. 第2版和第3版斯坦福-比内智力量表

1937年推孟进行第2次修订,采用复本形式,一个是L型,另一个是M型。1956年推孟与世长辞,1960年由其学生梅里尔(M. Merrill)进行第3次修订。从L和M两种型式中选取合适项目,重新安排项目难度,合并为L-M单本。1972年再次修订常模,但测验内容保持不变。测验项目举例如下:

2岁组

(1) 形式板:把圆形、正方形、三角形的木块放入相应形状的洞内。

(2) 延迟反应:孩子面前放3只纸盒,让他看着主试把一个玩具藏在其中一只盒内,藏的时候将这只纸盒遮掩起来,10秒钟后,让孩子把玩具找出来。

(3) 辨认人体部位:给孩子看纸娃娃,让他指出娃娃的头发、嘴、脚等。

(4) 搭积木。

(5) 看图说话。

(6) 组合单词。

6岁组

(1) 解释词汇:如什么是橘子、信封、泥潭。

(2) 区别:如鸟和狗、拖鞋和长靴、木材和玻璃。

(3) 图片缺失:指出拖车、茶壶、鞋子、手套等图片中各缺少什么东西。

(4) 数概念。

(5) 类比推理:如"鸟—飞,鱼—?"

(6) 迷津。

14岁组

(1) 解释更难的词汇。

(2) 找出某些纸张折叠的规律。

(3) 推理:确定一件盗窃行为的时间。

(4) 使用一个 5 升的容器和另一个 9 升的容器,量出 13 升的容量。

(5) 确定方向:如"你先向西行走,然后向右转弯,你现在走向什么方向?"

(6) 对立物的一致:如"冬天和夏天有什么相同?"、"愉快和忧愁有什么相同?"

3. 第 4 版斯坦福-比内智力量表

1986 年桑代克,哈根和萨特勒(R. L. Thorndike, E. P. Hagen & J. M. Sattler)修订第 4 版斯坦福-比内智力量表,适用年龄为 2 岁至 18 岁以上成人。

整个量表包括 4 大部分,每个部分又分为 3~4 个分测验,共有 15 个分测验。量表结构如下:

言语推理(verbal reasoning)部分包括 4 个分测验:词汇(vocabulary)、理解(comprehension)、谬误(absurdity)、语词关系(verbal relation);

数量推理(quantitative reasoning)部分包括 3 个分测验:算术(quantitative)、数列(number series)、列出等式(equation building);

抽象/视觉推理(abstract/visual reasoning)部分包括 4 个分测验:图形分析(patternanalysis)、仿造与仿画(copying)、矩阵(matries)、折纸和剪纸(paper folding and cutting);

短时记忆(short-term memory)部分包括 4 个分测验:珠子记忆(bead memory)、句子记忆(memory for sentences)、数字记忆(memory for digits)、物品记忆(memory for objects)。

分测验内容如下:

(1) 词汇。共有 46 题,分为 2 类:第 1~14 题,图画词汇,适用于 3~6 岁幼儿。出示汽车、书籍等物品的图画,被试回忆再认并说出名称;第 15~46 题,口头词汇,适用于 7 岁以上儿童。被试解释信封、鹦鹉、钱币、升迁等词汇的意义。

(2) 珠子记忆。共有 42 题。珠子包括圆球体、圆锥体、长椭圆体、圆盘体等 4 种形状,每种形状又有红白蓝 3 种颜色。测题分为 2 类:第 1~10 题,出示 1~2 粒珠子若干秒,然后出示珠子卡片,被试指认;第 11~42 题,出示卡片范例若干秒,然后拿去卡片,被试凭借记忆指认珠子。

(3) 算术。共有 40 题,分为 3 类:第 1~12 题,利用骰子计算点数;第 13~30 题,利用图片计算。如"卡片中有 2 位小朋友在玩球,现在又来了一位小朋友,那么一共有多少个小朋友?";第 31~40 题,心算应用题。如"小华用 200 元购买一箱苹果,在运动会中出售,每个 8 元。运动会结束后还剩 8 个苹果而小华赚了 120 元,问这箱苹果原来共有多少个?"

(4) 句子记忆。共有22题。朗读包括2至22个单词的句子,如"喝牛奶"、"汽车开得快"、"马戏团来到镇上"、"我的风筝上的线断了"等,被试背诵。

(5) 图形分析。共有42题,分为2类:第1~6题,被试将形状不一的物块放置在形状板的相应凹槽内;第7~42题,被试将黑白对称的木块拼成几何图形。

(6) 理解。共有42题,分为2类:第1~6题,出示一张小孩的图片,被试指认身体各个部位;第7~42题,被试回答问题。如"为什么人们在医院里要安静?"、"为什么人们要用伞?"、"当你肚子饿的时候,应该怎么办?"、"为什么开车的人要有执照?"等。

(7) 谬误。共有32题。出示图片,如"一个小孩在湖中骑自行车"、"秃子在梳头"等,被试指出其中不合道理的地方。

(8) 数字记忆。共有26题,分为2类:第1~14题,顺背数字;第15~26题,倒背数字。

(9) 仿造与仿画。共有28题,分为2类:第1~12题,仿造。如使用绿色方块搭成"桥",被试仿造;第13~28题,仿画。出示图片如"菱形",被试仿画。

(10) 物品记忆。共有14题。依次出示常见物品,如鞋子、汤匙、汽车等,被试在图片上指认物品。

(11) 矩阵。共有26题。在2×2或3×3的矩阵中,左下角缺少一格。被试从选项图形中找出最为适当的一个。

(12) 数列。共有26题。出示一列数字,最后留下2个空格。如"20,16,12,8,?,?"或"1,2,4,?,?"。被试根据每个数列的规则填补空缺数字。

(13) 折纸与剪纸。共有18题。每题是一幅图画,上面显示折纸的方式及其剪去的部分,下面是展开图形的选项。被试找出正确选项。

(14) 语词关系。共有18题。每题包括4个词汇,如"报纸、杂志、书本、电视"或"牛奶、饮水、果汁、面包"等。被试说出前3个词的相似之处,以区别于第4个词。

(15) 列出等式。共有18题。出示一组包括数字、运算符号以及等号的资料,如"5,+,12,=,7"。被试根据这些资料列出一个等式,如"5+7=12"。

15个分测验的适用年龄范围有所不同。词汇、理解、算术、图形分析、珠子记忆、句子记忆等6个分测验跨越整个量表的年龄范围,即从2岁至18岁以上;7个分测验开始于较大年龄,其中数列、矩阵、数字记忆、物品记忆等4个分测验从5岁起,而语词关系、列出等式、折纸和剪纸等3个分测验则从10岁起;另有谬误、仿造与仿画等2个分测验结束于较小年龄,即至17岁止。

15个分测验的项目均按照难度水平由易到难排列,每一水平包括2题难度相等的项目。量表施测分为2个阶段。第1阶段施测例行的词汇分测验,根据被试的实际年龄而决定从哪个项目开始。第2阶段施测其他分测验,根据词汇分测验分数和被试的实际年龄而决定从哪个项目开始。然后根据被试的实际成绩,确定每一分测验的基本水平(basal level)和上限水平(ceiling level)。当被试通过2个连续难度水平的4个项目时,这就是他的基本水平。如果开始施测时没有发生这种情况,那么就向低级水平继续进行,直到达到基本水平为止。当2个连续难度水平的4个项目中,有3个或4个全部答错时,这就是他的上限水平,那个分测验停止进行。斯-比量表一边施测一边记分,因为接下去施测哪个项目取决于被试上一项目的成绩。

(三)中国比内-西蒙智力量表

1. 修订历史

1924年陆志韦根据1916年斯坦福-比内量表,第1次修订成《中国比内-西蒙智力测验》。1936年陆志韦和吴天敏进行第2次修订,称为《第二次订正中国比内-西蒙测验》。1982年吴天敏又进行第3次修订,称为《中国比内测验》,适用年龄为2~18岁。

2.《中国比内测验》第3次修订版

第3次修订的《中国比内测验》,项目类型未作变化,仍是语言、数字、解图、机巧等4类。但修订或删除部分原测题,增补新测题,共有51个测题,具体内容如下:

(1) 比大小圆形
(2) 说出物名
(3) 比长短线
(4) 拼长方形
(5) 辨别图形
(6) 数13个钮扣
(7) 说出手指数
(8) 上午和下午
(9) 简单迷津
(10) 解说图画
(11) 寻找失物
(12) 倒数20至1
(13) 心算(一)
(14) 说反义词(一)
(15) 推断情景
(16) 指出缺少物
(17) 心算(二)
(18) 寻找数目
(19) 寻找图样
(20) 对比
(21) 造句
(22) 正确答案
(23) 回答问句
(24) 描画图样
(25) 剪纸
(26) 指出错误
(27) 数学巧术
(28) 方形分析(一)

(29)心算(三)　　　　　　(41)拼字
(30)迷津　　　　　　　　(42)评判语句
(31)时间计算　　　　　　(43)数立方体
(32)填字　　　　　　　　(44)几何图形分析
(33)盒子计算　　　　　　(45)说明含义
(34)对比关系　　　　　　(46)填数
(35)方形分析(二)　　　　(47)语句重组(二)
(36)记故事　　　　　　　(48)校正错数
(37)说出共同点　　　　　(49)解释成语
(38)语句重组　　　　　　(50)明确对比关系
(39)倒背数目　　　　　　(51)区别语义
(40)说反义词

4种类型项目举例如下：

(1)语言。将下面的句子重新组织，使它成为通顺的句子。如"帮助同互助学应该"。

(2)数字。有个人每小时能够行走4.5千米，现在他走的这条道路长13千米，问他需要行走几个小时？

(3)解图。在右边方形上画线，分割成左边指定的形状。如图8-1所示。

(4)机巧。在矩阵中填上空缺的数字，使得每一行和每一列的数字之和都相等。如图8-2所示。

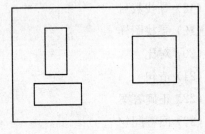

```
*   7   *
9   6   4
*   *   *
```

图8-1　方形分析　　　　　　　　图8-2　数字矩阵

## 二、韦克斯勒智力量表

**1. 韦克斯勒智力量表发展简介**

1939年美国纽约贝尔维(Bellevue)精神病院临床心理学家韦克斯勒(David Wechsler)编制智力量表,冠名本人姓氏及任职单位,称为韦克斯勒-贝尔维智力量表(Wechsler-Bellevue Intelligence Scale,WBIS)。韦克斯勒编制量表的主要目的之一是提供适用于成人的智力测验。他认为,此前的"比内式"智力量表存在3点不足之处:

(1) 测验项目针对学龄儿童设计,只是加上一些类型相同而难度较大的项目之后,改为成人使用。成人对这类项目内容往往表现得索然寡味。如果使用心理测量的术语,这些测验项目对于成人被试,显然缺乏表面效度。在智力测验过程中,主试难以与成人被试建立友好合作关系,致使智力量表的信度和效度大为降低。

(2) 过度强调测验速度。偏重项目速度,往往不利于年龄较大的被试,或者说会低估他们的智力水平。

(3) 测验项目混为一体,没有区分项目的不同性质,更为严重的是,言语项目的权重过大。

在 WBIS 的基础之上,韦克斯勒后来又分别编制了3个智力量表。

(1) 韦克斯勒儿童智力量表(Wechsler Intelligence Scale for Children,WISC)。1949年编制,适用年龄5～15岁;1974年编制修订版,代码 WISC-R,适用年龄6～16岁;1991年编制第3版,代码 WISC-Ⅲ,适用年龄6～16岁11个月。

(2) 韦克斯勒成人智力量表(Wechsler Adult Intelligence Scale,WAIS)。1955年编制,适用年龄16～64岁;1981年编制修订版,代码 WAIS-R,适用年龄16～74岁;1997年编制第3版,代码 WAIS-Ⅲ。

(3) 韦克斯勒学龄前及学龄初期儿童智力量表,简称韦克斯勒幼儿智力量表(Wechsler Preschool and Primary Scale of Intelligence,WPPSI)。1967年编制,适用年龄4～6岁半;1988年编制修订版,代码 WPPSI-R,适用年龄3～7岁3个月。

2. 韦克斯勒儿童智力量表中国修订版

1982年北京师范学院林传鼎主持 WISC-R 中国修订版工作。1982年和1986年湖南医学院龚耀先先后主持 WAIS 和 WPPSI 中国修订版工作,每个量表都分别制定城市和农村两套全国常模。此处介绍韦克斯勒儿童智力量表中国修订版,代码 WISC-CR。

WlSC-CR 适用年龄6～16岁。量表分为2个部分,一个是"言语"(verbal),另一个是"操作"(performance)。每个部分各包括6个分测验。具体内容如下:

言语部分6个分测验:

(1) 常识(information)。共有30题。每个测题都是一个在日常学习和生活中经常遇到的一般性的常识问题。如"一年分为哪4个季节?"、"谁发明了电灯?"。

(2) 类同(similarities)。共有 17 题。每题由一对名词构成,被试概括出两者的相同之处。如"蜡烛和电灯在什么地方相似?"、"苹果和香蕉在什么地方相似?"。

(3) 算术(arithmetic)。共有 19 题。被试只能心算,不能使用纸笔。如"小华有 5 个小球,他妈妈又给他买了 6 个,他现在一共有多少个小球?"、"如果 3 块糖价值 5 元,那么 12 块糖价值多少元?"。

(4) 词汇(vocabulary)。共有 32 题。每个词汇写在一张卡片上,主试一边朗读,一边出示相应的卡片。被试口头解释每个词汇的一般意义。如"勇敢是什么意思?"、"间谍是什么意思?"。

(5) 理解(comprehension)。共有 17 题。题型有两种,一种是"应该怎么办",另一种是"为什么"。前者如"如果你把小朋友的玩具弄丢了,你应该怎么办?",后者如"为什么我们寄信需要贴上邮票?"。其中 9 题要求 2 个答案。

(6) 背数(digit span)。又称数字广度,共有 15 组,每组 2 题。测题分为 2 种类型:顺背 8 组,从 3 位数字到 10 位数字;倒背 7 组,从 2 位数字到 9 位数字。

操作部分 6 个分测验:

(1) 填图(picture completion)。又称图画补缺,共有 26 题。每张图上都缺少一个非画不可的部分。要求被试说出或指出每张图画所缺少的部分。例如,一把梳子少画了几个梳齿;某动物少画了身体的某个部分。如图 8-3 所示。

图 8-3　WISC-CR 的填图

(2) 排列(picture arrangement)。又称图片排列,共有 12 题。每题包括 3~5 张图片。其中 5 张图片的测题有 2 个答案,一个是正确答案,另一个则是可接受答案。主试每次出示一组次序打乱的图片,要求被试按照图片内容的事件顺序,重新排列图片,使得它们可以表示一个有意义的故事。如图 8-4 所示。

图 8-4　WISC-CR 的排列

(3) 积木(block design)。又称积木图案,共有 11 题。9 块完全相同的积木,2 面红色,2 面白色,另 2 面红白各半。测题难度分为 3 种:第 1～4 题是 4 块加画分割线,第 5～8 题是 4 块无分割线,第 9～11 题则是 9 块无分割线。主试出示图案,要求被试拼成。如图 8-5 所示。

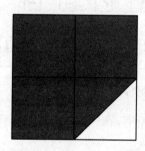

图 8-5　WISC-CR 的积木

(4) 拼图(object assembly)。又称图形拼配,共有 4 题。每题都是一套拼板,要求被试把散乱的板块拼接成为一个完整的物体。如图 8-6 所示。

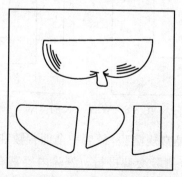

图 8-6　WISC-CR 的拼图

(5) 译码(coding)。这是一个速度测验,分为 2 种类型:甲种译码 45 题,适用于 8 岁以下者;乙种译码 93 题,适用于 8 岁及以上者。前者为"图形对符号",后者为"数字对符号",要求被试分别在图形内部或数字下部填入相应的符号。如图 8-7 所示。

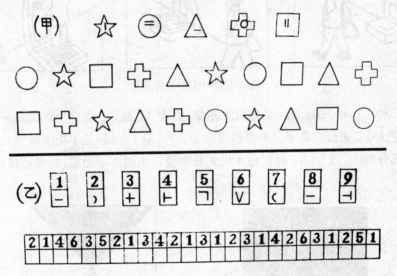

图 8-7　WISC-CR 的译码

(6) 迷津(mazes)。共有 9 题。要求被试使用铅笔,在迷津图上,由里到外,画出正确出口路线。如图 8-8 所示。

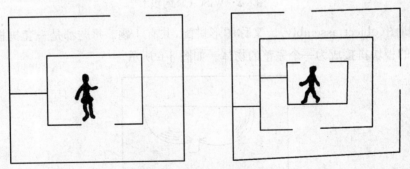

图 8-8　WISC-CR 的迷津

言语和操作的前 5 个都是常规测验,最后一个即背数和迷津则是替代测验。在实际施测中,言语分测验和操作分测验交替进行。测验内容富有变化,被试可以保持较高兴趣。测验结果有 3 种分数:言语智商、操作智商及全量表智商。

3. 韦克斯勒儿童智力量表第3版

1991年编制的韦克斯勒儿童智力量表第3版WISC-Ⅲ,具有以下6个特点。

(1) 扩大适用年龄范围。WISC的适用年龄5~15岁,WISC-R的适用年龄6~16岁,而WISC-Ⅲ的适用年龄则为6~16岁11个月,即使与WISC-R相比,上限也延伸11个月。

(2) 增加"符号搜索"(symbol search)分测验。对WISC和WISC-R的因素分析,已经确定3个因素:言语理解(verbal comprehension,VC)、知觉组织(perceptual organization,PO)和克服分心(freedom from distractibility,ED)。新增的符号搜索则涉及第4个因素加工速度(processing speed,PS)。这就为进一步分析认知能力结构提供了新的信息。

(3) 增加样本变量类型。WISC-Ⅲ在分层取样中所使用的变量有所改变,使得样本更加具有包容性。例如WISC-Ⅲ的种族变量分为4个类型:白人、黑人、西班牙人、其他,而WISC-R的种族变量仅分为白人或非白人2类。而且,与WISC-R不同,WISC-Ⅲ样本包括在校学习的特殊学生,例如学习困难儿童和超常儿童。

(4) 估计评分者信度。评分者信度表示不同的独立评分者对相同答卷的评分一致性程度。类同、词汇、理解等分测验,要求评分者对被试反应做出主观判断。在这种情况下,评分者信度也是测量误差来源之一。在WISC或WISC-R中,从不考虑这个问题。而WISC-Ⅲ则对于需要主观判断的分测验,全部给出评分者信度数据。

(5) 扩大测题难度范围。为了更好测量年龄大小两端被试,WISC-Ⅲ重新安排几个分测验测题。例如在算术分测验的开始部分,安排探索计算和数字概念图片的测题,而在结束部分,则安排难度较大的多步应用题;在排列分测验中,同时增加更加简单和更加复杂的测题;在迷津分测验中,则补充更加复杂的测题。

(6) 改用彩色插图。在填图、排列、拼图等分测验中,WISC-Ⅲ将原先的黑白插图全部改为彩色插图,以增加趣味性。

## 三、考夫曼智力量表

考夫曼夫妇(A. S. Kaufman & N. L. Kaufman)曾经双双参与编制WISC-R。1980至1990年代他们试图按照戴斯(J. P. Das)的PASS智力理论以及霍恩和卡特尔(J. L. Horn & R. B. Cattell)的流体智力和晶体智力的理论,参考借鉴编制了一套智力量表。

1. KABC

1983年考夫曼夫妇编制考夫曼儿童成套评价测验(Kaufman Assessment Battery for

Children,KABC),适用于 2 岁半至 12 岁半儿童。整个测验分为 3 个量表,继时加工量表包括 3 个分测验,同时加工量表包括 7 个分测验,而成就量表包括 6 个分测验,共有 16 个分测验。测验内容如下:

(1) 动作模仿。主试示范一系列手部动作,要求被试按照同样顺序重复。

(2) 数字背诵。主试朗读一系列数字,要求被试按照同样顺序重复。

(3) 系列记忆。主试说出一系列普通物件名称,要求被试按照同样顺序逐一指出对应的图画。

(4) 图形辨认。出示一幅连续转动的图案,要求被试说出图案名称。

(5) 人物辨认。先出示一张人物图片,然后再出示另一张一群人物的图片,要求被试从中指出刚才看到的人物。

(6) 完形测验。出示部分完成的墨迹图形,要求被试说出图形名称。

(7) 图形组合。出示指定的图案,要求被试使用三角板块拼成相应图案。

(8) 图形类推。出示 3 幅图案,要求被试根据其中的推理规则而找出第 4 幅图案。

(9) 位置记忆。先出示一幅图案,然后再出示另一张空白格子纸,要求被试从中指出刚才看到的图案的相对位置。

(10) 图片系列。出示一组顺序散乱的图片,要求被试按照时间顺序重新排列。

(11) 词汇表达。要求被试说出图片中物件的名称。

(12) 人地辨认。要求被试逐一辨认图片中的人物或地点。

(13) 数字运用。要求被试辨认数字和计算数字。例如,儿童阅读一组某家庭参观动物园的图片,然后使用每张图片中的物体来进行计数和简单运算。

(14) 物件猜谜。要求被试根据主试的口语信息而推测物件的名称。

(15) 阅读发音。主试出示字词,要求被试朗读。

(16) 阅读理解。儿童自己阅读指导句子,然后表演句中描述的表情或动作。

第 1~3 分测验构成继时加工量表,而第 4~10 分测验构成同时加工量表,第 11~16 分测验则构成成就量表。

KABC 得出继时加工量表、同时加工量表、加工组合量表(前 2 个加工量表相联合)、成就量表等 4 个分数。每个分数都是平均数为 100、标准差为 15 的标准分数。

2. KAIT 和 KBIT

1993 年考夫曼夫妇编制考夫曼青少年和成人智力测验(Kaufman Adolescent & Adult Intelligence Test,KAIT),适用年龄为 11 岁至 85 岁及以上。整个测验分为 2 个量表,一个是晶体量表,测量学校教育和文化适应中获得的知识;另一个则是流体量表,测量解决新问题的能力。

考夫曼夫妇按照皮亚杰(J. Piaget)的形式运算思维以及卢利亚(A. R. Luria)和戈尔登(C. J. Golden)的计划性评价,而精心设计 KAIT 的项目。大多数项目趣味横生。许多分测验的标题如同游戏,例如著名人像(Famous Faces)、神秘代码(Mystery Codes)、双重意义(Double Merning)等。其他分测验也标新立异,例如画迷学习(Rebus Learning),被试先学习与特定图画有关的单词,然后"读出"图画构成的词组或句子。

1990 年考夫曼夫妇编制考夫曼简短智力测验(Kaufman Brief Intelligence Test, K-BIT),适用年龄为 4 岁至 90 岁。整个测验分为 2 个分测验,一个是言语分测验,包括 45 个词汇项目和 37 个定义项目;另一个则是非言语分测验,包括 48 个矩阵。KBIT 得出言语、非言语、综合等 3 个分数。

# 第二节　团体智力测验

在团体智力测验中,一个主试在同一时间能够测量多个被试。国内使用最为广泛的团体智力测验有以下 2 个。

## 一、瑞文推理测验

### 1. 瑞文推理测验发展简介

瑞文测验原名"渐进矩阵"(progressive matrices),由英国心理学家瑞文(J. C. Raven)于 1938 年编制。时至今日,它已经发展成标准型、彩色型、高级型、联合型等 4 种形式。

(1) 瑞文标准推理测验(Raven's Standard Progressive Matrices, SPM)。1938 年编制,适用于 5 岁半至 70 岁以上智力正常个体。1947 年和 1956 年进行 2 次小规模修订,最新修订本为 1996 年版,适用于 6~80 岁智力正常个体。SPM 由 A、B、C、D、E 等 5 个单元构成,每个单元包括 12 题,共有 60 题。

(2) 瑞文彩色推理测验(Raven's Coloured Progressive Matrices, CPM)。1947 年编制,最新修订本为 1990 年版,适用于 3 类被试:5 岁半以下幼儿、80 岁以上老年人以及智力落后成人。CPM 由 3 个单元构成,每个单元包括 12 题,共有 36 题。其中 A 和 B 两个单元取自 SPM,但将黑白图形改为彩色图形,另插入一个彩色 $A_B$ 单元。

(3)瑞文高级推理测验(Raven's Advanced Progressive Matrices,APM)。1947年编制,1962年进行修订,最新修订本为1994年版,适用于智力超常的青少年和成人。APM分为两种形式:I型包括12题,II型包括36题,二者合计48题。

(4)瑞文推理测验联合型(Combined Raven's Test,CRT)。适用年龄为5～75岁。CRT 由 SPM 和 CPM 联合而成,由 A、$A_B$、B、C、D、E 等6个单元构成,每个单元包括12题,共有72题。前3个单元为彩色图形,后3个单元则为黑白图形。

2. 瑞文推理测验标准型

SPM包括5个单元,每个单元12题,共60题。测题按照从易到难排列。每个单元之内,第1题最易,第12题最难;各个单元之间,A单元最易,E单元最难。

A和B两个单元测量直接观察能力。A单元是一个完整的图形,但右下方缺少一块,要求被试从6个选项小图中选择一个填补到大图,使大图成为一个完整图形。B单元是2×2矩阵,4个图形既独立又联系,但其中右下方缺少一个图形。要求被试从6个选项图形中选择一个合适图形。

C、D、E 三个单元测量类比推理能力。它们都是3×3矩阵,但其中右下方缺少一个图形。要求被试从8个选项图形中选择一个合适图形。C单元是单一层次结构,或数量递增,或图形位移等。D单元是双重层次结构,或内部与外部,或图形与背景,或上部与下部等。E单元则是叠加结构,或简单叠加(或叠减),或上下叠加,或内外叠加等。如图8-9所示。

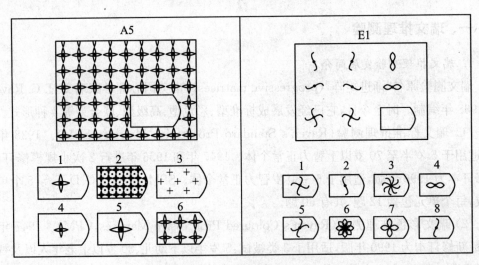

图 8-9  SPM 示例

SPM 的常模表采用百分等级,包括 95、90、75、50、25、10、5 等 7 个。根据智商公式 IQ=100+15Z,使用正态分布概率表,我们可以将百分等级分数转换成常用的 IQ 分数,详见第九章智力分数。

## 二、中小学生智力筛选测验

1977 年美国芒泽特(A. W. Munzert)编制《智商自测》(IQ self-test)。1991 年华东师范大学修订成中文版《中小学生团体智力筛选测验》,适用年龄为 8～17 岁,相当于小学三年级至高中三年级学生。

本测验共有 60 题,其中 4 题是 3 个选项,1 题是 4 个选项,其余 55 题都是 5 个选项。60 题分为以下 4 种类型:

(1) 类比推理。共有 19 题,分为 2 类:图形类比 9 题,词汇类比 10 题。

(2) 归类求异。共有 25 题,分为 3 类:图形求异 10 题,词汇求异 11 题,数字求异 4 题。

(3) 逻辑判断。共有 6 题。

(4) 数学计算。共有 10 题。

各类测题举例:

(1) 图形类比:下面 5 个图形中哪一个可作最合适的对比?

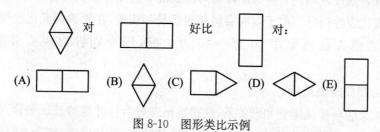

图 8-10 图形类比示例

(2) 词汇类比:下面 5 个词中哪一个可作最合适的对比?

    牛奶    对    奶瓶    好比    书信    对?

    (A) 邮票    (B) 钢笔    (C) 信封    (D) 书籍    (E) 邮件

(3) 图形求异:下面 5 个图形中哪一个最不像其他 4 个?

图 8-11 图形求异示例

(4) 词汇求异：下面 5 个东西中哪一个最不像其他 4 个？
    (A) 熊    (B) 蛇    (C) 牛    (D) 狗    (E) 虎

(5) 数字求异：下面 5 个数字中哪一个最不属于这组数字系列？
    9—7—8—6—7—5—6—3
    (A) 9    (B) 7    (C) 6    (D) 5    (E) 3

(6) 逻辑判断："如果有些甲是乙，有些乙是丙，那么，有些甲肯定是丙"这个说法是：
    (A) 真    (B) 假    (C) 不肯定

(7) 数学计算：小华 12 岁，是他弟弟年龄的 3 倍。当小华年龄是他弟弟年龄的 2 倍时，小华是多少岁？

## 三、团体智力测验评价

团体智力测验一般采用多项选择题。与个别智力测验相比，团体智力测验的优点是：

(1) 节省人力、物力和时间。由于一次测量众多被试，能够完成大规模测验计划。

(2) 简化主试作用。由于施测过程较为简单，主试仅仅需要读出指导语和控制时间，无须进行严格的专门培训。主试作用的减小，使得测验的外部条件更为一致。还可将指导语录音以及使用计算机施测，以进一步消除主试差异。

(3) 评分客观性较高。大多数团体智力测验能够使用计算机评分。

(4) 常模代表性较好。由于收集资料相对容易和快速，在测验标准化过程中往往选取大型样本。常模人数通常在 10 万～20 万之间，而个别智力测验常模人数仅为 1000～8000。

团体智力测验的缺点是：

(1) 主试无法与被试建立和谐关系，获得被试友好合作并维持被试测验兴趣。

(2) 主试难以发现被试当时生理和心理的特殊状态，例如疾病、疲劳、忧愁、焦虑等，而这可能影响智力测验成绩。1969 年鲍尔(Bower)和 1970 年威利斯(Willis)的研究都表明，情绪障碍儿童个别测验成绩比团体测验好。

(3) 多项选择题的局限性。多项选择题对被试反应加以限制，可能不利于具有创造性思维的被试。另外，主试无法确定被试选择某个特定选项的理由所在。

(4) 项目缺乏灵活性。每个被试都得完成所有项目。项目太易会感到乏味，项目太难又会感到挫折和焦虑。而个别智力测验则设置始测以及上下限规则，让被试完成适合其能力水平的项目。

# 第三节 多重水平成套测验

## 一、基本概念

1. 目的

在传统团体智力测验中,所有被试完成同样的全部项目。因此,这种测验仅仅适用于较小范围的年级或年龄。为了在较大年级范围内比较智力的发展,多重水平成套测验(multilevel batteries)应运而生。不同被试完成其中与其年级相当的测验项目。

2. 特点

多重水平成套测验具有以下 4 个特点:

(1) 适用年级范围较大。一般从幼儿园到 12 年级,有的甚至扩展到大学。

(2) 项目难度分为多个水平,每个水平包括 1~3 个年级。

(3) 测验标准化更加完善。其一,各个年级组完成互有重叠的测验水平,常模样本更为等值。其二,与教育成就测验同时进行同一年级的标准化测验,能够建立两类测验分数之间的对应关系。

(4) 提供多种分数。一是测验总分,包括百分等级、标准九分、年级当量、标准分数等形式,相当于传统 IQ。二是分测验分数,如言语分数和数量分数、语言分数和非语言分数等。

3. 用途

多重水平成套测验尤其适用于学校,具有以下 3 种用途:

(1) 同一个体不同年级的纵向比较。某个体初次进行某水平测验,几年之后再次进行另一较高水平测验,对两次测验分数加以比较。

(2) 不同年级团体的横向比较。不同团体同时进行各自水平测验,对多组分数加以比较。

(3) 联合使用多重水平成套测验和教育成就测验,探索学生智力发展及其影响条件。

## 二、代表性测验

1. OLSAT

奥蒂斯-伦农学校能力测验(Otis-Lennon School Ability Test)1996 年出版第 7 版,适

用对象范围为幼儿园至12年级。包括7种水平,其中水平1适用于幼儿园,包括10个项目。水平2、3、4则分别适用于1~3年级。OLSAT与斯坦福成就测验系列(Standford Achievement Test Series)第9版建立联合常模。提供测验总分以及言语理解、言语推理、图片推理、图形推理、数量推理等5个分测验的标准分。

2. CogAT

认知能力测验(Cognitive Abilities Test)1993年出版第5版,适用对象范围为幼儿园至12年级。其中幼儿园至3年级包括2种水平,而3年级至12年级包括8种水平。从1至8的水平使用相同的9个分测验,分为以下3组:

(1)言语成套测验,包括词语分类、句子完成、词语类推等3个分测验;

(2)数量成套测验,包括数量关系、数字系列、等式建立等3个分测验;

(3)非言语成套测验,包括图形分类、图形类推、图形分析等3个分测验。

CogAT与依阿华基本技能测验(Iowa Tests of Basic Skills)(幼儿园至9年级)、成就和水平测验(Tests of Achievement and Proficiency)(9至12年级)、依阿华教育发展测验(Iowa Tests of Educational Development)(9至12年级)等3个测验建立联合常模。提供测验总分以及言语、数量、非言语即空间推理等3个分数的常模。

3. TCS第2版

认知技能测验(Test of Cognitive Skills)1992年出版第2版,适用对象范围为2至12年级。包括6种水平,每种水平包括以下4个分测验:

(1)序列。理解和应用一组或一串图形、字母、数字中的规律或原理。

(2)类推。找出一对图片中的关系,使得第2对图片形成同样的关系。图片包括景色、人物、动物、物体、图形符号等。

(3)言语推理。使用多种项目类型,包括找出物体或概念的基本元素、根据共性来分类物体、推断一组单词的关系、根据短文得出逻辑结论等。

(4)记忆。呈现一组人造单词即无意义音节,供被试学习。20分钟之后让被试回忆,其间实施其他测验。

TCS第2版与加利福尼亚成就测验(California Achievement Tests)第5版和基本技能综合测验(Comprehensive Tests of Basic Skills)第4版建立联合常模。提供测验总分和4个分测验以及"非言语"总分(序列和类推)的常模。

另有单独的认知技能初级测验(Primary Test of Cognitive Skills,PTCS),使用一组不同的测验,适用于幼儿园和一年级水平。

## 三、测验内容

1. 初级水平

初级水平测验适用于幼儿园和小学 1~2 年级或 3 年级。OLSAT 适用于幼儿园的测题举例如下：

(1) 图片分类：下面 5 张图片中，哪一张不属于这组图片？

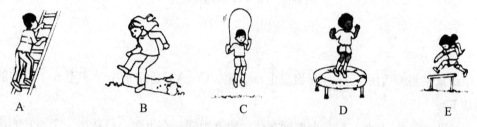

图 8-12  OLSAT 的图片分类

(2) 图形类推：在大图的空方格中，应该放入哪个图形？

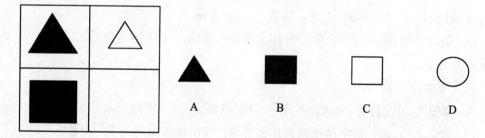

图 8-13  OLSAT 的图形类推

(3) 照令行事：心形正下方应该是哪个数字？

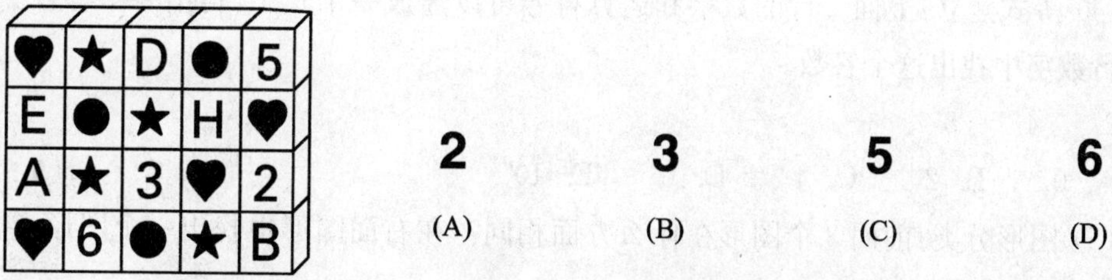

     **2**       **3**       **5**      **6**
    (A)     (B)     (C)     (D)

图 8-14  OLSAT 的照令行事

(4) 图片系列:在一组图片最后的空方格中,应该放入哪张图片?

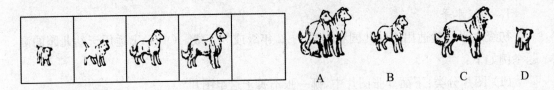

图 8-15　OLSAT 的图片系列

2. 中级水平

中级水平测验适用于 3~4 年级以上小学生。CogAT 适用于小学 4 至 6 年级的测题举例如下:

(1) 语词分类:上面一行 3 个单词在什么地方类同? 在下面一行找出一个与它们属于同类的单词。

和蔼—友好—有益

A. 有能力　　B. 积极　　C. 慷慨　　D. 美丽　　E. 强壮

(2) 语词类推:第一对两个单词有什么关系? 找出一个单词,它与第二对另一个单词形成同样关系。

船只—港口　卡车—?

A. 驾驶　　B. 公路　　C. 车库　　D. 汽油　　E. 货物

(3) 数字系列:这行数字的排列有什么规律? 找出应该出现的下一个数字。

3—2—1—3—2—1—?

A. 0　　B. 1　　C. 2　　D. 3　　E. 4

(4) 等式建立:上面一行的数字和运算符号可以连成一个式子,得出一个答数。在下面一行数字中找出这个答数。

2　4　8　—　—

A. 0　　B. 2　　C. 4　　D. 6　　E. 10

(5) 图形分类:前面 3 个图形在什么方面相同? 在右面图形中找出一个图形,它和前面 3 个图形相同。

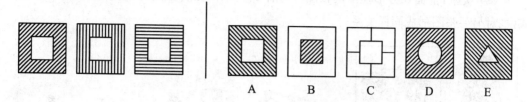

图 8-16 CogAT 的图形分类

(6) 图形类推：前面两个图形有什么关系？在右面图形中找出一个图形，它和第二对的另一个图形形成同样关系。

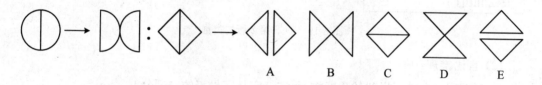

图 8-17 CogAT 的图形类推

3. 高级水平

高级水平测验适用于中学生。TCS 第 2 版适用于中学生的测题举例如下：

(1) 序列：图形或字母的排列有什么规律？找出应该出现的下一个图形或字母。

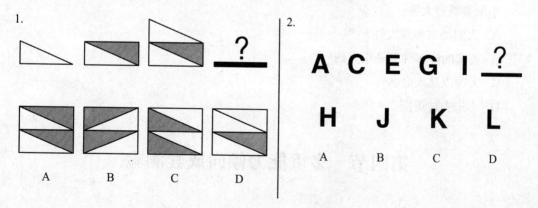

图 8-18 TCS 第 2 版的序列

167

(2) 类推：上面长方形框中两张图片有什么关系？在右面图片中找出一张图片，它和第二对另一张图形成同样关系。

图 8-19　TCS 第 2 版的类推

(3) 言语推理：

① 下面哪一个单词提到某个事物，而它一定是字母表的一部分？

字母表

A. 单词　　B. 字母　　C. 数字　　D. 句子

② 根据上面两个句子，下面哪一个句子一定是对的？

大钟是英国的一只钟。

小朱参观过大钟。

  A. 人们经常参观大钟

  B. 英国的许多钟都是很大的

  C. 大钟以某人命名

  D. 小朱去过英国

## 第四节　多重能力倾向成套测验

编制多重能力倾向成套测验（multiple aptitude batteries），自有其 3 点必要性：

(1) 个体之内的比较

人们开始关注同一个体在智力测验中不同分测验上的相对成绩。然而，这是一个悖论。因为选择智力测验的项目时,我们是使个体之内的变化减之最小,而不是增之最大。与量表的其余部分相关甚低的项目或分测验往往被排除在外。因此,传统的智力测验,不管是个别测验还是团体测验,均无法满足这种新的需要。

(2) 智力测验的补充

冠名"一般"的智力测验名不副实,其实主要测量言语和数量能力而已。除了在某些操作量表和非言语量表中之外,通常没有测量诸如机械能力之类领域。于是有人试图编制特殊能力倾向测验,以填补智力测验的不足之处。

(3) 人员的选拔和分类

各行各业人员的选拔和分类,也直接促进了多重能力倾向成套测验的编制。

编制多重能力倾向成套测验,另有其可能性。因素分析方法的兴起,则为编制多重能力倾向成套测验提供了理论基础。通过因素分析,我们能够更为系统地鉴定和定义在智力之内松散组合的不同能力。因而能够有的放矢选择测验,使得每个测验最为有效地测量因素分析所得出的一个因素。

## 一、差异能力倾向测验

使用最为广泛的多重能力倾向成套测验之一便是"差异能力倾向测验"(Differential Aptitude Tests,DAT),1947年由G·K·贝内特等人编制。1962年第2版,1972年第3版,1981年第4版,1992年第5版。DAT主要适用于初、高中学生的教育指导和职业指导。第5版DAT分为2种水平:水平1适用于7年级至9年级学生,水平2适用于10年级至12年级学生。

DAT包括言语推理(Verbal Reasoning,VR)、数推理(Numerical Rersoning,NR)、抽象推理(Abstract Reasoning,AR)、知觉速度和准确性(Perceptual Speed and Accuracy,PSA)、机械推理(Mechanical Reasoning,MR)、空间关系(Space Relations,SR)、拼写(Spelling,S)、言语应用(Language Usage,LU)等8个测验。另可把VR与NR分数之和,作为学业能力倾向的一种指标。其中4个测验举例如下:

(1) 言语推理

选择一对正确的单词填空,其中第1个单词填入句子开头的空格,而第2个单词填入句子结尾。

？—鳍　好比　鸟—？

A. 水—羽毛　　B. 鲨鱼—巢　　C. 鱼—翅膀　　D. 鳍形肢—飞　　E. 鱼—天空

(2) 数推理

在下面的加法题中,哪个数字应该代替 R?

$$\begin{array}{r} 7R \\ +R \\ \hline 88 \end{array}$$

A. 9　　B. 6　　C. 4　　D. 3　　E. 都不是

(3) 机械推理

下面 3 辆车装物一样重,推哪辆车最容易通过松软的沙滩?

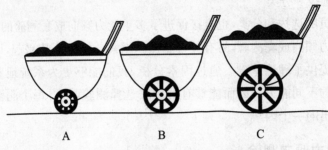

图 8-20　DAT 机械推理示例

(4) 空间关系

把左边的图形折叠起来,可以形成后面哪一个图形?

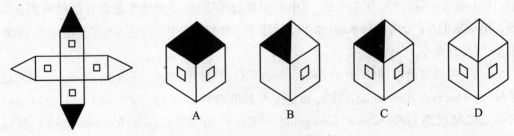

图 8-21　DAT 的空间关系示例

DAT 编制的 5 项原则如下:

(1) 各项测验彼此相对独立,各有自己所要测量的能力倾向。测题在同一测验之内相关较高,而在不同测验之间则相关较低。

(2) 各项测验都是用于教育指导和职业指导,即它们的目标一致。

(3) 各项测验用于职业指导的范围较为宽广,并不局限于 1~2 种职业。

(4) 各项测验都是能力测验,以便测量"能力倾向"程度。

(5) 测验结果可以绘制剖面图,了解被试在哪些能力倾向上各占优势、劣势或中等水平。

## 二、多维能力倾向成套测验

另一种常用的多重能力倾向成套测验则是"多维能力倾向成套测验"(Multidimensional Aptitude Battery,MAB),1984 年由杰克逊(D. N. Jackson)所编制,1994 年发表修订版。

MAB 适用年龄范围为智力正常的 16 岁至 74 岁的青少年和成人,它所评定的能力倾向如同韦克斯勒成人智力量表修订版 WAIT-R。两者的结构大同小异,都分为言语和操作 2 个量表,每个量表各由 5 个分测验组成。它们的不同之处是:

(1) MAB 属于团体测验,而 WAIT-R 则是个别测验。

(2) WAIT-R 的数字广度分测验难以使用于团体测验,更因为它本身与 WAIT-R 全量表分数的相关最低,因此 MAB 中没有设置对应的分测验。

(3) WAIT-R 的积木图案分测验同样无法用于团体测验,因此 MAB 中设置平行型式即空间关系分测验加以取代。

MAB 的 10 个分测验的名称如下:

言语量表包括:①常识(Information)、②理解(Comprehension)、③算术(Arithmetic)、④类同(Similarities)、⑤词汇(Vocabulary);

操作量表包括:①数字符号(Digit Symbol)、②图画补缺(Picture Completion)、③空间关系(Spatial)、④图片排列(Picture Arrangement)、⑤物体拼配(Object Assembly)。

MAB 测题举例如下:

(1) 图画补缺。下面图画中缺少一个部分,在选项中找出这个部分名称的首字母。

(A) L
(B) E
(C) B
(D) W
(E) F

图 8-22  MAB 的图画补缺示例

(2) 空间关系。在竖线右面选择一幅同左面一样的图形。该图形平转之后就同左面图形完全一样;而其他图形则必须翻转才行。

图 8-23　MAB 的空间关系示例

MAB 的评分包括 3 步:

(1) 参照常模表,把 10 个分测验的原始分数转换成平均数为 50、标准差为 10 的标准分数;

(2) 分别把 5 个言语分测验标准分数、5 个操作分测验标准分数以及 10 个分测验标准分数加和;

(3) 参照常模表,把 3 个标准分数之和转换成平均数为 100、标准差为 15 的离差 IQ,即言语 IQ、操作 IQ 和全量表 IQ。

MAB 使用单一的成套测验而不是一组不同测验的分数,其优点是成套测验根据同一标准化样本建立所有分测验常模,因而彼此之间可以直接加以比较。

# 第九章 智力分数

何谓智力分数？智力分数首先表示智力测验的结果，这就如同语文测验的分数称为语文分数，数学测验的分数称为数学分数，外语测验的分数称为外语分数，等等。

值得一提的是，智力分数还应该表示智力水平的高低。在智力测验中，被试对智力测验的项目作出反应，我们从中可以得出被试正确回答项目的多少或者得分，这种从卷面上直接得到的分数称为原始分数（raw score），原始分数并不是智力分数，因为它不能表示被试智力水平的高低。当然，我们可以把原始分数转换成能够科学表示被试智力水平高低的导出分数（derived score）即智力分数。智力分数从无到有，从不够完善到逐步完善，先后出现5种主要形式。

## 第一节 智力分数的初级形式

智力分数的初级形式，或者说早期形式，包括3种智力分数，即项目数、智力年龄和比率智商。

### 一、项目数

项目数是以通过智力测验项目的多少来表示被试智力水平的高低。1905年法国的比内（A. Binet）提出项目数这一概念。

1905年比内-西蒙智力量表共有30个测验项目，全部测验项目按照难度大小由易到难排列。比内在测验手册中分别指明3岁、5岁、7岁、9岁、11岁等儿童在这个量表上可以通过的项目数。例如，智力正常的3岁儿童的项目数是9,智力正常的5岁儿童的项目数是14。这个智力量表的项目数也能够大致区分不同程度的智力低常。例如,项目数在6题以下者为重度低能,项目数在7～14题之间者为中度低能,而项目数在15～23题之间者则为轻度低能。

项目数可以表示单个被试智力水平的高低。如果被试答对的项目数恰巧等于手册规定的数量,那么表示这个儿童的智力水平发展正常;如果被试答对的项目数多于手册规定的数量,那么表示这个儿童的智力水平发展超前;而如果被试答对的项目数少于手册规定的数量,那么表示这个儿童的智力水平发展滞后。试举一例。如果一个3岁被试的项目数是9,那么表示这个儿童智力水平发展正常;如果另一个3岁被试的项目数是10及其以上,那么表示这个儿童智力水平发展超前;如果再一个3岁被试的项目数是8及其以下,那么表示这个儿童智力水平发展滞后。

不难看出,项目数是智力分数的最为低级的一种形式,它表示智力水平高低的方法尚嫌粗糙,但在当时却是一个划时代的进步。1905年比内-西蒙智力量表堪称世界上第一个科学智力量表,个中原因之一便是使用项目数来表示智力测验的结果。

## 二、智力年龄

1905年比内-西蒙智力量表的30个测验项目浑然一体,不管被试的年龄大小,无一例外从第1题做到第30题。这样一来,无谓增加测验时间。年龄较小的被试,较后面的项目大多答错;而年龄较大的被试,较前面的项目肯定答对。但是,两者都被要求从头做到底。

经过3年的实际使用,比内发现1905年量表确实存在一些问题,1908年及时加以修订,主要有以下2处。

(1) 使用智力年龄来表示测验结果。智力年龄(mental age)简称智龄,代码为MA。比内认为,智力随着年龄而系统增长,每一年龄的智力,可用该年龄大多数儿童能够完成的智力测题来表示。个体的智力测验结果可用与其成绩相等的正常儿童的年龄来表示,这个年龄就是智力年龄。值得一提的是,当初比内本人使用"智力水平"一词而避免使用"智力年龄"一词,因为他认为智力年龄的发展含义无法证实,而智力水平则是一个中性术语。在比内-西蒙智力量表的各种翻译本或改变本中,通常使用智力年龄来替代智力水平。相对说来,智力年龄这一概念易于理解,有利于普及智力测验。

(2) 测验项目按照年龄分组,组距为1岁,组别从3岁组到13岁组,共11个组。例如,把大多数3岁儿童通过的项目安排在3岁组,把大多数4岁儿童通过的项目安排在4

## 智力分数

岁组,以此类推,直到13岁组。每个适龄被试从对应组别的测验项目做起。

智龄的计算可以斯坦福-比内量表为例来说明。这个量表从5岁组至14岁组,每个年龄组各有6个项目,每个项目代表2个月智龄。假设一个儿童通过5岁组的全部项目,5岁以下各组的项目不必进行,都作为通过;他还通过6岁组的5个项目,7岁组的3个项目,8岁组的2个项目,但9岁组及10岁组的项目全未通过,10岁以上各组的项目不再进行。这个儿童的智龄的计算方法如表9-1所示:

表9-1 智龄计算示例

| 年龄组 | 通过项目数 | 年 | 月 |
|---|---|---|---|
| 5 | 6 | 5 | |
| 6 | 5 | | 10 |
| 7 | 3 | | 6 |
| 8 | 2 | | 4 |
| 总计 | | 5 | 20 |

如此,该儿童的智龄=5岁20个月,即6岁8个月。

当然,在实际测试过程中,被试的成绩也许会有一定程度的分散,被试没有通过低于他的智龄的一些项目,但是却通过高于他的智龄的一些项目。在这种情况下,我们可以先算出他的基础年龄(basal age),即全部项目都通过的最高年龄,然后再加上较高年龄水平上通过的所有项目所代表的月龄,两者之和就是智龄。

有些智力测验,虽然项目没有分成年龄组,同样可以使用智龄表示测验结果。首先确定每一被试的原始分数,既可以是答对的项目数,也可以是花费的时间数或出现的错误数等;然后计算标准化样组中每一年龄组被试的原始分数的平均数,这就构成智龄常模表。试举一例,在某个智力测验上,7岁儿童原始分数平均数为8分,8岁儿童原始分数平均数为10分,9岁儿童原始分数平均数为13分,等等;再使用插入法算出其他原始分数平均数所对应的月龄数,如本例中,原始分数9分对应于智龄7岁6个月,而原始分数11分对应于智龄8岁4个月,原始分数12分则对应于智龄8岁8个月。

智龄的面世标志着智力分数步上一个崭新的台阶,是智力分数发展史上一个极其重要的里程碑。智龄计算简单,通俗易懂,对于当时普及智力测验,无疑功不可没。

智龄可以表示单个被试智力水平的高低。如果被试得到的智龄恰巧等于他的实足年龄,那么表示这个儿童的智力水平发展正常;如果被试得到的智龄大于他的实足年龄,那么表示这个儿童的智力水平发展超前;如果被试得到的智龄小于他的实足年龄,那么表示这个儿童的智力水平发展滞后。试举一例。如果一个5岁被试的智龄恰巧也是5岁,那么表示这个儿童智力水平发展正常;如果另一个5岁被试的智龄是5岁以上,那么表示这个儿童智力水平发展超前;如果再一个5岁被试的智龄是5岁以下,那么表示这个儿童智力水平发展滞后。

智龄也可以比较相同年龄被试的智力水平的高低。在被试年龄相同的情况下,谁得到的智龄较大,表示他的智力水平较高;而谁得到的智龄较小,则表示他的智力水平较低。

在特殊条件下,智龄还可以比较不同年龄被试的智力水平的高低。其一,不同年龄的两个被试的智龄,恰巧都分别等于他们的实足年龄。例如一个被试年龄4岁,得到的智龄正是4岁;而另一个被试年龄5岁,得到的智龄也正是5岁,那么他们的智力水平自然相同。其二,智力发展水平分为正常、超前、滞后等3种类型,不同年龄的两个被试的智龄,分别属于其中不同的类型。例如一个被试年龄4岁,智龄也是4岁,属于正常;而另一个被试年龄5岁,智龄6岁,属于超前,那么前者的智力水平自然不如后者。又如,一个被试年龄6岁,智龄7岁,属于超前;而另一个被试年龄7岁,智龄6岁,属于滞后,那么前者的智力水平自然大大优于后者。

智龄的不足之处,主要有以下3个方面。

### 1. 百分比标准待定

根据智龄的原始定义,一个项目归属于某一年龄组,应该是这个年龄组中大多数儿童所能通过的。但是,这个"大多数"的含义即百分比标准到底定为多少? 心理学家存在分歧,没有一个公认的统一标准。试举5种观点如下:

(1) 比内的观点

法国比内在其编制的1908年智力量表中,采用变化的百分比标准,从60%左右至90%,各个年龄组有所不同。这种标准的根据是什么,比内没有从理论上进行论述。

(2) 斯腾的观点

德国汉堡大学斯腾(W. Stern)认为,这个"大多数"的标准在各个年龄组应该保持不变,统一定为75%。这种标准的根据又是什么,斯腾也没有从理论上进行论述。

(3) 推孟的观点

美国斯坦福大学推孟(L. M. Terman)认为,这个百分比标准应该是一个变化的范围,从77%至55%。年龄越小,通过的百分比应该越大;而年龄越大,则通过的百分比应该越小。1916年他修订的斯坦福-比内量表就是采用这个标准,4岁组为77%,6岁组为70%,直至14岁组减为55%。推孟的理论依据是智力发展曲线,在这条曲线上,各年龄处的斜率大小不一,年龄较小,曲线较为陡峭,斜率较大;而年龄较大,则曲线较为平坦,斜率较小。换句话说,推孟的百分比标准大体与智力发展曲线的斜率相吻合。

(4) 奥蒂斯的观点

奥蒂斯(A. S. Otis)是推孟指导的博士研究生,但他并不同意自己导师的观点而提出了自己的一家之言。他认为,这个百分比标准在各个年龄组应该相等,统一定为50%。奥蒂斯的理论依据是:关于一个儿童的智力,我们所要知道的是他与同龄中等智力水平儿童的比较,至于他在智力方面,有百分之多少的人超过他,或者,有百分之多少的人不及他,这些问题并不重要。所以,我们所要关注的关键之点正是儿童智力中点即50%。如果一个项目某年龄儿童50%通过,那么该项目一定处于某年龄智力中点上,所以研究这一年龄儿童智力时,可以使用这个项目作为标准。

(5) 吴天敏的观点

我国吴天敏开始认为奥蒂斯的50%标准在理论上应该是正确的,但是当她试图按照50%标准着手编制智力测验时,结果发现这一标准对于小年龄儿童实际上行不通。

2. 单位不等距

智龄的单位,表面上看,似乎和生理年龄一样,都是以年月来表示的,应该是一种等距单位。但是,实际上智龄却是一种不等距的单位,因为每个年份或每个月份智力发展速度不尽相同。一般说来,年龄较小的时候,智力发展的速度较快一点,而年龄较大的时候,智力发展的速度较慢一点。如果我们想到以"身高年龄"来表示个体的身高,那么对于这种关系也许就不难理解。例如,智龄从5岁到6岁之间的差距,就要大于智龄从15岁到16岁之间的差距,因为从5岁到6岁这一年,智力的发展较为迅速,而从15岁到16岁这一年,智力的发展相对较为缓慢。

由于智龄单位本身的不等距,致使在一般条件下,智龄难以比较不同年龄被试之间的智力水平的相对高低。试举一例。一个被试年龄5岁,智龄4岁,属于滞后;而另一个被试年龄6岁,智龄5岁,同样属于滞后。而且,这两名被试的智龄均小于实足年龄1岁,按照智龄概念的本意,两者的智力水平滞后的程度应该相等。其实不然,因为智龄单位大小不等,实际上我们仍然难以比较两者的智力水平滞后的相对程度。再举一例。一个被试年龄3岁,智龄4岁,属于超前,而另一个被试年龄10岁,智龄12岁,同样属于超前。而且,前一名被试的智龄大于实足年龄1岁而后一名被试的智龄大于实足年龄2岁,按照智龄概念的本意,前者的智力水平超前的程度应该小于后者。其实不然,同样因为智龄单位大小不等,实际上我们还是难以比较两者的智力水平超前的相对程度。

3. 概念的歧义

实足年龄增长到一定年龄之后，智龄就不再随之增长。如此，我们把成人智龄定义为：超过这个年龄，智力测验平均分数不再增加。以1937年斯坦福-比内智力量表为例，成人智龄为15岁，而15岁以上成人的智力测验平均分数应当等于15岁。换句话说，我们不能有15岁以上的智龄。但是，这个智力量表的最大智龄却是22岁10个月，当然，这是使用外推方法获得的。这时智龄这一概念发生歧变，已不是指与某一个实际年龄的智力测验平均分数等值。

### 三、比率智商

1911年一代宗师比内谢世。发展智力分数，自有后来人。德美两国心理学家联袂再接再厉，推陈出新。1912年斯腾提出"心理商数"的概念，即智力年龄除以实足年龄所得之商。1916年推孟在其修订的斯坦福-比内量表中，首次采用智商（Intelligence Quotient，IQ）取代智龄来表示智力测验的结果，其计算公式为：$IQ = \frac{智龄(MA)}{实龄(CA)} \times 100$，式中CA是Chronological Age的缩写，表示实足年龄或实际年龄；乘上100则是为了把小数化成整数。

IQ不仅保持了智龄的优点，而且克服了智龄的缺点。在一般情况下，IQ能够表示不同年龄被试之间智力水平的相对程度。从此，智力分数更上一层楼。

IQ可以表示单个被试智力水平的高低。如果被试得到的IQ恰巧等于100，那么表示这个儿童的智力水平发展正常；如果被试得到的IQ大于100，那么表示这个儿童的智力水平发展超前；如果被试得到的IQ小于100，那么表示这个儿童的智力水平发展滞后。

IQ也可以比较相同年龄被试的智力水平的高低。在被试年龄相同的情况下，谁得到的IQ数值较大，表示他的智力水平较高；而谁得到的IQ数值较小，则表示他的智力水平较低。

IQ还可以比较不同年龄被试的智力水平的高低。让我们逐一解答上述智龄感到困惑的两道难题。

(1) 一个被试年龄5岁，智龄4岁，而另一个被试年龄6岁，智龄5岁。按照智龄来解释，这两名被试的智龄均小于实足年龄1岁，两者的智力水平滞后的程度应该相等。而按照IQ来解释，前者 $IQ = \frac{4}{5} \times 100 = 80$，后者 $IQ = \frac{5}{6} \times 100 = 83$，前者的智力水平滞后的相对程度小于后者。

(2) 一个被试年龄3岁，智龄4岁，而另一个被试年龄10岁，智龄12岁。按照智龄来解释，前一名被试的智龄大于实足年龄1岁而后一名被试的智龄大于实足年龄2岁，前者的智力水平超前的程度应该小于后者。而按照 IQ 来解释,前者 $IQ=\frac{4}{3}\times100=133$,后者 $IQ=\frac{12}{10}\times100=120$,前者的智力水平超前的相对程度反而大于后者。

IQ 比之 MA,当然改进不少,但问题依旧很多。

1. 智力年龄的停止问题

使用 IQ 的一个前提假设是:智力年龄的增加和实际年龄的增加大体同步,呈线性关系。但实际情况却是,到达某一年龄之后,智力年龄的增加落后于实际年龄的增加;更为严重的是,到达另一年龄之后,智力年龄不再随着实际年龄而增加。这样,如果一个体一旦到达某个临界年龄,那么,以后他的实际年龄再增加时,他所获得的比率智商的数值就会日益减小。这显然与他的智力实际情况不相符合,而是计算方法上的弊病。

为了解决智力年龄落后或停止于实际年龄增加的问题,推孟曾经做出了一些特殊规定。1916 年斯坦福-比内智力量表计算比率智商的方法是:凡是年龄在 16 岁以下的被试,使用实际年龄作为除数;凡是年龄在 16 岁以上的被试,则一律使用 16 岁作为除数。1937 年斯坦福-比内智力量表计算比率智商的方法又有改进:年龄在 13 岁以下的被试,使用实际年龄作为除数;年龄在 16 岁以上的被试,一律使用 15 岁作为除数;而年龄在 13 岁至 16 岁之间的被试,则以 13 岁加上超过 13 岁的月份数的三分之二作为除数。如表 9-2 所示:

表 9-2　1937 年斯-比量表 CA 的修订

| 实际 CA(年-月) | 修订后 CA(年-月) |
| --- | --- |
| 13～0 | 13～0 |
| 13～3 | 13～2 |
| 14～0 | 13～8 |
| 14～6 | 14～0 |
| 15～0 | 14～4 |
| 15～6 | 14～8 |
| 16～0 | 15～0 |

一些心理学家也曾经试图规定一个"最后的"实际年龄以解决智力年龄停止的问题。但是不行,因为不同的心理测量学家提出的"最后的"实际年龄不尽相同,众说纷纭且各执己见。事实上,所谓的"最后的"实际年龄,是随着所使用的智力测验不同而变化的,并不存在一个统一的标准。在这种情况下,对于某一年龄以上的个体来说,比率智商自然失去

了相互比较的功用。

2. 单位不等距

使用智力年龄来表示智力分数时,就存在着单位不等距的缺点。改用比率智商之后这个问题仍然没有得到解决,只不过形式稍有变化而已。个中原因仍在于实际年龄的增长速度是等距的,而智力年龄的增长速度是不等距的,这样势必给这两个年龄之商数——比率智商的计算带来麻烦。

3. 各年龄组的标准差不相等

在智力测验的编制过程中,各个年龄组分数分布的标准差实难做到完全相等。1937年斯坦福-比内智力量表各个年龄组标准差变化情况如表9-3所示:

表9-3 1937年斯-比智力量表各年龄组标准差变化情况

| 年龄组 | L式标准差 | M式标准差 |
| --- | --- | --- |
| 2 | 16.7 | 15.7 |
| 2.5 | 20.6 | 20.7 |
| 3 | 19.0 | 18.7 |
| 3.5 | 17.3 | 16.3 |
| 4 | 16.9 | 15.6 |
| 4.5 | 16.2 | 15.3 |
| 5 | 14.2 | 14.1 |
| 5.5 | 14.3 | 14.0 |
| 6 | 12.5 | 13.2 |
| 7 | 16.2 | 15.6 |
| 8 | 15.8 | 15.5 |
| 9 | 16.4 | 16.7 |
| 10 | 16.5 | 15.9 |
| 11 | 18.0 | 17.3 |
| 12 | 20.0 | 19.5 |
| 13 | 17.9 | 17.8 |
| 14 | 16.1 | 16.7 |
| 15 | 19.0 | 19.3 |
| 16 | 16.5 | 17.4 |
| 17 | 14.5 | 14.3 |
| 18 | 17.2 | 16.6 |

由于各个年龄组的标准差不尽相等,因而相同的比率智商分数在不同年龄组具有不

同的意义。例如假设 10 岁组的标准差为 14,11 岁组的标准差为 20。当 10 岁儿童所处的地位高于平均数一个标准差时,他的 IQ 为 114;当 11 岁儿童所处的地位也是高于平均数一个标准差时,他的 IQ 则为 120。其实这二者的百分位都是 84。由此可见,当某一个 10 岁儿童的 IQ 为 114,在 11 岁时,如果他的相对百分位等级保持不变,则他的 IQ 就上升为 120 了。这样,IQ 的数值在各个年龄组的意义就彼此不同,如上述 10 岁组 IQ114 等价于 11 岁组 IQ120。

另一方面,不同的比率智商分数在不同年龄组倒有可能具有相同的意义。仍以上述两个标准差为例,10 岁组 IQ109.8 等价于 11 岁组 IQ114,而 10 岁组 IQ120 则等价于 11 岁组 IQ128.6。这种情况不可避免地给 IQ 的解释带来诸多麻烦。一旦被试的 IQ 确有变化时,由于它与年龄组标准差不同所引起的变化合二为一,使得我们难以从 IQ 数值本身区分出这种变化究竟来自何种因素。

## 第二节 智力分数的高级形式

智力分数的高级形式,或者说当代形式,包括 2 种智力分数,即离差智商和百分位数。

### 一、离差智商

美国心理学家韦克斯勒(D. Wechsler)长期从事智力测验编制工作,慧眼洞察传统 IQ 的种种缺点是本身计算方法使然,小修小补无济于事。于是另起炉灶,放弃传统 IQ,1949 年在其编制的儿童智力量表中首先采用另类 IQ。原先只有一种 IQ,无须加上限定词。现在两种 IQ 并存,为示区别,遂把传统 IQ 称为比率 IQ,因为它是智龄与实龄之比率。韦克斯勒 IQ 根据平均数和标准差来计算,它的基本原理是把各年龄组儿童的智力分数看成正态分布,其平均数就是该年龄组的平均智力。某儿童的智力高低是把他的得分与平均数作一比较,以它与平均数之间的距离来表示,这个距离在心理统计学上称为"离差",离差 IQ 由此得名。

为了隆重推出离差 IQ,韦克斯勒煞费苦心,三思而行。

一思名称。在离差智商中,离差是真,智商是假。离差智商其实是标准分数 $Z$,与商数毫无关系。但是,当时智商这个概念家喻户晓,深入人心,为了迎合公众,韦克斯勒极其策略地将自己的离差智商设想亦命名为智商。

二思平均数。$Z$ 分的平均数是 0，比率 IQ 的平均数是 100。为使离差 IQ 与比率 IQ 在数值上基本一致，韦克斯勒特意在公式中加上 100，使平均数由 0 变为 100。

三思标准差。$Z$ 分的标准差是 1，比率 IQ 的标准差各年龄组不等，以 1937 年版斯坦福-比内量表为例，最小 12.5，最大 20.7，平均 $L$ 式 16.8，$M$ 式 16.5。为使离差 IQ 与比率 IQ 在数值上不致悬殊，同时兼顾计算方便，韦克斯勒最终在 $Z$ 分前乘上系数 15，将标准差由 1 扩大到 15。

最后，韦克斯勒提出计算公式：离差 IQ$=100+15Z=100+15\times\dfrac{X-\bar{X}}{SD}$，公式中 $X$ 表示被试的智力测验分数，而 $\bar{X}$ 和 $SD$ 则分别表示标准化样组中相同年龄组的智力测验分数的平均数和标准差。

如此一来，离差 IQ 与比率 IQ 不仅名称相同，而且数值接近，仿佛一对孪生兄弟。同时，离差 IQ 建立在心理统计学的基础之上，更为科学合理。与比率 IQ 貌似神异的离差 IQ 问世不久便大受欢迎，在诸多智力量表中得到广泛使用。1972 年斯坦福-比内量表修订版也终于改用离差 IQ，不过其平均数同样设定为 100，而标准差则另行设定为 16，稍有区别。至此，离差 IQ 与比率 IQ 多年分庭抗礼宣告结束，离差 IQ 在智力分数世界一统天下。

韦克斯勒离差 IQ 的常模设计原理如下：

(1) 将各年龄组每个分测验的原始分数转换成平均数为 3、标准差为 10 的正态化标准分数，全距相当于正负各 3 个标准差，数值范围为 1~19。

(2) 将各年龄组每个儿童在各个分测验上所得的量表分数，按照言语量表、操作量表以及全量表等 3 种量表加以汇合，然后计算各年龄组 3 种量表总分的平均数和标准差。

(3) 不是对于每一分测验都来推导离差 IQ，而是集中言语量表、操作量表和全量表等 3 种量表总分而计算言语离差 IQ、操作离差 IQ 和全量表离差 IQ。由于各年龄组的量表总分十分接近，可以总样组的数据为依据，制定各年龄组通用的常模表。因此，利用总样组的言语量表、操作量表和全量表的相同的平均数 50 和 3 个不同的标准差，根据设定的平均数 100 和标准差 15，即可导出与言语量表、操作量表和全量表总分等值的 3 个离差 IQ。

离差 IQ 的具体换算方法如下：

(1) 根据被试的年龄及其在各个分测验上所得的原始分数，查阅常模表，得出每个分测验的量表分数。

(2) 将 5 个常规言语分测验的量表分相加，得出言语量表总分；将 5 个常规操作分测验的量表分相加，得出操作量表总分；将 10 个常规分测验的量表分相加，得出全量表总分。

(3) 根据3个量表总分,查阅常模表,分别得出3个离差IQ,即言语IQ、操作IQ和全量表IQ。

试举一例。某个6岁孩子参加韦克斯勒儿童智力量表的测试,他在10个分测验上的原始分数分别为:常识8、类同9、算术8、词汇19、理解15;填图11、排列13、积木18、拼图11、译码36。

我们首先查阅常模表,得出10个分测验的对应量表分数分别为:常识11、类同12、算术10、词汇11、理解9;填图10、排列9、积木10、拼图11、译码12。

然后计算言语量表总分为:11+12+10+11+9=53;操作量表总分为:10+9+10+11+12=52;全量表总分为:53+52=105。

最后根据这名儿童的实际年龄查阅常模表,分别得出3个IQ:言语IQ=104,操作IQ=103,全量表IQ=104。

目前盛行的离差IQ并非十全十美,美国心理学会前主席、当代著名心理学家安娜斯塔西(A. Anastasi)指出,只有当不同的测验采用相同数值的标准差时,我们才可比较它们的离差IQ。离差IQ的另一个问题是,智力极低者得分偏高,而智力极高者则得分偏低。

## 二、百分位数

百分位数分数是指标准化样组中低于某一特定原始分数的人数百分比。例如,在某个智力测验上,如果标准化样组中30%的被试答对15题以下,那么原始分数15就是第30百分位数,可以表示为$P_{30}=15$。百分位数表示个体在标准化样组中的相对位置。我们也可以认为百分位数是100人团体中的等级,只不过在评定等级时,习惯上从高分开始计算,所以团体中最好的个体获得等级1。另一方面,我们在百分位数中则从低分开始计算,因此百分位数越小,个体的地位就越差,而百分位数越大,个体的地位就越好。

第50百分位数就是中位数,在正态分布的情况下,也就是平均数。50以上的百分位数表示高于平均成绩,智力水平较好;而50以下的百分位数表示低于平均成绩,智力水平较差。

值得一提的是,百分位数分数不同于日常熟悉和使用的百分数分数。百分数分数是原始分数,表示答对项目的百分数;而百分位数分数则是导出分数,表示人数的百分数。一个原始分数,低于标准化样组所获得的任何分数,百分位数为0;一个原始分数,高于标准化样组所获得的任何分数,百分位数为100。但是,这些百分位数本身并不表示零分的原始分数或满分的原始分数。

智力心理学探析

英国瑞文（J. C. Raven）1938年编制标准推理测验，1947年和1956年进行两次修订。瑞文标准推理测验的智力分数使用百分位数形式，选用7种有代表性的百分位数，即95、90、75、50、25、10、5等，分别表示优秀、良好、中上、中等、中下、较差、劣差等智力水平的7个等级。

百分位数分数的优点是：①计算方便；②容易理解，甚至对于未经专业训练的人士也是如此，因为它与传统的教育评价中使用的百分数分数甚为相似。

百分位数分数的主要缺点当属单位之间的距离明显不等，尤其是在分布的两端。大多数智力测验分数都近似于正态分布，那么，靠近分布中部的原始分数，转换成百分位数时，其差异便被扩大；相反，靠近分布两端的原始分数，转换成百分位数时，其差异便被大大缩小。分数之间距离的这种失真，可以参见图9-1。

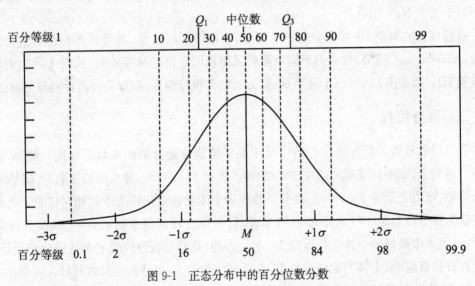

图9-1 正态分布中的百分位数分数

我们可以看到，同样相距10个单位，百分位数60和50或40和50之间的距离相对较小（0.25个标准差），百分位数90和80或10和20之间的距离相对较大（0.44个标准差）；而百分位数99和90或1和10之间尽管只相距9个单位，但它们的距离却达到1.05个标准差，这是前者的4倍以上，或后者的2倍以上；更值得一提的是，百分位数0或100均位于无穷大处，在图上根本见不到身影，换句话说，0和1或100和99之间的距离当然也是无穷大，尽管仅仅相距最少的1个单位而已。

如果考虑一下正态分布中离开平均数相等标准差$\sigma$距离的百分位数，那么我们从相反的方向也可以看到同样的关系。例如，平均数 $M$ 和 $+1\sigma$ 之间的百分位数差异是 $84-50=34$，而 $+1\sigma$ 和 $+2\sigma$ 之间的百分位数差异只是 $98-84=14$，而 $+2\sigma$ 和 $+3\sigma$ 之间的百分位数差异更是仅为 $99.9-98=1.9$。

百分位数分数和离差智商分数可以相互进行转换。试将瑞文标准推理测验的 7 个百分位数转换成韦克斯勒离差智商。

百分位数分数 95，查阅正态曲线表，$Z=1.645$，所以，
离差 $IQ=100+15Z=100+15\times 1.645=125$，即 $P_{95}=IQ125$；
百分位数分数 90，查阅正态曲线表，$Z=1.28$，所以，
离差 $IQ=100+15Z=100+15\times 1.28=119$，即 $P_{90}=IQ119$；
百分位数分数 75，查阅正态曲线表，$Z=0.67$，所以，
离差 $IQ=100+15Z=100+15\times 0.67=110$，即 $P_{75}=IQ110$；
百分位数分数 50，查阅正态曲线表，$Z=0$，所以，
离差 $IQ=100+15Z=100+15\times 0=100$，即 $P_{50}=IQ100$；
百分位数分数 25，根据正态曲线对称性，$Z=-0.67$，所以，
离差 $IQ=100+15Z=100-15\times 0.67=90$，即 $P_{25}=IQ90$；
百分位数分数 10，根据正态曲线对称性，$Z=-1.28$，所以，
离差 $IQ=100+15Z=100-15\times 1.28=81$，即 $P_{10}=IQ81$；
百分位数分数 5，根据正态曲线对称性，$Z=-1.645$，所以，
离差 $IQ=100+15Z=100-15\times 1.645=75$，即 $P_5=IQ75$。

当然，也可以将韦克斯勒离差智商转换成百分位数分数。

例如，$IQ=130$，$Z=(130-100)\div 15=2$，查阅正态曲线表，概率 $P=0.9772$，即
$$IQ130=P_{98}；$$
$IQ=70$，$Z=(70-100)\div 15=-2$，根据正态曲线对称性，概率 $P=1-0.9772=0.0228$，即 $IQ70=P_2$。

## 第三节　正确对待智力分数

智力分数作为我们鉴别个体智力水平高低的一种指征，具有一定的积极意义，它在教育评价、教育科研、人才选拔、职业指导、心理咨询等各个领域中，都表现出其卓有成效的

功用。

另一方面,我们同时应该看到,智力分数本身也有一定程度的局限性,它并非是衡量个体智力水平的唯一的方法,更不是一种万能的工具。为了更好地发挥智力分数的有效功用,我们必须懂得如何正确对待智力分数。

现在,当代的两种高级智力分数形式,业已全面取代早期的3种初级智力分数形式。相对说来,离差智商的使用比起百分位数更为普遍,另一方面,二者又能相互换算。因此,我们就离差智商而言,来谈谈这个重要问题。

## 一、智商的稳定性与可变性

智商表示个体智力水平的高低程度,智力受到遗传因素和环境因素的影响,由于这两种影响因素具有一定程度的稳定性,使得个体的智商随着时间变化在一定范围内保持不变。

我们可以使用积差相关系数来表示智商稳定性。相关系数的数值受到两个常规因素的影响,一个是时间间隔,另一个是初测年龄或再测年龄。

试举一例,在著名的伯克利发展研究中,3岁至5岁的相关系数为0.54,而12岁至14岁的相关系数则为0.90。我们可以看到,二者的时间间隔相同,均为2年,但是,初测年龄不同,前者3岁,后者12岁。从中得出结论:在时间间隔相同的情况下,初测年龄越小,相关系数越低;初测年龄越大,相关系数越高。

再举一例,在一项研究中,对40名儿童分别在3岁、7岁、10岁、12岁进行4次复测,3岁至12岁的相关系数为0.46,7岁至12岁的相关系数为0.67,10岁至12岁的相关系数为0.88。我们可以看到,三者的初测年龄相同,均为3岁,但是,时间间隔不同,前者9年,中者5年,后者2年。从中得出结论:在初测年龄相同的情况下,时间间隔越长,相关系数越低;时间间隔越短,相关系数越高。

智商具有相对稳定性,同时也具有可变性。一是智商受到客观因素如生活环境的影响。父母离异,或教育程度低下或经济地位低下,都可能不利于儿童智力的发展。

二是智商受到主观因素如个体人格特征的影响。1963年长冈和弗雷曼研究140名儿童,结果发现学龄前阶段对父母有情绪依赖的儿童,其智商会减低,而小学阶段的竞争和成就动机,则会增高儿童智商。同年,哈安研究49名男子和50名女子,在他们12岁时进行一次智力测验,在他们30岁时再测一次,结果发现智商的变化与个体的心理防卫机制密切相关。凡是退缩的、理想化的个体,其智商趋于减低;反之,凡是主动的、面对现实的个体,其智商则趋于增高。

## 二、智商的点位与区间

任何一种测验都不可能正确无误地测出事物属性的真正分数,每次测量结果的实得分数,与真正分数之间或多或少地存在着一个测量误差。智力测验自然也不能例外。这种误差的大小,可以使用测量标准误差来表示。因此,在对智力分数进行解释时,我们就必须考虑到测量标准误差的大小。

理论上,我们可以对一个被试测量无限次,这些实得分数就形成一个正态分布。这个分布的平均数称为"真分数",而其标准差则称为"测量标准误差"(Standard Error of Measurement,SEM)。

在实际工作中,这种方法显然行不通,因为不可能对同一个被试反复施测同一个测验。我们可以使用两种方法来估计测量标准误差。

一种是间接估计法:$SEM=SD\sqrt{1-r_{tt}}$,公式中 $SD$ 表示测验分数的标准差,$r_{tt}$ 表示信度系数;

另一种是直接估计法:$SEM=0.707SD_{X1-X2}$,公式中 $SD_{X1-X2}$ 表示两次测验分数之差的标准差。

如果两组测验分数的标准差相等,那么两种方法所估计的 SEM 值也完全相等;如果两组测验分数的标准差存在显著差异,那么间接法将会低估 SEM 值。所以,采用直接法估计 SEM 较为理想。

1. 测量标准误差应用之一:解释个体分数

格利克森(Gulliksen)最先提出这种应用。知道被试在一次测验中的实得分数,利用测量标准误差,便可以科学推测真分数的合理范围。事先设定置信水平,一般可取 95%,即正确概率为 95%,而错误概率仅为 5%。推测被试的真分数时,估计值大于真分数属于错误,估计值小于真分数同样属于错误,因此应该考虑高低两端。查阅正态曲线表,概率 $P=0.975$,对应的 Z 分数为 1.96。这样,我们可以推测,真分数处于大于实得分数减去 1.96 个 SEM 而小于实得分数加上 1.96 个 SEM 的范围之内,并且这种陈述的正确性为 95%,即对于全体被试的 95%必然正确。

试举一例,某学生参加韦克斯勒儿童智力测验,得到 IQ 为 120,又知道该测验的标准差为 15,信度系数为 0.95。据此推测如下:$SEM=15\times\sqrt{1-0.95}=3.35$,$120-1.96\times3.35=113.4$,$120+1.96\times3.35=126.6$。所以在正确性 95%的要求下,该学生真分数 IQ

范围为113.4至126.6。

　　了解智商的实得分数与真分数的范围的关系之后，我们就可以知道，个体的智力测验的实得分数，只是他的智力真分数的一个估计值而已，因此不能将智商视为一个固定的点位，而应该视为具有一定范围的区间。

　　2. 测量标准误差应用之二：解释分数差异

　　在评价两个测验分数之间的差异时，考虑测量标准误差尤为重要。考虑到其中每个分数可能波动的分布范围，就会避免过分重视分数之间的微小差异。不论比较不同学生的同一测验的分数，还是比较同一学生的不同测验的分数，都要谨慎从事。

　　仍以上述智力测验为例。假设学生甲得到IQ为98，学生乙得到IQ为101，那么学生甲真分数IQ范围为91.4～104.6，学生乙真分数IQ范围为94.4～107.6。两个真分数的范围中，大多数部分相互重叠，因此，我们不能仅凭一次智力测验分数，就贸然断言乙IQ高于甲IQ。

# 第十章 智力与创造性思维

我们研讨智力与创造性思维关系的话题，首先当然应该分别研究智力与创造性思维这两个概念本身。关于智力，我们已经谈论较多，现在就让我们转向讨论关于创造性思维的问题。

## 第一节 创造性思维的基本概念

### 一、再造性思维和创造性思维

德国心理学家节里茨(O. Jelz)最早从解决问题的角度，将思维分成两种类型，一种是再造性思维(productive thinking)，另一种是创造性思维(reproductive thinking)。再造性思维是指个体运用先前获得的知识，直接地、不需变化地去解决一个问题的思维过程。再造性思维可以用学习、迁移、记忆等的原理加以解释，而记忆又在其中起着主导作用。它一般产生于已经解答过的、似曾相识的问题情景之中；而创造性思维则是指个体依靠先前获得的知识，不能直接地、一步到位地解决一个问题时，经过独立地分析与综合，在已有知识和问题情景之间形成一种新的联系，从而使问题得以解决的思维过程。它一般产生于较为复杂的、素未见过的问题情景之中。

格式塔心理学创始人德国心理学家韦特海默(M. Wertheimer)第一个系统研究创造性思维。他认为，创造性思维是指形成"新"的格式塔，它的实现方式是顿悟。1945年出版的他的遗著《创造性思维》总结了他在这方面的研究成果。

问题的复杂程度有高低之分。在低复杂程度的问题解决中,再造性思维占主导地位,但是也不排斥创造性思维的存在。试举一例。中学生学习匀速直线运动中路程公式为 $s=vt$ 之后,遇到这样的问题:"已知一个物体在 $t$ 时间内运动的路程为 $s$,求它的速度。"这时,学生无法原封不动地套用公式,而必须在 $s=vt$ 的基础之上,懂得已知 $v$、$t$ 求 $s$;已知 $v$、$s$ 求 $t$;以及已知 $s$、$t$ 求 $v$ 的变式原理,才能正确解答上述问题。在这个问题解决中,再造性思维无疑属于主要成分,但创造性思维也参与其中。

在高复杂程度的问题解决中,创造性思维占主导地位,但是也不排斥再造性思维的存在。试举一例。德国著名数学家高斯(C. F. Gauss)在小学读书时,老师曾布置学生做一道数学题:求出从 1 加到 100 的和。一般学生只会循规蹈矩 $1+2+3+\cdots+98+99+100$ 地一个一个加和计算。高斯却发现,两端对应的每一对数字相加都等于 101,即 $1+100=101$,$2+99=101$,$\cdots 49+52=101$,$50+51=101$,一共有 50 对,因此得出 $101\times50=5050$ 这一独特的解题方法。

再举一例。我国古代有个曹冲称象的典故。在如何称象的问题上,常人想到的只是秤,因为自古以来,称小物用小秤,称大物用大秤,已是人人皆知的常理,而今没有足以称得起大象的巨秤,因而自然无法解答。曹冲则不然,他利用船只的吃水深浅,用石头代替大象,化整为零,终于成功地称出了大象的体重。在这两个问题的解决中,创造性思维无疑属于主要成分,但再造性思维也参与其中。

从再造性思维解决问题到创造性思维解决问题的过程中,两者并不是截然分开的,而是逐渐发展的。从低复杂程度的问题解决过渡到高复杂程度的问题解决,是再造性思维和创造性思维两者在结合水平上的从量变到质变的过程。再造性思维和创造性思维是一对既有相互密切联系、又有各自特征的两种思维活动。任何问题解决都是再造性思维和创造性思维的不同程度的有机结合的结果,如图 10-1 所示。

## 二、创造性思维的组分

我们已经知道,不论是较高复杂程度的问题解决,还是较低复杂程度的问题解决,都有创造性思维参与其中。而问题的复杂性程度越高,其解决过程中创造性思维的作用就越重要。因此,我们很有必要单独讨论创造性思维。

创造性思维由哪些成分构成?主要有两种观点,一种是单一成分说,另一种是两种成分说。前者认为,创造性思维只包括一种成分的思维,即发散性思维。换句话说,创造性思维等同于发散性思维。后者认为,创造性思维应该包括两种成分的思维,即发散性思维和集中性思维。换句话说,创造性思维等于发散性思维加上集中性思维。

为了较为深入地讨论问题,我们首先谈谈这两个思维概念的来龙去脉。1918年伍德沃思(Woodworth)第一次使用发散性思维这个概念。20世纪50年代以后,美国吉尔福特(J. P. Guilford)提出智力三维结构模型,认为智力活动有3个维度,即内容、操作、产物。而其中的操作维度,包括认知、记忆、发散性思维、集中性思维、评价等5种。从此以后,关于发散性思维的研究就有了较大的进展。

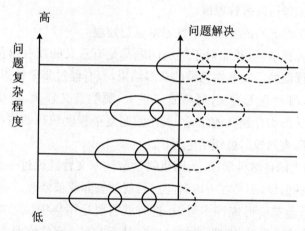

图10-1　解决问题过程中再造性思维
和创造性思维的结合水平

(实线表示再造性思维,虚线表示创造性思维)

吉尔福特提出的一对思维概念,英文为:convergent thinking 与 divergent thinking。中文有多种译法,除了集中性思维与发散性思维之外,还有求同思维与求异思维、辐散(或辐射)思维与辐合(或聚合)思维等。

集中性思维,指思维者在解决问题过程中,聚集与问题有关的信息,进行重新组织和推理,得出问题解决的唯一正确答案或一个最佳答案的一种思维形式。例如,问题为:"苹果和香蕉类同的地方是什么?"回答:它们都是水果。这个问题解决中的思维形式就是集中性思维。

发散性思维,指思维者在问题解决过程中,根据问题提供的信息,不依常规,寻求变化,充分发挥探索性和想象力,标新立异,得出多种可能答案的一种思维形式。例如,问题为:说出"铅笔"的各种用途,越多越好。回答:写字、绘画、作直尺、笔心可作导电材料或润滑剂、杠杆试验、做模型、玩具、道具等。这个问题解决中的思维形式就是发散性思维。

我们认为,创造性思维应该包括发散性思维和集中性思维两种成分在内。因为在创造性思维过程中,两者缺一不可。发散性思维固然十分重要,但集中性思维也有其不容忽视的作用,主要表现在以下两个方面:

(1) 集中性思维是发散性思维的基础

问题的情景在多数情况下不甚明了,头绪纷乱,在较高复杂程度的问题解决中尤为如此。解决问题伊始,首先必须进行集中性思维,综合已知的各种信息,得出第一发散点,然后才能在此基础之上进行发散性思维。

(2) 发散性思维的结果必须由集中性思维进行处理

发散性思维的各种结果,并非对于解决问题都是有意义的或有价值的,相反,其中相当多数往往可能是谬误的。发散性思维的众多结果,只有经过集中性思维的处理,才能区别出哪些具有意义,哪些毫无意义,哪些意义重大,哪些意义轻微,使得发散结果去伪存真,去粗取精,逐步导出切合题义的结论,或在问题复杂程度较高的情况下,导出第二、第三发散点,多次循环,直到导出最佳结论为止。

19世纪最为伟大的自然科学家、英国生物学家达尔文曾经说过一句名言:"我想不起有哪一个最初形式的假设,不是在一段时间过后就被放弃或被修改。"我们不妨借题发挥,在发散性思维之后,会初步形成许多假设,这时就需要运用集中性思维来对它们进行处理:对于其中毫无价值的假设,则把它抛弃一边;对于虽有一定价值但尚不完善的假设,则对它进行修改,使它具有更大的价值。

创造性思维的模式:集中→发散→再集中→再发散→第三次集中→第三次发散……的多次循环,创造性思维的水平由低级逐步向高级发展。

## 三、发散性思维的特性

吉尔福特的研究表明,发散性思维在行为上的表现具有以下3个基本特性:

1. 流畅性

流畅性使用流畅度来进行测量,指标是单位时间内的发散量,即发散思维的产物的数量。

2. 变通性

变通性使用变通度来进行测量,指标是单位时间内的发散方向的变换次数,即发散思维的产物的类别数量。

3. 独创性

独创性使用独创度来进行测量,指标是单位时间内的发散思维的产物中,新异产物的数量。

我们试举一例,具体说明发散性思维的上述 3 种特性。

题目:请你根据下面的图形,想象它和什么东西相似或相近,想象出的东西越多越好。

假设某个被试在规定时间内的答案为:①两只馒头;②两个弯腰插秧的农夫;③隧道进口与出口;④乌篷船;⑤两条彩虹;⑥海上日出与峭石;⑦驼峰;⑧两条抛物线。

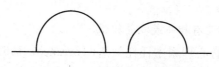

图 10-2 发散性思维一例

那么,评分应该如下:

流畅性:每个正确的答案为 1 分,这里有 8 个答案,全部符合题意,共得 8 分。

变通性:每个不同的发散方向得 1 分,上述 8 个答案可以分为 4 个发散方向,共得 4 分:

(1) 正面看的两个相同物体,包括答案中的①和⑤。

(2) 正面看的两个不同物体,包括答案中的③和⑥。

(3) 侧面看的物体,包括答案中的②、④和⑦。

(4) 运动的物体,包括答案中的⑧。

独创性:得 1 分。上述 8 个答案中,只有②"两个弯腰插秧的农夫"这个答案可以得分;其他答案均无新意,不计分数。原图从直观上看一点也不像人形,但被试通过认知补偿,得出完整形象,并且想象为立体形象,颇具新意。

独创性的评分,也可设定一种操作性的标准,根据常模样本的反应频次而定,习惯上一般可取小概率事件的 5%。如果在正常个体的 100 次反应中,某个答案只出现过 5 次及以下,则可视为与众不同,具有独创性。

## 第二节　智力与创造力的关系

### 一、研究方法与研究结论

自从创造力测验问世以来,心理学家从事智力与创造力关系研究时大多采用统计相关法,分析智力与创造力之间有无相关及相关程度的高低,进而推测这两者的关系。

其中智力是根据智力测验的结果,以智商 IQ 分数为指标;创造力系根据创造力测验的结果,以发散性思维分数为指标;智力与创造力之间的相关系数 $r$ 则表示两者的相关程度的大小。

关于智力与创造力之间的关系,目前国内外心理学家尚未取得完全一致的意见。各种实验研究的结果也不尽相同,有些甚至大相径庭。按照两者的相关的高低,这些研究结论大致可以分为以下 3 类:

1. 智力与创造力基本没有相关或相关较低

美国明尼苏达大学教育心理系主任托兰斯(Torrance),1964 年以未经选择的小学儿童为被试,以自己编制的创造性思维测验和各种智力测验为测量工具,分析研究智力与创造力的关系。结果发现,相关系数的数值比较低,一般都在 0.30 以下。例如,创造性思维测验与斯坦福-比内智力测验的相关系数为 0.16,而创造性思维测验与加利福尼亚成熟测验的相关系数为 0.25。托兰斯依据智力测验分数,进一步把被试分成智力高分组和智力低分组,然后再分别计算两组被试的智力与创造力的相关。结果发现,智力高分组中的相关系数更低,大约为 0.10。

托兰斯的另一个研究结论是,创造力高分组从事非常规性工作的比例高达 55%,而智力高分组从事非常规性工作的比例仅占 9%。

所以,托兰斯根据自己的研究结果强调指出:如果我们仅仅根据智力测验的结果来甄选天赋优异儿童,那么,最保守地说,我们就可能将 70% 富有高度创造力的儿童排除在外。

2. 智力与创造力的相关从低到中不等

美国芝加哥大学盖泽尔斯(J. W. Getzels)和杰克逊(P. W. Jackson),1962 年研究 6 年级至 12 年级学生的智力与创造力之间的关系,男生 245 人,女生 204 人。创造力测验他们采用自己编制的 5 个创造力量表,分别是语词联想、物体用途、隐藏图形、寓言及构造问题。智商分数是学校使用常规的比内(Binet)、韦克斯勒(Wechsler)等智力量表所得到。

研究结果如下:5 个创造力量表之间的相关系数,最小为隐藏图形与寓言之间的 0.153,最大则为语词联想与构造问题之间的 0.488。智商与创造力之间的平均相关系数是 0.26,其中最低的相关是智商与寓言,女生为 0.12,男生为 0.13;而最高的相关是女生的智商与构造问题,为 0.39,男生的智商与语词联想,为 0.38。另外,"高创造力组"的平均智商高于"高智力组"23 分。

日本城户幡太郎研究大中学生的智力与创造力的相关系数。结果发现,初三为 0.268,高三为 0.367,大二为 0.239。

### 3. 智力与创造力的相关较高

美国谢伊克罗夫特(Shaycroft)1963 年研究 7000 名青年。结果发现,智力与创造力之间的相关系数较高,为 0.67。换句话说,那些具有较高智商 IQ 分数的个体,往往倾向于具有较高的创造力。

我国的研究结果大多如此。1986 年程刚研究 55 名幼儿,所得相关系数为 0.55;1992 年段继扬研究 50 名小学 5 年级学生,所得相关系数为 0.60;1998 年段继扬又研究 513 名小学 4 年级学生,所得相关系数为 0.32;1996 年陈国鹏、缪小春等研究 95 名小学 6 年级学生、87 名初一学生和 92 名高二学生,所得相关系数分别为 0.7188、0.6510 和 0.5924。

## 二、吉尔福特的研究

美国吉尔福特研究中小学生的智力与创造力之间的关系,他们的智商分布范围较宽,从 70 至 140。创造力测量工具是他及其同事所编制的"南加利福尼亚大学测验"。吉尔福特独树一帜,采用平面坐标图来分析测验结果,横坐标为智商分数,纵坐标为创造力分数,在坐标图上依次描绘每个被试的相应的坐标点。最后发现,这些坐标点汇集成一个三角形图,如图 10-3 所示。

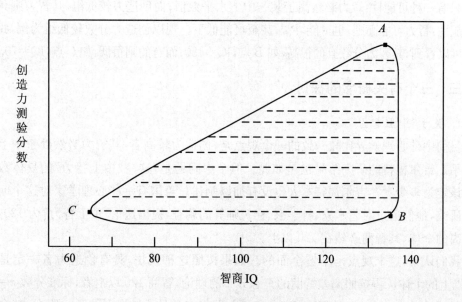

图 10-3 智力与创造力关系的三角形图

吉尔福特的研究结果是：智力与创造力之间有正相关趋势；智力较高者不一定具有高的创造力，但创造力较高者，必然具有中等以上的智力。智力与创造力的关系，一言以蔽之，智力是创造力发展的必要条件，而非充分条件。

我们认为，吉尔福特的研究结果比较具有普遍意义，我们不妨从正逆两个方向来具体分析"必要而非充分"的含义。

首先从"智力→创造力"的方向进行分析。一方面，从智力整体上来看，坐标点分布大致从左下角到右上角，这就表明，智力与创造力之间存在着正相关趋势。另一方面，从智力的高、中、低的各个部分上来看，智力与创造力的正相关的大小又不尽相同。智力较高组，其智力与创造力的相关较低；而智力较低组，其智力与创造力的相关则较高。换句话说，智力较低组，其创造力只有一种可能性：创造力必然较低；而智力较高组，其创造力则具有多种可能性：创造力可能高超，也可能寻常，甚至可能低下。现以智商 IQ 分数 130 组为例，我们在图中可以看到，其创造力分数有的很高，如 $A$ 点；而有的则很低，如 $B$ 点。

然后从"创造力→智力"的方向进行分析。十分类似，从创造力的高、中、低的各个部分上来看，智力与创造力的正相关的大小也不尽相同。创造力较高组，其智力与创造力的相关较高；而创造力较低组，其智力与创造力的相关则较低。换句话说，创造力较高组，其智力只有一种可能性：智力必然高于某一中上水平数值；而创造力较低组，其智力则具有多种可能性：智力可能高超，也可能寻常，甚至可能低下。现以创造力分数较低组为例，我们在图中可以看到，其智力分数有的很高，如 $B$ 点，IQ=130；而有的则很低，如 $C$ 点，IQ=70。

## 三、三个有关概念的探讨

### 1. 关于"中上智力"

目前中外心理学界比较一致的一个观点是，创造力较高者，其智力必然处于中上及以上水平。吉尔福特的研究结果也是如此。但个中问题是，这一"中上智力"的具体数值到底应该定为多少呢？吉尔福特本人也没有加以阐述。美国有一些心理学家对这个问题进行了研究，他们通过对艺术家、科学家、建筑师等的调查，提出这个"中上智力"为 120，即创造力高的个体，其智商必然在 120 以上。

我们认为，这个观点是不够全面的。如果按照这种说法，具有创造力者一定是智商 120 以上的个体。再按照离差智商的正态分布的理论，智商 120 以上者，标准分数 $z=(120-100)\div15=1.33$，对应的概率 $P=0.9082$，即仅占总体人口的约 9%。那么，其余多达 91% 的个体就命中注定没有创造力发展的前途，而只能安分守己地从事非创造性的学习、工作和生活了。这个观点无疑是片面的,至少在教育上没有积极意义,它否定了绝大多数学生的创造性思维。这是我们不敢苟同的。

我们承认,创造力的发展确实需要一个最低的智力程度。但我们认为,这个智力程度并不是智商120,而是一般的正常智商100,也就是说,只要智力正常的个体,都存在创造力发展的广阔前途。

2. 关于创造力测验测量什么

在智力与创造力关系的研究中,研究者大多采用创造力测验来测量创造力,但这样做却把发散性思维混同于创造性思维或创造力了。

在吉尔福特提出发散性思维的三个特性以后,心理学家们编制发散性思维测验来测量创造性思维,而使用智力测验来测量集中性思维。这样,逐渐地就把创造性思维和发散性思维划上了等号,造成了把集中性思维排斥于创造性思维之外的倾向。

另外,吉尔福特的观点为许多学者所接受,作为指导测验编制的操作定义,大都把创造力看做是发散性思维的能力,并把测量发散性思维的测验命名为创造力测验。例如,西方3个著名的创造力测验:南加利福尼亚大学测验、托兰斯创造思维测验、芝加哥大学创造力测验等莫不如此。

我们认为,这些测验似乎有点名不符实,它们表面上称之为创造力测验或创造性思维测验,但实际上所测量的乃是发散性思维。以发散性思维这种单一思维来代表创造力,未免存在以偏概全的弊端。由此可见,西方一些心理学家所研究的并非是智力与创造力的关系,而是智力与发散性思维的关系。但是,另一方面,一旦大家约定俗成,也就认为是在研究智力与创造力的关系了。

我国一些研究创造性思维的心理学工作者,已经开始注意到这个问题,并在测验的编制或实施过程中,对发散性思维与创造性思维的两个概念加以严格区分。华东师范大学研究大学生的发散性思维,有意识地把编制的测验工具命名为"发散性思维测验",这样,测验的命名和内容相互符合。另外,湖南师范大学研究青少年创造性思维能力,所采用的工具为"创造性思维潜能测验",这套测验分为ABCDE五部分,从小学3年级至高中可以重叠连续使用。每部测验都包括集中性思维和发散性思维两类问题。如此,就能够全面测量出被试的创造性思维能力。

3. 关于"新"的参照系

创造性思维的本质,在于产生"新"的思维成果。那么,"新"的参照系是什么呢?事实上,有多种不同的参照系,或者说,"新"的含义多种多样。

最大的"新"的参照系当然是整个人类社会,即某个思维成果对于整个人类社会来说,是具有新意的,是前所未有的。例如,牛顿发现力学三大定律、爱因斯坦创立相对论、爱迪生发明电灯、门捷列夫发现元素周期律、陈景润用1+2证明哥德巴赫猜想等,这些创造性思维的成果,对于整个人类社会来说,都是史无前例的。

最小的"新"的参照系自然是个体自己,这种创造性思维成果的新意,对于社会来说,或者对于他人来说,实际上并不成立,而仅仅对于个体本人能够成立。我们知道,创新精神是素质教育的重要内涵之一。我们讲到培养全体学生的创造性思维,正是立足于个体自己这个参照系。这样,在开展创造性思维的教育中,全体学生,人人都可以有所作为。

当然,这是参照系的两个极端,其间尚有大小不一的其他参照系。最为常用的当属常模参照系,即参照于同一年龄或同一年级的被试,判断某个思维成果是否具有新意。例如,高斯小学时提出的计算从1到100加和问题的解决方法,之所以属于创造性思维,无疑采用常模参照系。因为他的老师也许早就知道,但是他的同学却无人知晓。

## 第三节 创造性思维测验

### 一、南加利福尼亚大学测验

南加利福尼亚大学测验由吉尔福特及其南加利福尼亚大学的同事编制。吉尔福特认为创造性思维主要是发散性思维,所以这个测验的测量内容为发散性思维。本测验适用于初中以上文化水平的被试。

整个测验包括14个项目,具体内容如下:

(1) 语词流畅:快速写出包含一个特定字母的单词,如写出必须包含字母 o 的单词。

(2) 观念流畅:快速列举属于某一类型的事物,如能够燃烧的液体有汽油、酒精。

(3) 联想流畅:列举某个单词的近义词。

(4) 表达流畅:写出以指定字母开头的4个单词组成的句子。

(5) 替换用途:列举某一特定事物的可能用途。如杂志——用于阅读、当扇子扇风、座垫等。

(6) 解释比喻:以几种不同方式完成包含比喻的句子。

(7) 效用测验:列举某几件东西的用途,多多益善。

(8) 情节命题:给故事情节加上合适的标题。

(9) 设想后果:对假设事件的后果进行设想和推测。

(10) 为物求职:说出某个符号或物体所象征的职业,如灯泡——电气工程师、灯泡制造商、灯泡经销商等。

(11) 组成物体:使用一组给定的图形组成指定物体的图形。给定的图形可以重复使用,也可以改变大小,但不能增加其他图形。

(12) 完成略图:在给定的图形上增加线条,成为一幅可以辨认的物体的略图。

(13) 火柴拼图。

(14) 装饰设计:以尽可能多的不同设计来装饰物体的轮廓。

测验的前10个项目需要言语反应,后4个项目只需作图。测验从流畅、弹性、独创、精细等4个方面进行评分。

## 二、托兰斯创造性思维测验

托兰斯创造性思维测验由明尼苏达大学托兰斯编制,代码为TTCT。整个测验分为两种形式,一种是图画创造性思维,另一种是词汇创造性思维。本测验适用于小学一年级学生至研究生或社会成人。

1. 图画创造性思维

图画创造性思维,包括以下3个项目:

项目1——构成图画:有一片曲线形状的色纸,请你设想一幅他人意想不到的图画,这片色纸是图画的一个组成部分。把这片色纸粘贴到一张白纸的某个地方,然后用笔画出所设想的完整图画。根据这幅图画,能够讲述一个生动有趣的故事。图画完成之后,再设想一个巧妙奇特的标题。

构成图画的评分包括3项:独创性、标题抽象性、精致性。

项目2——完成图画:共完成10幅图画。每幅图画上都有一些给定的线条,在此基础上完成略图,画成他人意想不到的物体或图案。根据一幅图画,能够讲述一个生动有趣的故事。图画完成之后,再为每幅图画设想一个巧妙奇特的标题。如图10-4所示。

完成图画的评分包括5项:流畅性、独创性、标题抽象性、精致性、沉思性。

项目3——平行线条:在10分钟之内利用一对平行直线画出尽可能多的不同的物体或图画。根据一幅图画,能够讲述一个生动有趣的故事。图画完成之后,再为每幅图画设想一个巧妙奇特的标题。

平行线条的评分包括 3 项:流畅性、独创性、精致性。

测验总分:测验原始总分由 3 个项目的分数相加而成。其中流畅性为项目 2 和 3 的分数相加;标题抽象性为项目 1 和 2 的分数相加;沉思性即为项目 2 的分数;独创性和精致性则由 3 个项目的分数相加。

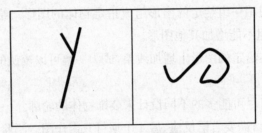

图 10-4　TTCT 完成图画示例

参照常模表,可以把流畅性、独创性、标题抽象性、精致性、沉思性等 5 项测验原始总分转换成标准分。另外,可以得出这 5 项标准分的总分及其平均分。

2. 词汇创造性思维

词汇创造性思维,包括以下 7 个项目:

项目 1 至项目 3 是根据同一幅图画进行。如图 10-5 所示。

图 10-5　TTCT 问题和猜测示例

项目 1——提出问题:仔细观察图画,提出你能够想到的一切问题。通过这些问题,将使你确切了解画面上正在发生什么事情,不要提出那些看着画面即能回答的问题。

项目2—猜测原因：列出你能够想到的所有的可能原因，也就是在这幅画面之前发生的事情。可以是在此之前刚刚发生的事情，也可以是很久以前发生的事情。尽最大可能作多种猜测。

项目3—猜测结果：列出你能够想到的所有的可能结果，也就是在这幅画面之后发生的事情。可以是在此之后随即发生的事情，也可以是很久以后才会发生的事情。尽最大可能作多种猜测。

项目4—改进产品：画面上是一个玩具，在许多商店中都能买到。列出你能够想到的最巧妙、最有趣和最不同寻常的方法来改进这个玩具，使得儿童更加喜欢。改进的方法越多越好，越新奇越好。

项目5—不寻常的用处（如空纸盒）：人们把空纸盒随手扔掉，而它们却有着多种有趣而不同寻常的用处。列出你能够想到的所有的可能用处，不要受到盒子的数目或体积的限制，也不要局限于所见所闻的用处，尽量考虑多种新奇的用法。

项目6—不寻常的问题：列出你能够想到的所有关于纸盒的问题，由此会引出各种不同的答案，以激起他人对盒子的兴趣与好奇。

项目7—合理想象：画面上是一种可能永远不会发生的情形。但是你必须合理地想象：如果这种情形果真发生了，那么所有其他的事情将会变得怎样。换句话说，将会产生什么影响和结果，请你尽最大可能进行猜测。

例如，天空云彩上悬挂着多根绳子，它们甚至垂落到地面上。这将会发生什么？如图10-6所示。

图10-6　TTCT合理想象示例

测验评分：

(1) 每个项目的评分：除了项目6的评分只包括流畅性和独创性两项之外，其余6个项目的评分均包括流畅性、变通性、独创性等三项。

(2) 测验总分：把每个项目的同一特性的分数相加，得出流畅性、变通性、独创性等三项的测验总分。

(3) 参照常模表，可以把流畅性、变通性、独创性等3项测验原始总分转换成标准分。另外，可以得出这3项标准分的总分及其平均分。

托兰斯创造性思维测验后来又发展了第三种形式，即声音创造性思维。它包括2个项目：音响想象和象声词想象。测验使用录音磁带，声音呈现3次。被试听到声音之后，想象出有关的物体或活动。测验评分只有独创性一项。

### 三、郑日昌创造性思维测验

这套创造性思维测验由北京师范大学郑日昌等编制。本测验适用于初中生至大学生。整个测验包括5个项目，具体内容如下：

项目1—词语联想：包括4个小题。每个小题的题目只有一个字，如"同"字。请你在第1格中写一个以"同"字开头的词语，如"同学"；然后在第2格中写一个以第1格的词语末尾一个字开头的词语，如"学生"；再在第3格中写一个以第2格的词语末尾一个字开头的词语，如"生产"。以此类推，如"产品"—"品德"—"德育"……，速度越快越好。

项目2—故事标题：现有两个有趣的故事，可是它们没有标题。你仔细阅读故事之后，分别给它们设想恰当的标题。标题的数目越多、越切合故事、越生动、越有趣、越新颖越好。

故事1：

夏天的一个周末，公交车上十分拥挤。起点站上，一个老人上车后想找一个座位。他发现一个座位上没有人，但却有一个手提包。于是，他问旁边一位穿戴讲究的青年：

"这个位子有人吗？"

"有人，他去买报纸了。"

"我先坐一会儿，等他回来了再让给他吧。"老人说着就坐下了。

几分钟后，车辆启动了。

"哎呀，他误车了。"老人说，"但他的包还留在车上呢！"老人说完就抓起提包，准备把包从窗口往外扔出去。

这时,穿戴讲究的青年急忙跳起来加以阻止:
"别扔,这是我的包!"

项目3—设计:公园里要建造若干座亭子。请你设计建造亭子及道路的分布图样,使亭子的布局和道路的安排既美观又实用。设计尽可能多的图样。

项目4—补画:现有一个简单图形。请你以每一个简单图形为基础,添补出各种不同的东西。画成的东西越多,越别出心裁越好。

项目5—影子:现有4个常见的物体。如果在夜晚用手拿着一个物体,使物体位于电灯的正下方,桌子的上方,则桌面上会有物体的影子。如果把物体任意转动,则物体影子的形状可能也会发生变化。请你画出每个物体在任意转动时可能出现的各种形状的影子。如图10-7所示。

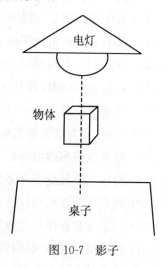

图10-7　影子

整个测验从流畅性、变通性、独创性等3个方面记分,3个分数相加则合成测验总分。项目1记分流畅性,项目2记分流畅性和独创性;两者的得分相加,合成言语部分分数。项目3记分变通性和独创性,项目4记分变通性和独创性,项目5记分变通性;三者的得分相加,合成图形部分分数。最后,参照常模表,可以把测验原始总分转换成百分等级分数。

## 四、劳德塞创造能力问卷

这套创造能力问卷由美国心理学家尤金·劳德塞编制,经过我国王通讯等修订之后,适用于我国中学生。整个问卷包括50个项目,每个项目为一句话。被试可以在"同意"、"吃不准,不知道"、"不同意"等3个选项中实事求是地加以选择回答。具体项目如下:

(1) 我不做盲目的事情,干什么都是有的放矢,用正确的步骤来解决每一个具体问题。

(2) 只是提出问题而不想得到答案,无疑是浪费时间。

(3) 无论什么事情,要我产生兴趣,总比别人困难一些。

(4) 我认为,只有合乎逻辑的、循序渐进的方法,才是解决问题的最好方法。

(5) 有时,我在小组里发表的意见,似乎使一些人感到厌烦。

(6) 我花费大量时间来考虑别人是怎样看待我的。

(7) 做自己认为正确的事情,比起费力博得别人赞同重要得多。

(8) 我不尊重那些做事似乎没有把握的人。

(9) 我需要的刺激和兴趣比别人多。

(10) 我知道如何在考试之前保持镇静。

(11) 我能坚持很长一段时间来解决难题。

(12) 我有时对事情过于热心。

(13) 在特别无事可做时,我倒常常想出好主意。

(14) 在解决问题时,我常常单凭直觉来判断"正确"或"错误"。

(15) 在解决问题时,我分析问题较快,而综合所收集到的材料则较慢。

(16) 有时,我打破常规去做原来并未想到要做的事情。

(17) 我有收集东西的癖好。

(18) 幻想促使我提出许多重要的计划。

(19) 我喜欢客观而理性的人。

(20) 如果让我在两种职业中选择一种,那么我宁愿当实际工作者,而不愿当探索者。

(21) 我能够与同事或同行友好相处。

(22) 我有较高的审美感。

(23) 在我的一生中,我一直追求名利和地位。

(24) 我喜欢那些坚信自己结论的人。

(25) 灵感与获得成功无关。

(26) 争论时,我感到最为高兴的是,原先与我观点不一的人变成了我的朋友,即使牺牲我原先的观点也在所不惜。

(27) 我更大的兴趣在于提出新的建议,而不在于设法说服别人接受这些建议。

(28) 我乐意独自一人整天"深思熟虑"。

(29) 我往往避免做那种使我感到低下的工作。

(30) 我觉得资料的来源比其内容更为重要。

(31) 我不满意那些不确定和不可预言的事情。

(32) 我喜欢埋头苦干的人。

(33) 一个人的自尊比得到他人敬慕更为重要。

(34) 我觉得那些力求完美的人是不明智的。

(35) 我宁愿与大家一起努力工作,而不愿单干。

（36）我喜欢那种对别人产生影响的工作。

（37）在生活中,我经常碰到不能用"正确"或"错误"加以判断的问题。

（38）对我来说,"各得其所"或"各在其位"是十分重要的。

（39）那些使用古怪的、不常用的词语的作家,纯粹是为了炫耀自己。

（40）许多人之所以感到苦恼,是因为他们把事情看得太认真了。

（41）即使遭到不幸、挫折和反对,我仍然能够对工作保持原来的精神状态和热情。

（42）想入非非的人是不切实际的。

（43）比起"我知道的事",我对"我不知道的事"印象更为深刻。

（44）比起"这是什么",我对"这可能是什么"更感兴趣。

（45）我经常为自己在无意之中说话伤人而闷闷不乐。

（46）纵使没有报答,我也乐意为新颖的想法而花费大量时间。

（47）我认为,"出个主意没有什么了不起"这种说法是中肯的。

（48）我不喜欢提出那种显得无知的问题。

（49）一旦任务在肩,即使受到挫折,我也要坚决完成。

（50）从下面描述人物性格的形容词中,选择10个你认为最能说明自己性格的词汇。

| | | | |
|---|---|---|---|
| 1 精神饱满 | 15 乐意助人 | 29 脾气温顺 | 43 复杂 |
| 2 有说服力 | 16 坚强 | 30 可预言 | 44 漫不经心 |
| 3 实事求是 | 17 老练 | 31 拘泥形式 | 45 柔顺 |
| 4 虚心 | 18 有克制力 | 32 不拘礼节 | 46 创新 |
| 5 观察力敏锐 | 19 热情 | 33 有理解力 | 47 泰然自若 |
| 6 谨慎 | 20 时尚 | 34 有朝气 | 48 渴求知识 |
| 7 束手束脚 | 21 自信 | 35 严于律己 | 49 实干 |
| 8 足智多谋 | 22 不屈不挠 | 36 精干 | 50 好交际 |
| 9 自高自大 | 23 有远见 | 37 讲实惠 | 51 善良 |
| 10 有主见 | 24 机灵 | 38 感觉灵敏 | 52 孤独 |
| 11 有献身精神 | 25 好奇 | 39 无畏 | 53 不满足 |
| 12 有独创性 | 26 有组织力 | 40 严格 | 54 易动感情 |
| 13 性急 | 27 铁石心肠 | 41 一丝不苟 | |
| 14 高效 | 28 思路清晰 | 42 谦逊 | |

# 第十一章 智力因素与非智力因素

中外心理学界都长期研究非智力因素及其与智力因素的关系,但两者的研究背景有所不同。

## 第一节 西方对非智力因素的研究

西方心理学家对于非智力因素概念的研究,大体上可以分为3个时间阶段。第1阶段:20世纪50年代之前,心理测量学领域对非智力因素的研究;第2阶段:20世纪50年代至80年代,认知心理学和发展心理学领域对非智力因素的研究;第3阶段:20世纪80年代之后,教育心理学领域对非智力因素的研究。

当然,这3个阶段的划分具有相对性。例如,20世纪80年代之前,教育心理学领域已对非智力因素进行前期研究;又如,20世纪80年代之后,心理测量学领域还对非智力因素进行后续研究。

### 一、心理测量学领域的研究

西方心理测量学领域对于非智力因素的研究,几乎可以说是对于智力研究的衍生物。而在智力研究中得到普遍使用的因素分析等统计方法,在非智力因素研究中同样大有用武之地。

1913年维伯(E. Webb)使用因素分析方法研究性格性质;1921年布朗(W. M. Brown)使用因素分析方法研究智力测验中的性格特质;1933年卡特尔(R. B. Cattell)使用相关分析方法研究气质测验和智力测验的关系。

20 世纪 30 年代亚历山大(W. P. Alexander)通过大量的测试和实验,发现在智力测验中,人们忽视了很大一部分因素,但是,它们却对智力测验的结果起着相当重要的作用。当时流行的斯皮尔曼的智力二因素论或者塞斯顿的智力群因素论,均难以解释智力测验实践中的这种矛盾现象。

1935 年亚历山大发表论文《具体智力和抽象智力》(Intelligetlce: Concrete and Abstract),详细介绍了有关研究,并首次正式使用"非智力因素"(Nonintellective Factors)这一术语。他认为,影响智力活动的因素有两类:一类是众所周知的一般因素 G、言语因素 V、实践因素 P 等;另一类则是他自己命名的 X 因素和 Z 因素,指被试对智力作业的兴趣、克服困难的坚持性以及企盼成功的愿望等。X 和 Z 这两个因素总称为人格因素,也就是"非智力因素"。

第一次世界大战期间,美国数千名入伍新兵在纽约长岛军营接受"军队智力测验",纽约大学韦克斯勒(D. Wechsler)担任协助记分和评定工作。在考虑新兵能否被征收入伍时,是以他们在智力测验上的得分作为衡量标准的。韦克斯勒不止一次地发现,有些在标准化智力测验上失败的新兵,从他们的经历来看,却能够顺利从事正常的学习或工作,并且能够很好适应公民的社会生活。这个矛盾现象引起他的深思,他开始觉察到传统的只局限于认知属性的智力概念必须加以修改,其含义应予扩充。通过多年探索和研究,韦克斯勒深信智力是一种整体的潜能,而不是单一的独立的特质。于是他得出结论:智力不能与人格的其他部分分割开来。

1943 年韦克斯勒受到亚历山大等人观点的启发,提出了"一般智力中的非智力因素"概念。他认为:非智力因素尽管不能代替构成智力的基本能力,但确是智力行为的必要因素,主要指气质和人格因素,尤其是人格因素。随着理论研究和临床实践的逐步积累和深入,他又较为具体地提出了内驱力、情绪平衡、坚持性等非智力因素。

1950 年韦克斯勒在《美国心理学》杂志第 5 期上发表了《认知的、意动的和非智力的智力》(Cognitive, Conative and Nonintellective Intelligence)一文。一般说来,西方心理学界将韦克斯勒这篇论文的问世,作为"非智力因素"概念正式诞生和开始进行科学研究的一个标志。

1958 年韦克斯勒在《成人智力的测量和评定》一书第 4 版中提出一个新观点,他把智力"看成是结果而非原因"。为什么说是"结果"呢?因为它不只局限于智力因素,而是智力因素和非智力因素相互作用之后的结果。

韦克斯勒根据数十年的理论和实践的探索,把非智力因素的含义概括为以下 3 点:

(1) 从简单到复杂的各个智力水平中,都反映了非智力因素的作用;

(2) 非智力因素是智力行为的必要组成部分;

(3) 非智力因素不能替代智力因素的各种基本能力,但对后者起着制约作用。

另外,从 20 世纪 40 年代起始,英国艾森克(H. J. Eysenck)、美国卡特尔(R. B. Cattell)等人使用人格测验的结果来预测学业成就。他们的研究表明,不同性格倾向的个体在认知、创造性等方面的成就有所不同。卡特尔的研究发现,智力、动机、人格分别可以解释学业成就差异的 25%,三者合计约 75%。

20 世纪 80 年代中期,爱泼斯坦和迈耶(S. Epstein & P. Meier)编制"建设性思维量表"(Constructive Thinking Inventory,CTI),包括情绪控制、行为控制、思维定型、迷信思维、内在乐观、否定思维等内容。他们还对 CTI 量表、韦克斯勒智力量表、归因风格量表、控制点量表、社会支持量表等 5 个测验进行因素分析。结果发现:A 因素的变异量为 40%,B 因素的变异量为 27%,A 命名为非智力因素,B 命名为智力因素。CTI 量表 A 因素负荷为 0.79,B 因素负荷为 0.18;韦克斯勒智力量表 A 因素负荷为 0.10,B 因素负荷为 0.48;其他 3 个量表 A 因素负荷均大于 0.30。

## 二、认知心理学和发展心理学领域的研究

20 世纪 50 年代之后,西方心理学家对非智力因素的研究方兴未艾,从心理测量学领域逐步发展到认知心理学和发展心理学领域。

1963 年认知心理学创始人奈索(U. Neisser)在《科学》杂志发表论文《机器对人的模仿》(the Imitation of man by machine),详细论述人工智能与人类思维的差异所在。他认为:人类思维的最为基本的特征之一是,认知活动的情绪基础以及动机的目的性与多重性。实际上,此处所涉及的心理属性自然就是非智力因素问题。

1967 年赛蒙(H. A. Simon)在《心理学评论》杂志发表论文《认知的动机监控与情绪监控》(Motivational and Emotional Control of Cognition),专门论述动机和情绪在人的认知活动中的作用机制,并且提出了动机和情绪行为与信息加工行为之间相互关系的理论。

1980 年诺曼(D. A. Norman)在《认知科学》杂志发表论文《关于认知科学的一打问题》(Twelve Issue for Cognitive Science),认为信息系统、学习、意识、记忆、知觉、操作、技能、思想、语言、情绪、发展、交互作用等 12 个问题,构成认知因素与非认知因素两者关系的基本理论框架。

发展心理学领域对非智力因素研究的代表人物,当属瑞士皮亚杰(J. Piaget)。1950 年他

用法文汇编一本演讲集《智力与情感在儿童发展进程中的相互关系》,1981年出版英文版(Intelligence and Affectivity—Their Relationship During Child Development)。他认为:情感与智力的功能有关。情感源于同化与顺应之间的不平衡,它为认知供应能量而发挥作用;而认知则为情感能量提供一种结构。这个观点成为以后研究非智力因素的一个新视角。

### 三、教育心理学领域的研究

20世纪80年代之后,西方非智力因素的研究开始密切联系教育实际。教育心理学领域积极研究动机、情感、人格等因素对学生学业成就的影响。20世纪80年代末西方出版的一些教育心理学教科书,也把这些因素统称为非智力因素。

1. 动机对学业成就的影响

20世纪50年代中期,麦克莱兰(D. C. Mcclelland)等人提出成就动机的定义:在某种优势标准存在的情况下,个体对成就的取向。阿特金森(Atkinson)则进一步区分成就动机的两种不同倾向:一种是追求成功的动机,另一种是避免失败的动机。洛厄尔(Lowell)等人研究其他条件相同而成就动机不同的大学生的学习效率。结果表明,成就动机显著影响学业成绩。

20世纪70年代,韦纳(B. Weiner)把成就动机与归因理论相结合。他认为,可以把成败归因为个体能力、个体努力程度、作业难度以及运气等4种因素;并可以分为内部的、外部的、稳定的、不稳定的等归因类型。阿尼斯(Anes)等人研究归因风格对学业成就的影响。结果表明,学生把成败归因于能力或努力因素时,有利于学业成绩的进步;而归因于作业难度或运气时,则不利于学业成绩的进步。另外,随着作业难度的变化,能力归因和努力归因所起的作用不相平衡。

20世纪80年代中期,德威克(C. S. Deweck)等人提出动机-目标理论。他们认为,在学业活动中,与成就动机相吻合,存在着不同取向的目标类型。德威克提出"学习取向与作业取向"(learning—oriented, performance—oriented);尼科尔斯(Nicholls)提出"作业专注与自我专注"(task—involved, ego—involved);埃姆斯(Ames)提出"掌握性目标与作业性目标"(mastery goal, perforrnance goal)。埃姆斯认为,掌握性目标是一种积极的动机,有利于学业成绩的进步。而课堂作业、学习活动设计、评价学生方法以及课堂责任定位等则是影响学生目标取向的重要因素。

20世纪90年代之后,逐步扩大和深化对动机的实证研究。在自我效能感和习得无力感方面,在成就需要、失败焦虑、归因倾向等方面,在竞争与合作之背景、内在与外在之奖励以及奖励环境等方面，都得出了一些具有价值的研究结论。

2. 情感对学业成就的影响

20世纪60年代之后，休森(Husen)等人研究学生的具体学科情感与学业成就之间的关系。结果表明，二者之间存在显著正相关。另外表明，相关系数随着年级增高而上升；学科情感可以解释学业成就的变异量的20%。桑代克(Thorndike)等人研究学生的学校情感与学业成就之间的关系。结果表明，二者之间同样存在显著正相关。布鲁克佛(Brookover)编制学业自我概念测验，进而研究学生的学业自我概念与学业成就之间的关系。结果表明，二者之间存在显著正相关，相关系数随着年级增高而上升。布洛克(Block)等人研究学生的具体学习任务情感与学业成就之间的关系。结果表明，二者之间存在显著正相关。另外表明，在系列学习任务中，相关系数趋于上升。

20世纪80年代后期，布卢门菲尔德(P. C. Blumenfeld)等人研究课堂任务对学生学习行为的影响。他们把课堂任务分解成为认知要素和形式要素(cognitive—element, form—element)，进而研究二者如何单独或共同发生作用影响学生的学科情感以及自我概念的形成。

20世纪90年代之后，研究者更为关注影响学业成就的自我体验，诸如自我概念、自我实现、自我中心、自我障碍、自我参与、自尊、自信等问题。

3. 人格对学业成就的影响

教育心理学领域研究最多的人格因素之一就是焦虑。奥苏贝尔(Ausubel)曾经设计迷津实验来研究焦虑对学业的影响。结果发现，高焦虑组对迷津过分担忧，而随着实验次数增多，担忧则逐渐减弱。另外研究表明，焦虑程度对学业能力高低两组学生的学业成就的影响都较小，而对学业能力中等组学生的学业成就的影响则较大。

1987年汉弗莱斯和雷维尔(M. S. Humphreys & W. Revelle)研究人格和动机对信息加工成就的影响。他们使用"非认知因素"(noncognitive factors)这一术语，其中包括人格、动机以及实验背景等因素。

他们假设：人格特质通过环境中介变量转化为特定的人格状态，人格状态影响动机的"唤起"或"努力"，动机又影响信息加工。因此，实验包括两个部分，前者研究动机对信息加工的影响，后者则研究人格对动机的影响。他们试图从中得出一套系统的"人格—动机—成就"模式。

在动机对信息加工影响的研究中，他们发现：唤起水平与信息加工成就之间存在3种线性关系，即单调递增、单调递减和倒"U"型曲线。努力程度和唤起水平都会影响记忆信息迁移的成就。

在人格对动机影响的研究中,他们发现:增强中介变量,内向和外向两组的唤起水平均是抛物线。外向组唤起水平较高,能够进行记忆信息迁移;而内向组唤起水平较低,难以进行记忆信息迁移,但经过努力可以提高唤起水平。

研究也表明:在记忆信息迁移作业中,高焦虑组开始会降低努力而成就较低,但随着作业难度的增加,他们的努力也会不断增加,甚至超过低焦虑组;在短时记忆作业中,他们的努力随着作业难度的增加反而下降,反之,降低作业难度,他们的努力又会增加。

另外,威特金(Witkin)等人的研究表明:"场依存性-场独立性"、"慎思性-冲动性"等具有人格特征的认知风格对学业成就产生显著影响。

## 第二节 我国对非智力因素的研究

我国对非智力因素的研究,既有理论研究,也有实证研究。

### 一、前期研究

1982年北京师范大学朱智贤在《外国心理学》杂志发表文章《思维心理学研究漫谈》,文中最早使用"非认知因素"这一概念。1986年他在《思维心理学》一书中,仍然使用"非认知因素"概念,并把它作为思维活动的一个组分。

1981年广州心理学会议上,上海师范大学吴福元首先提出"非智力因素"的概念。1982年昆明心理学会议上,吴福元提出智力3个亚结构的理论,智力由素质、认知、动力等3个亚结构组成,其中的动力亚结构就是指非智力因素,主要包括兴趣、需要、动机、诱因、情感、意志等。1983年他在《教育研究》杂志发表文章《大学生的智力发展与智力结构》,文中再次重申这个观点。

### 二、燕国材的研究

1983年2月11日《光明日报》刊登上海师范大学燕国材文章《应重视非智力因素的培养》,文中第一次公开正式使用"非智力因素"这一概念。此后燕国材长期从事非智力因素的研究,提出一整套关于非智力因素的理论。

(一) 非智力因素的概念

燕国材认为,根据内涵和外延的大小,非智力因素概念可以分为以下3个不同的

层次:

1. 广义的非智力因素

第一层次的非智力因素是广义的非智力因素,它是指除了智力因素之外的一切心理因素。智力因素由观察力、记忆力、思维力、想象力、注意力等5种基本因素组成。因此,广义的非智力因素就是指除了观察力、记忆力、思维力、想象力、注意力等5种因素之外的所有心理因素。

2. 狭义的非智力因素

第二层次的非智力因素是狭义的非智力因素,它由5种基本因素组成,它们是动机、兴趣、情感、意志和性格。

3. 具体的非智力因素

第三层次的非智力因素是具体的非智力因素,它由12种具体因素组成,它们是成就动机、求知欲望、学习热情;责任感、义务感、荣誉感;自信心、自尊心、好胜心;顽强性、自制性、独立性。

(二) 非智力因素的理论

燕国材的非智力因素的理论,主要包括3条核心思想和5对判断,下面分别予以介绍。

1. 3条核心思想

(1) 一个目的:尊重学生的主体地位,发挥学生的主体作用,调动学生的主体积极性。首句是前提,而次句是目标,末句则是手段。学生的主体积极性不是来自智力,而是来自非智力因素;只有激发学生非智力因素的积极性,从而将积极性赋予智力。这样就能激发学生全部的主体积极性。

(2) 一条假设:个体的智力水平相差较小,而个体的非智力因素水平则相差较大。凡是进入普通学校进行正常学习的学生,他们的智力水平差别不大,主要差别在于他们的非智力因素水平的高低不同。

(3) 一个公式:在其他条件相同的情况下,$A = f(I \cdot N)$。式子中 A 表示学习成功,I 表示智力,N 表示非智力因素,而 f 则表示函数关系。这个公式的含义是,学生学习的成功,是由他的智力和非智力因素共同决定的。

一个智力水平较高的学生,如果其非智力因素不能得到相应的发展,那么他只能成为"小器"而决不能成为"大器"。另一方面,凡是具有中等智力水平以上的学生,只要其非智力因素得到较好的发展,那么他倒可能成为"大器"。

2. 5对判断

(1) 指导 VS 主导

智力活动指导非智力因素,非智力因素主导智力活动。潘菽曾经指出:"意向总是认识指引之下的意向,而认识总是意向主导之下的认识。"智力属于认识活动的范畴,而非智力因素则属于意向活动的范畴。因此,非智力因素与智力的关系,犹如认识活动与意向活动的关系。

(2) 直接 VS 间接

智力因素对学习起着直接作用,而非智力因素则对学习起着间接作用。在学习活动中,学生总是通过观察、记忆、思维、想象、注意等智力因素获得基本知识和形成基本技能,而动机、兴趣、情感、意志、性格等非智力因素不能帮助学生直接获得"双基",它只能通过对智力活动的支持和促进而间接影响学生的学习。

(3) 有 VS 无

智力因素本身没有积极性,非智力因素具有积极性。学生的观察、记忆、思维、想象、注意等认识活动本身无所谓积极性,只有当非智力因素参加到认识活动之后,学生的认识活动才会表现出积极性。当学生对自己认识的对象、思考的问题、记忆的材料等产生热爱的情感、适宜的动机,以及遇到困难与障碍之时,还会具有坚强的意志与独立的性格去加以克服,唯有如此,学生才会具有认识的积极性、思维的积极性和记忆的积极性。

(4) 结构 VS 条件

智力构成教学过程中的心理结构,非智力因素构成教学过程中的心理条件。任何教学活动都必须建立在学生的全部心理活动的基础之上,即学生的全部心理活动都应当积极投入到教学中去。但是,各种心理活动对教学活动的影响有所不同。存在两种情况:一些心理活动对完成教学任务起着直接作用,它们彼此紧密联系,不可分割,即构成教学活动中一定的心理结构,这就是智力;另一些心理活动对完成教学任务起着间接作用,它们彼此虽有联系,但较发散,即构成教学活动中一定的心理条件,这就是非智力因素。

把智力因素和非智力因素都视为条件也未尝不可,但这两个条件的作用截然不同。前面指出,智力起着直接作用,非智力因素起着间接作用。凡是起着间接作用的东西都应该称为条件,条件就是某种事物或活动的支持者;凡是起着直接作用的东西就不宜称为条件,于是就把它改称为心理结构。学习过程正是由观察、记忆、思维、想象、注意等心理因素所构成,从而使学生直接掌握知识和技能。

(5) 操作 VS 调节

智力属于教学活动中的执行-操作系统,非智力因素属于教学活动中的动力-调节系统。在学习活动中,学生总是通过智力去操作和执行,即只有通过观察才能获得知识,通过想象和思维才能理解和领会知识,通过记忆才能巩固知识,而注意又是观察、想象、思维、记忆等活动的组织维持者。学习乃是智力直接执行-操作的一种结果。

在学习活动中,非智力因素发挥一种动力-调节作用,以此推动和维持智力活动,从而共同完成学习任务,提高学习效率。

教学是一个大系统,由两个子系统组成。一个就是执行-操作系统,对于完成具体的学习任务而言,它相当于执行者和操作者,包括观察、记忆、思维、想象、注意等智力因素;另一个就是动力-调节系统,对于完成具体的学习任务而言,它相当于发动者和调节者,包括动机、兴趣、情感、意志和性格等非智力因素。

### 三、林崇德等的研究

(一) 非智力因素的含义

非智力因素的含义,涉及原则、条件、共识、定义等4点内容。

1. 原则

认识和研究非智力因素,应该遵循3条基本原则:

(1) 非智力因素概念提出者的本意。

(2) 国际心理学界使用非智力因素概念的惯例。

(3) 非智力因素的实质。

2. 条件

认识和研究非智力因素,还应该在4个前提条件下进行:

(1) 非智力因素是一个集合性的概念。人们往往进行非智力因素的成分划分。如果是为了理论研究的需要,未尝不可;但如果是为了培养学生非智力因素的需要,则事半功倍。从一个总体中分离出来若干个成分,并加以片面强调,即使它是矛盾的主要方面,也不足以反映非智力因素的全貌。

(2) 非智力因素是各种心理属性交互作用的产物。例如其中的人格和情感属性,我们实难确定一个学生的智力活动受到情感影响,而另一个学生的智力活动受到人格影响。因为两者交互作用,作为一个统一的整体而具体表现在智力活动过程之中。如果割裂它们的关系,就难以完整认识非智力因素概念。

(3) 非智力因素的参照系是智力因素。界定非智力因素时,一定要把非智力因素与智力因素加以结合。如果割裂它们的关系,同样难以完整认识非智力因素概念。

(4) 非智力因素的形成和发展过程,是其中各种心理属性融合和积淀的结果。非智力因素是后天习得而非先天具有。

3. 共识

界定非智力因素,至少可以达成3点共识:

(1) 强调智力活动中的非智力因素,即从智力与非智力因素的关系来界定非智力因素。

(2) 着重从人格来分析非智力因素。

(3) 从非智力因素在智力活动中的影响、效益和地位来认识和理解非智力因素。

4. 定义

至此,林崇德认为,非智力因素是指除了智力和能力之外又同智力活动效益发生相互作用的一切心理因素。并提出3点解释:

(1) 非智力因素是指在智力活动中表现出来的非智力因素,而不包括与智力因素无关的心理因素。

(2) 非智力因素只有与智力因素一起,才能发挥它在智力活动中的作用。

(3) 非智力因素是一个整体,具有一定的结构。

(二) 非智力因素的结构

非智力因素的结构包括以下5个组分:

(1) 情感。情感包括情感强度、情感性质、理智感等成分。

(2) 意志。意志既可以作为一种心理过程影响智力活动,也可以作为一种性格特征影响智力和能力。此处尤指意志品质,如意志的自觉性、果断性、坚持性和自制力等。

(3) 个性意识倾向性。个性意识倾向性成分很多,其中与智力活动有关的因素,主要是指理想、动机和兴趣。

(4) 气质。气质特点能够影响智力活动的性质和效率。与智力活动有关的气质因素,主要是指心理活动的速度与强度两者。

(5) 性格。与智力活动有关的性格因素,主要是指性格的态度特征、意志特征和理智特征。

四、实证研究

此处介绍3个代表性的实证研究,它们各具特色。一个是国内最早的研究,另一个是笔者参与其中的研究,再一个则是最近的研究。

1. 丛立新的研究

1984年北京师范大学研究生丛立新调查研究中学生非智力因素对学业成就的普遍影

响。这也许是我国研究非智力因素的先锋。

这项研究涉及3个变量:智力、非智力因素、学业成就。智力水平分为3组:智力较高组、智力中等组、智力较低组;非智力因素测量使用16PF即卡特尔16种人格因素问卷,非智力因素水平分为2组:非智力因素优秀组和非智力因素不良组;学业成就以当年高考分数为指标,分为2组:录取分数线之上组和之下组。研究结果发现:

(1) 智力水平高中低各组中,非智力因素优秀组达到高考录取线的人数百分数都显著高于非智力因素不良组。具体数据如下:智力较高组中77对56,智力中等组中67对43,智力较低组中38对17。

(2) 智力中等而非智力因素优秀组的高考上线人数百分比为67.44,而智力较高组(包括非智力因素优秀者和不良者)的相应百分比则为68.18,两者几乎不相上下,没有太大差异。

对于智力水平较高的学生来说,非智力因素状况如何是决定他们能否达到录取分数线的重要原因之一。例如,有两个理科考生的智商均高达136,其中非智力因素优秀者成绩为550分,远远超过录取线;而非智力因素不良者成绩却只有355分,尚不到录取线水平。类似的例子为数不少。

对于智力水平中等的学生来说,非智力因素的不同状况几乎直接决定他们的高考成绩水平。智力中等而非智力因素优秀者,成绩可以与智力较高的学生并驾齐驱。例如,某考生智商为104,而非智力因素优秀,高考成绩高达491分;相反,智力中等而非智力因素不良者,成绩可以下降到智力较低组学生的水平。例如,某考生智商为114,而非智力因素不良,高考成绩只有区区250分,离开录取线一大段。

对于智力水平较低的学生来说,非智力因素对学业成绩的影响也是至关重要。有的学生虽智力较低而非智力因素优秀,其成绩可以达到智力中等以至智力较高者的学业水平。

2. 吴福元等的研究

1985年至1986年,上海师范大学吴福元等8人调查研究大学生智力因素和非智力因素与学习成绩的关系。笔者也参与其中。

在智力因素方面,我们使用韦克斯勒成人智力量表作为测量工具。智商120以上为智力优秀,智商110至120之间为智力中上,智商90至110之间为智力中等。在非智力因素方面,我们使用16PF即卡特尔16种人格因素问卷。首先计算16项因素与入学总分的相关,选择其中8项具有统计显著性的因素。然后计算这8项因素的平均数M,M在6以上为非智力因素较好,M在5至6之间为非智力因素一般,M在5以下为非智力因素较差。在学习成绩方面,我们使用当年入学高考总分以及大学一年级上下两个学期主要课程考试成绩。

研究结果表明,智力因素与学习成绩的关系并非绝对化,较好的非智力因素使得智力中等的学生进入学习优秀的行列,而较差的非智力因素则使智力优秀者列入学习落后的队伍。此处介绍三例较为典型的个案。

历史系男生王某,智力中等(IQ=98),非智力因素较好(M=7.31)。他的个性的明显特点是:审慎,冷静,理智,自立自强,不依赖别人,不满足于已有成绩。他认识到自己的思维不够灵活,于是采用笨鸟先飞的学习方法,刻苦用功。他常常认真整理学过的内容,不但加深了印象,而且锻炼了分析概括及写作能力。他学习成绩第一学期名列全班第二,第二学期则名列榜首。同学们都说他的成绩是"啃"出来的。

化学系男生孙某,智力优秀(IQ=132),非智力因素较差(M=3.49)。他的个性的明显特点是:无主见,易动摇,缺乏远大的目标和理想,缺乏责任感,缺乏意志力,不想与人竞争,依赖性强。同学们都认为,他思维灵活敏捷,但学习松懈,惧怕困难,天性懒散。他学习成绩第一学期名列全班后5名,似乎也不着急,第二学期仍然停留在全班后5名。他自己对同学说:"我怎么也提不起高考时的那股劲头。"

生物系女生韩某,智力优秀(IQ=132),非智力因素较差(M=4.21)。她的个性的明显特点是:聪明,顺从,缺乏远大的目标和理想,缺乏信心,畏怯退缩,不愿创新,自制力差。她对同学说过:"我之所以不考重点大学,就是怕激烈竞争。"她喜欢安逸,入学之后只求过得去,没有力争上游的好胜心。她学习成绩第一学期属于全班中下水平。后来在教师的帮助之下,她端正了学习态度,第二学期学习成绩大有起色,前进了35个百分位数,名列全班第7名。

研究结果也表明,非智力因素虽不直接介入学习的认识活动,但它形成个性意识倾向中的学习态度。积极的个性品质能够促进和推动智力的充分发挥,而消极的个性品质则会阻碍和干扰正常的智力活动。非智力因素对大学生学习成绩的影响甚至比智力因素还要大些,而且随着时间的推移,这种影响将进一步增强。

研究结果还表明,智力因素和非智力因素都对大学生的学习成绩产生影响,但两者的影响并非同步,而是不同阶段各有侧重。随着大学学习年限的增长,对于学习成绩的进步与否,智力因素的影响逐渐减弱,而非智力因素的影响则逐渐增强。在这种意义上,非智力因素对大学生学习成绩起着较为主要的作用。

3. 施建农等的研究

2004年中国科学院心理研究所施建农等人研究超常儿童与正常儿童在非智力因素上

的差异。这是笔者参考文献中关于非智力因素的最近的一项研究。

北京市某中学附设超常班,4 年修完初高中课程。其中超常大班年龄 13 岁,入学已 2 年多;超常小班年龄 11 岁,刚入学不久。在同一所中学,随机抽取同龄普通学生,分别组成大班对照组和小班对照组。

使用 3 个量表测量非智力因素:①自我概念量表,Song-Hattie 编制,35 题,分为 9 个维度及总分;②状态-特质焦虑问卷,C. D. Spielberger 等 1983 年编制,40 题,分为状态焦虑和特质焦虑 2 个分量表;③成就动机量表,T. Gjesme 和 R. Nygard 编制,30 题,分为追求成功动机和避免失败动机 2 个分量表。研究结果表明:

(1) 在自我概念上,超常大班 9 个维度得分以及自我概念总分均低于大班对照组,其中身体自我、同伴自我、班级自我、自信自我、非学业自我以及自我概念总分的差异非常显著。而超常小班能力自我得分以及自我概念总分低于小班对照组,其他 8 个维度得分均高于小班对照组,但两项差异均不显著。

(2) 在状态-特质焦虑上,超常大班状态焦虑和特质焦虑得分均显著高于大班对照组,而超常小班状态焦虑和特质焦虑得分均显著低于小班对照组。

(3) 在成就动机上,超常大班追求成功得分低于大班对照组,但差异不显著,而避免失败得分显著高于大班对照组;与之相反,超常小班追求成功得分高于小班对照组,而避免失败得分低于小班对照组,但两项差异均不显著。

本研究结论:超常儿童非智力因素的发展可能受到同学之间能力比较、学习压力、教育方式等因素的影响。

## 第三节 非智力因素量表

非智力因素量表可以分为三种类型:一种是通用的人格量表,另一种是专用的非智力因素量表,第三种是单项非智力因素量表。

### 一、通用的人格量表

(一) 卡特尔人格因素测验

美国伊利诺州立大学卡特尔(R. B. Cattell)及其同事经过数十年的潜心研究,确定 16 种最为基本的且彼此独立的人格因素。他们编制了一整套测量 4 岁至成人的人格测验,包括4个测验:《学龄前儿童人格问卷》,代码PSPQ,适用于4至6岁儿童;《学龄初期儿童人格问卷》,代码ESPQ,适用于6至8岁儿童;《儿童人格问卷》,代码CPQ,适用于8至12岁儿童;《卡特尔16种人格因素问卷》,代码16PF,全称是Sixteen Personality Factor Questionaire,适用于中学生至成人。此处介绍16PF。

1. 内容和结构

16PF共有测题187题,其中第1、2、187等3题不记分;余下184题构成16种人格因素,其中8种因素分别由10个测题组成,另外8种因素则分别由13个测题组成。

每一测题都有3个备选答案,被试任选其一。在两个相反的备选答案之间,另有一个折中的答案。如金钱不能使人快乐:a. 是的;b. 介于a与c之间;c. 不是的。测题编排,不是按照因素排列,而是按照序号1个或2个轮流排列。这可以使得被试保持作答兴趣。测题使用中性词语,避免社会公认的对错内容。另外,多数测题与因素之间的关系不甚明了。这些有利于防止被试猜测题意而作假答题。

2. 评分

16PF评分分为以下3个步骤:

(1) 测题记分

B因素的测题有正确答案,按0、1记分。答对记1分,答错记0分。

其他15个因素的测题无对错之分,按0、1、2记分。凡是与评分标准相符合的答案,记2分;相反的答案则记0分;选项b都为中间答案,记1分。

未做测题的记分:属于B因素的测题,记0分;属于其他因素的测题,均记1分。

(2) 因素原始分

把属于某一因素的10个或13个测题的得分相加,得出因素原始分,共16个。

(3) 因素标准分

16PF提供高中生、大学生、成人等3个常模表。每个常模表按照性别,分设男女常模。根据相应的常模表,可以把各个因素原始分转换成对应的因素标准分。

3. 分数解释

(1) 单个人格因素

16PF包括16个人格基本因素,因素标准分分布范围为1～10分。其中5～6分为中间分,因素特征不明显;1～4分为低分,分数越低,因素低分特征越明显;7～10分为高分,分数越高,因素高分特征越明显。16个因素的名称和代码及其高低分特征如下:

A 因素-乐群性。高分特征:热情,乐群,坦率;低分特征:冷漠,孤独,缄默。

B 因素-聪慧性。高分特征:聪明,富有才识;低分特征:迟钝,学识浅薄。
C 因素-稳定性。高分特征:成熟,镇静,情绪稳定;低分特征:烦恼,激动,情绪波动。
E 因素-恃强性。高分特征:支配,攻击;低分特征:顺从,谦逊。
F 因素-兴奋性。高分特征:轻松,兴奋,健谈;低分特征:严肃,审慎,寡言。
G 因素-有恒性。高分特征:谨慎,坚持;低分特征:敷衍,权宜。
H 因素-敢为性。高分特征:冒险敢为,少有顾忌;低分特征:畏缩退却,害羞。
I 因素-敏感性。高分特征:敏感,感情用事;低分特征:理智,着重实际。
L 因素-怀疑性。高分特征:多疑,妒忌;低分特征:信赖,随和。
M 因素-幻想性。高分特征:幻想,豪放不羁;低分特征:现实,合乎成规。
N 因素-世故性。高分特征:世故,圆滑;低分特征:坦白,朴实。
O 因素-忧虑性。高分特征:焦虑不安,失望;低分特征:沉着安详,自信。
Q1 因素-批判性。高分特征:开放,批评激进;低分特征:保守,尊重传统。
Q2 因素-独立性。高分特征:自负,当机立断;低分特征:依赖,随群附众。
Q3 因素-自律性。高分特征:自律,严谨;低分特征:难以自制,随心所欲。
Q4 因素-紧张性。高分特征:紧张,心神不定;低分特征:安静,心平气和。

(2) 次元人格因素

卡特尔对16个人格一阶因素再次进行因素分析,又抽取4个二阶因素(second-order factor),并且得出从一阶因素计算二阶因素的多重回归方程。这4个二阶因素就是次元人格因素,其分数分布的平均数为5.5分,以一个标准差为单位,4分以下为低分,7分以上为高分。具体计算公式和解释如下:

① 适应与焦虑性 $=[(38+2L+3O+4Q4)-(2C+2H+2Q3)]\div 10$

低分为适应性,高分为焦虑性。低分者生活适应顺利,通常感到心满意足,但极端低分者可能缺乏毅力,遇事知难而退,不愿努力奋斗;高分者易于激动和焦虑,对于自己的处境常常感到不满意,但高度焦虑不仅会减低工作效率,而且也会影响身体健康。

② 内向与外向性 $=[(2A+3E+4F+5H)-(2Q2+11)]\div 10$

低分为内向性,高分为外向性。低分者通常羞怯而审慎,与人相处感到拘谨,不自然;高分者通常善于交际,开朗,不拘小节。内向者适合于精确性的工作及学术研究等;外向者适合于外交、礼仪、公关、商务等工作。

③ 感情用事与安详机警性 $=[(77+2C+2E+2F+2N)-(4A+6I+2M)]\div 10$

低分为感情用事性,高分为安详机警性。低分者感情丰富,情绪常困扰不安,受到挫折气馁,但遇问题反复考虑,平时含蓄敏感,讲究生活艺术;高分者安详机警,果断刚毅,积极进取,但常常过分现实,忽视许多生活情趣,遇到困难可能贸然行事而不计后果。

④ 怯懦与果断性＝[(4E+3M+4Q1+4Q2)－(3A+2G)]÷10

低分为怯懦性,高分为果断性。低分者人云亦云,优柔寡断,独立性差,依赖性强,遇事迁就别人;高分者独立,果断,有气魄,锋芒毕露,自动寻找施展才能的机会。

(3) 应用性人格因素

卡特尔认为,在社会适应的现实情境中,某种行为表现往往是多种人格因素共同作用的结果,于是提出多个"预测应用公式"。这些公式不仅考虑每个因素的得分,而且考虑各因素的作用方向和权重及其协调情况。较为常用的4个公式及其解释如下:

① 心理健康人格因素＝C+F+(11－O)+(11－Q4)

总分在4～40之间,平均数为22分。12分以下为低分,占人数10%;32分以上为高分。

② 专业成就人格因素＝2Q3+2G+2C+E+N+Q2+Q1

总分在10～100之间,平均数为55分。43分以下为低分;67分以上为高分,应该有所成就。

③ 创造能力人格因素＝2(11－A)+2B+E+2(11－F)+H+2I+M+(11－N)+Q1+2Q2

由此式得出总分,再通过表11-1转换成相应的标准分,标准分越高,表示创造能力越强。

表 11-1　创造能力分数转换表

| 总分 | 15～62 | 63～67 | 68～72 | 73～77 | 78～82 | 83～87 | 88～92 | 93～97 | 98～102 | 103～150 |
|---|---|---|---|---|---|---|---|---|---|---|
| 标准分 | 1 | 2 | 3 | 4 | 5 | 6 | 7 | 8 | 9 | 10 |

④ 新环境中成长能力人格因素＝B+G+Q3+(11－F)

总分在4～40之间,平均数为22分。17分以下为低分,占人数10%;27分以上为高分,具有成功的希望。

(二) 艾森克人格问卷

艾森克人格问卷,原名是 Eysenck Personality Questionaire,代码 EPQ,1975 由英国伦敦大学艾森克(H. J. Eysenck)及其夫人编制。1986年湖南医学院龚耀先等修订中国版。

1. 内容和结构

同英国原版一样,EPQ中国版也有2种形式,一种是儿童问卷,另一种是成人问卷。

英国原版成人问卷共有 101 题,其中 11 题不计分,实际记分 90 题;儿童问卷共有 97 题,其中 16 题不计分,实际记分 81 题。同英国原版有所不同,EPQ 中国版的儿童问卷和成人问卷均统一为 88 题。儿童问卷适用于 7 至 15 岁的儿童,每 1 岁为一个年龄组,共 9 组,每组分别制订男女常模表。成人问卷适用于 16 岁至 60 岁以上成人,除了两端组之外,每 10 岁为一个年龄组,共 6 组,也是每组分别制订男女常模表。此处介绍成人问卷。

88 题构成以下 4 个分量表:

(1) E(Extrovision-Introvision),内外向量表,包括 21 题;

(2) N(Neuroticism),神经质或情绪稳定性量表,包括 24 题;

(3) P(Psychoticism),精神质量表,包括 23 题;

(4) L(Lie),效度量表,包括 20 题。

每一测题都是一个问题,如"你是否有许多不同的业余爱好?",被试根据自己的实际情况回答,选择或"是"或"否",二者必居其一。测题编排,不是按照分量表排列,而是大致按照序号交替排列。这有利于被试保持作答兴趣。

2. 评分

EPQ 评分分为以下 3 个步骤:

(1) 测题记分

测题分为 2 类,一种是正题,另一种是反题。两者都是 0、1 记分,但情况正好相反。正题记分:"是"为 1 分,"否"为 0 分;而反题记分:"是"为 0 分,"否"为 1 分。

正题和反题举例如下:

L 量表:你所有的习惯都是好的吗?(正题);你曾经将自己的过错推给别人吗?(反题)

P 量表:别人是否对你说了许多谎话?(正题);你是否在晚上小心翼翼关上门窗?(反题)

E 量表:你喜欢会见陌生人吗?(正题);你是否宁愿多看书而不愿多见人?(反题)

N 量表:你担忧自己的身体健康吗?(正题);N 量表中没有反题。

(2) 分量表原始分

把属于某一分量表的 20 多个测题的得分相加,得出分量表原始分,共 4 个。

(3) 分量表 T 分

EPQ 常模表采用 T 分数,其公式为 $T=50+10Z$。根据年龄和性别,对号入座相应的常模表,可以把 4 个分量表原始分转换成对应的分量表 T 分。

3. 分数解释

(1) L 量表

具有2个功能。其一,主要是效度量表,测量被试的掩饰与假托现象,即回答的真实性。一般把70分以上的问卷作为废卷处理。其二,同时可以测量被试的社会朴实性。

(2) P量表

测量心理变态倾向。这种倾向在所有个体身上都无一例外地存在着,只是强弱程度有所不同,持续时间也长短不一。高分者特征:孤僻,冷酷,感知迟钝,难以适应周围环境。对他人漠不关心,对事情麻木不仁。与人实难友好相处,甚至抱有敌意,喜欢寻衅滋事而不计严重后果。

(3) E量表

艾森克认为E维因素与大脑中枢神经系统的兴奋与抑制的强度密切相关。高分表示外向,低分表示内向。高分者特征:爱好交际,喜欢参加集体活动,渴望刺激,乐于冒险,情感易冲动,情绪易失控,办事不够实在。低分者特征:好静,善于自我反省,不喜欢广交朋友,不喜欢寻找刺激,而喜欢生活有规律,情绪较为稳定,办事踏实可靠,但魄力不足。

艾森克假设:在E量表上,中间型占群体的50%,而内向型、倾向内向型、外向型、倾向外向型等4种则各占12.5%。根据此种理论,我们可以计算4个分界点T分数的具体数值,如图11-1所示。

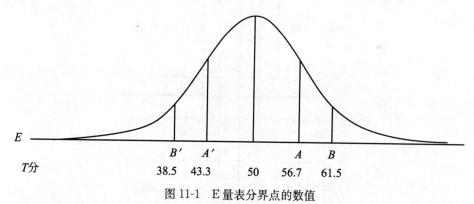

图11-1 E量表分界点的数值

图中$A$点,概率$P=0.75$,查阅正态曲线表,$Z=0.67$,所以,
$T_A=50+10Z=50+10\times0.67=50+6.7=56.7$
根据正态曲线的对称性,$T_{A'}=50-6.7=43.3$
图中$B$点,概率$P=0.875$,查阅正态曲线表,$Z=1.15$,所以,
$T_B=50+10Z=50+10\times1.15=50+11.5=61.5$
根据正态曲线的对称性,$T_{B'}=50-11.5=38.5$

由此可知,从低分到高分,38.5分以下为内向型,38.5至43.3分为倾向内向型,43.3至56.7分为中间型,56.7至61.5分为倾向外向型,61.5分以上为外向型。

(4) N量表

艾森克认为N维因素与大脑植物性神经的不稳定性密切相关。高分表示情绪不稳定,低分表示情绪稳定。高分者特征:焦虑不安,忧心忡忡,易于激动,喜怒无常,有强烈的情绪反应,以至行为不够理智。低分者特征:情绪反应缓慢而轻微,平心静气,善于自我控制。

艾森克同样假设:在N量表上,中间型占群体的50%,而稳定型、倾向稳定型、不稳定型、倾向不稳定型等4种则各占12.5%。

同样可知,从低分到高分,38.5分以下为稳定型,38.5至43.3分为倾向稳定型,43.3至56.7分为中间型,56.7至61.5分为倾向不稳定型,61.5分以上为不稳定型。

(5) E量表和N量表的两维组合

以E量表为横坐标,以N量表为纵坐标,可以构成两维坐标图,如图11-2所示。

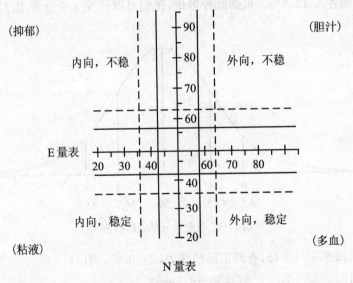

图11-2 E和N两维坐标图

我们可以看到,图中纵横各两条实线把平面划分为9个区域,其中4个角上的区域分别对应4种典型的气质类型。内向-不稳为抑郁质,外向-不稳为胆汁质,内向-稳定为粘液质,外向-稳定为多血质。

### (三) Y-G 性格测验

1956年美国吉尔福特(J. P. Guilford)编制人格测验,1957年日本矢田部(Yatabe)加以修订。这个测验因此称为 Y-G 性格测验。1983年华东师范大学修订编制中文版。

#### 1. 内容和结构

Y-G 原版共有测题130题,构成13个分量表,每个分量表由10个测题组成。其中有12个临床量表即性格特性量表,另外一个是效度量表,用于测量被试回答的诚实性。Y-G 中文版则不设效度量度,只有120题,构成12个性格特性量表。

每一测题都有3个备选答案,分别为:"是"、"?"、"否",被试任选其一。120个测题,逐个按照序号轮流分量表排列。这样既可以使得被试保持作答兴趣,也有利于防止被试猜测题意而作假答题。

#### 2. 评分

Y-G 评分分为以下3个步骤:

(1) 测题记分

测题分为2类,一种是正题,另一种是反题。两者都是0、1、2记分,但情况正好相反。正题记分:"是"为2分,"?"为1分,"否"为0分;而反题记分:"是"为0分,"?"为1分,"否"为0分。

Y-G 共12个分量表,其中4个分量表设置反题。正题和反题举例如下:

I 因素:经常因为优柔寡断而失去机会吗?(正题);能够不受干扰而当机立断吗?(反题)

T 因素:有马虎粗心的习惯吗?(正题);喜欢思考困难的问题吗?(反题)

A 因素:善于待人接物吗?(正题);在别人面前怕难为情吗?(反题)

S 因素:喜欢与人交往吗?(正题);不喜欢引人注目吗?(反题)

(2) 分量表原始分

把属于每一分量表的10个测题的得分相加,得出分量表原始分,共12个。

(3) 分量表常模

Y-G 常模表采用2种类型,一种是1～5的标准分数,另一种是百分位数。常模表分为在校学生和社会成人2个组别,男女则合用一个常模。参照常模表,可以把12个分量表原始分转换成对应的标准分数或百分位数。

#### 3. 分数解释

(1) 单个因素

Y-G 包括 12 个性格基本因素,因素标准分分布范围为 1～5 分。其中 3 分为中间分,因素特征不明显;1～2 分为低分,分数越低,因素低分特征越明显;4～5 分为高分,分数越高,因素高分特征越明显。12 个因素的名称和代码及其高低分特征如下:

D 因素-抑郁性。高分特征:悲观,烦闷,忧虑;低分特征:乐观,无忧无虑。

C 因素-情绪性。高分特征:情绪多变,动荡不安;低分特征:情绪稳定,心平气和。

I 因素-自卑性。高分特征:缺乏自信,过低评价自己;低分特征:充满自信,积极进取向上。

N 因素-神经质。高分特征:过敏,焦躁,心事重重;低分特征:开朗,爽快,不担心事。

O 因素-主客观性。高分特征:主观,幻想;低分特征:客观,现实。

Co 因素-协调性。高分特征:怀疑,挑剔,难以与人合作;低分特征:信任,容忍,善于与人合作。

Ag 因素-攻击性。高分特征:激进,攻击性强;低分特征:保守,无攻击性。

G 因素-一般活动性。高分特征:爱好活动,动作敏捷,办事效率高;低分特征:不爱活动,动作迟缓,办事效率低。

R 因素-安逸性。高分特征:粗心,随意,急性;低分特征:细心,谨慎,慢性。

T 因素-思考的向性。高分特征:思考外向而笼统;低分特征:思考内向而具体。

A 因素-支配性。高分特征:乐于指挥别人;低分特征:乐于服从别人。

S 因素-社会的向性。高分特征:善于交际,合群;低分特征:不爱交际,独处。

(2) 复合因素

12 个性格基本因素可以组成 3 个性格复合因素。

① 情绪稳定性。它由 D、C、I、N 等 4 个基本因素构成。低分表示情绪稳定,高分表示情绪不稳定。

② 社会适应性。它由 C、Co、Ag 等 3 个基本因素构成。低分表示社会适应良好,高分表示社会适应不良。

③ 内外向性。它由 G、R、T、A、S 等 5 个基本因素构成。低分表示内向,高分表示外向。

(3) 性格类型

根据 3 个复合因素的高中低得分情况,另可以划分为 5 种性格类型,如表 11-2 所示。

表 11-2  5 种性格类型

| 类型 | 英文名称 | 中文名称 | 情绪稳定性 | 社会适应性 | 内外向性 |
|---|---|---|---|---|---|
| A | Average type | 一般型 | 中间分 | 中间分 | 中间分 |
| B | Black-list type | 暴力型 | 高分 | 高分 | 高分 |
| C | Calm type | 镇静型 | 低分 | 低分 | 低分 |
| D | Director type | 指导型 | 低分 | 中间分 | 高分 |
| E | Eccentric type | 怪癖型 | 高分 | 中间分 | 低分 |

值得一提的是,性格类型 A、B、C、D、E 并非表示序号 1、2、3、4、5,这纯属偶然巧合而已。从表中可以知道,它们分别表示 5 种性格类型英文名称的首字母。

## 二、专用的非智力因素量表

（一）中国少年非智力个性心理特征问卷

1988 年中国超常儿童研究协作组少年个性小组编制完成《中国少年非智力个性心理特征问卷》,代码为 CA-NPI,适用于 12～15 岁中国少年。

1. 内容和结构

CA-NPI 由 120 个测题组成,分成 6 个分测验,每个分测验包括 20 个测题。

(1) 抱负(代号 B)

指少年具体的生活目的和奋斗目标,是激励少年奋发向上的动力。该分测验主要测量少年抱负的 3 个方面:有无抱负、抱负性质和抱负效能。

(2) 独立性(代号 D)

指在智力活动中喜欢独立思考、不受暗示、不受传统束缚,经常提出一些独到见解等特点。

(3) 好胜心(代号 H)

指在智力活动和交往过程中所表现出的成就感,其特点是以自信心为基础。该分测验主要测量智力领域内的好胜心的 3 个方面:竞争心、自信心和有关体验。

(4) 坚持性(代号 J)

指意志坚持性。该分测验主要测量智力活动领域内的意志坚持性的水平及自觉程度,包括克服内部困难和克服外部困难两个方面。

(5) 求知欲(代号 Q)

求知欲和认识兴趣具有非常密切的关系,并伴有一定的情绪体验,因此它常常直接影响到智力活动的效能,该分测验主要测量求知欲的3个方面:求知兴趣、情绪体验和智力效能。

(6) 自我意识(代号 Z)

该分测验主要测量少年自我意识的特点和水平,分为2个方面:①自我评价:包括对自己与他人关系的认识;对自己在集体中的地位和作用的认识;对自己形象、智力、个性及价值观的意识。②自我控制:包括自我行为的目的性、坚持性、自制力及自我调节等。

120个测题中,只有3题有4个备选答案,其他都是3个备选答案,被试任选其一。

2. 评分

CA-NPI评分分为以下3个步骤:

(1) 测题记分

测题分为2类,一种是奇数题,另一种是偶数题。两者都是1、3、5记分,但情况正好相反。奇数题记分:"a"为1分,"b"为3分,"c"为5分;而偶数题记分:"a"为5分,"b"为3分,"c"为1分。另外,3道测题中设置答案"d",一律记为5分。

奇数题和偶数题举例如下:

奇数题:我不愿意单独接受任务,认为自己胜任不了。

  a 是   b 不确定   c 不是

偶数题:我常常会因为大家不理解自己的想法或做法而难过。

  a 是   b 不确定   c 不是

(2) 分测验原始分

把属于每一分测验的20个测题的得分相加,得出分测验原始分,共6个。

(3) 分测验标准分

CA-NPI常模表分为4个组别。男性:12岁、13岁组,14岁、15岁组;女性:12岁组,13~15岁组。参照常模表,可以把6个分测验原始分转换成对应的标准分数。

3. 分数解释

CA-NPI 6项分测验标准分分布范围为1~10分。其中5分、6分为中间分,该项特征不明显;1~4分为低分,分数越低,该项特征越弱;7~10分为高分,分数越高,该项特征越强。

中国少年非智力个性心理特征问卷,另有两个同系列测验,简介如下:

(1) 小学生非智力个性特征问卷

本问卷适用于 6～12 岁小学生,共有 30 个测题。为了与 CA-NPI 相配套,它也分为独立性、好胜心、坚持性、求知欲、自我意识等 5 个相同的分测验,每个分测验包括 6 题。但是,省去了"抱负"一项,因为编制者认为,小学阶段儿童的抱负尚未充分发展。

(2) 学前儿童非智力个性特征测验

本测验 1987 年编制完成,适用于 4～6 岁幼儿,测验由两部分构成,一种是问卷调查,另一种是实验测查。

问卷调查共有 24 题,分为主动性、坚持性、自制力、自信心、自尊心、情绪等 6 个方面。每个方面包括 4 题,由幼儿的教师和家长填写,每题 1～5 级记分。

实验包括坚持性的两项任务:一种是"找星星",要求被试在各种几何图形中找出五角星,用笔划去;另一种是"走迷津",要求被试用笔从迷津图的中央画到出口。两项实验对坚持性的要求不同,前者要求克服单调枯燥的智力活动中的困难,后者则要求克服较为复杂的智力活动中的困难。

(二) 中小学生非智力因素调查问卷

1993 年沈德立等人编制《中小学生非智力因素调查问卷》,适用于小学 5 年级至高中 3 年级的学生。

本问卷共有 115 个项目,构成 12 个量表,其中 11 个为诊断量表,各包括 10 个项目;另一个为效度量表,包括 5 个项目。11 个诊断量表的具体名称及代码如下:成就动机(AM)、交往动机(IM)、认识兴趣(CI)、学习热情(LA)、学习责任心(LR)、学习毅力(LS)、注意稳定性(AS)、情绪稳定性(ES)、好胜心(WI)、支配性(DO)、学习焦虑(AX)。

每个项目附有 a、b、c 三个备选答案,被试从中任选一个。备选答案按照相应的非智力因素的水平记分,高水平记 3 分,中等水平记 2 分,低水平记 1 分。但是,焦虑量表的记分规则与其他所有量表正好相反。

## 三、单项非智力因素量表

(一) 动机量表

1. 学习动机诊断测验

学习动机诊断测验由周步成等修订,代码 MAAT,适用于小学 4 年级至高中 3 年级学生。

MAAT 由 92 个测题组成,分成 4 个分量表。

(1) 成功动机

成功动机中包括成功要求、成功预想和期望、成功重要性的认识、克服成功障碍的态度等。这些成功动机在不同的课题和场面中有所不同,因此分为以下 4 种场面分别加以测量。

  A. 知识学习场面——测量有关"学习"课题的成功动机。

  B. 技能场面——测量有关图画、美工、音乐等技能课题的成功动机。

  C. 运动场面——测量有关运动和体育等课题的成功动机。

  D. 社会生活场面——测量有关班级、朋友的社会关系的成功动机。

(2) 考试焦虑

考试焦虑既可能对学习有抑制作用,也可能对学习有促进作用。因此分为抑制和促进两种作用分别加以测量。

  E. 促进的紧张——对考试的不安带来适度紧张,具有促进学习的倾向。

  F. 回避失败——对考试的不安带来过度紧张,具有阻碍学习的倾向。

成功动机是促使个体进行学习的积极动机,回避失败动机则是惟恐失败而逃避学习的消极动机。

(3) 自己责任性(G)

自己责任性是指将成败或赏罚之原因,归于自己的行为,还是归于别人的行为或其他的环境因素。

(4) 要求水平(H)(假设场面)

要求水平就是个体期望的完成课题的水平,即预想的"能完成多少"的水平。这种要求水平的高度由场面的性质和个体具有的各种特点所决定。在假设场面中,成功动机强的个体所设定的要求水平高,而回避失败动机强的个体所设定的要求水平低。

MAAT 的测题排列,完全按照分量表和场面顺序。A 场面包括第 1～12 题,B 场面包括第 13～24 题,C 场面包括第 25～36 题,D 场面包括第 37～48 题,E 场面包括第 49～60 题,F 场面包括第 61～72 题,G 场面包括第 73～87 题,H 场面包括第 88～92 题。

MAAT 评分分为以下 3 个步骤:

(1) 测题记分

测题分为 3 类:

  ① 第 1～72 题,每题有 3 个备选答案,"a"为 3 分,"b"为 2 分,"c"为 1 分;

  ② 第 73～87 题,每题有 2 个备选答案,凡是与标准答案相符合者记 1 分,否则记 0 分;

③ 第88～92题,每题有5个备选答案,"a"为1分,"b"为2分,"c"为3分,"d"为4分,"e"为5分。

3类测题举例如下:

**例1** 你考试获得好成绩时,是否想得到老师的表扬?
　　a 经常想　　　b 有时想　　c 不想

**例2** 你能很快解答难题时,你认为
　　a 因为自己学习认真　　　b 因为题目容易

**例3** 考试前预想得70分,考试成绩是80分,再次考试,你想得到的分数是
　　a 60分　　　b 70分　　　c 80分　　　d 90分　　　e 100分

(2) 场面原始分和分量表原始分

把属于每一场面的所有测题的得分相加,得出场面原始分,共8个。再把其中A、B、C、D等4个场面原始分相加,就得出成功动机分量表原始分。

(3) 场面等级分和分量表等级分

MAAT常模表纵向分为9个组别,从小学4年级至高中3年级,每一年级为一个年龄组。相同年级男女学生则合用同一常模表。MAAT常模表横向分为9行,8个场面,外加一个成就动机分量表。值得一提的是,其中F场面属于反序量表,较高的原始分转换成较低的等级分,反之亦然。参照常模表,可以把8个场面及成就动机分量表原始分转换成对应的等级分。

MAAT等级分分布范围为1～5分。从A至G的7个场面及成就动机分量表,无一例外都是等级分越高越好。而H场面则另当别论:4分最为理想,表示考虑到自己的能力,并制定与此相应的积极的要求水平;3分较为理想,表示现实的要求水平;5分或2分较不理想,前者表示要求水平过高于自己的能力,后者则表示要求水平过低于自己的能力;1分最不理想,表示要求水平大大低于自己的能力。

2. 成就动机量表

1970年挪威T. Gjesme和R. Nygard编制《成就动机量表》(Achievement Motive Scale),代码AMS。1988年上海师范大学修订中文版,适用于中学生、大学生或成人。

AMS共有测题30题,构成2个分量表。一个是追求成功的动机,代码Ms,包括第1～15题;另一个是防止失败的动机,代码Mf,包括第16～30题。具体测题如下:

(1) 对于没有把握解决的问题,我喜欢坚持不懈地努力。

(2) 我喜欢新奇的、有困难的任务,甚至不惜冒风险。

(3) 给我的任务即使有充裕的时间,我也喜欢立即开始工作。

(4) 面临没有把握克服的难题时,我会非常兴奋和快乐。

(5) 我会被那些了解自己有多大才能的工作所吸引。

(6) 我会被有困难的任务所吸引。

(7) 面对能够测量我能力的机会,我感到一种鞭策和挑战。

(8) 我在完成有困难的任务时,感到快乐。

(9) 对于困难的活动,即使没有什么意义,我也很容易卷入进去。

(10) 能够测量我能力的机会,对我是有吸引力的。

(11) 我希望把有困难的工作分配给我。

(12) 我喜欢尽了最大努力能够完成的工作。

(13) 如果不能立刻理解有些事情,我会很快对它们产生兴趣。

(14) 那些不能确定是否能够成功的工作,我会被其吸引。

(15) 对我来说,重要的是做有困难的事情,即使无人知道也无关紧要。

(16) 我讨厌在完全不能确定会不会失败的情境中工作。

(17) 在结果不明的情况下,我担心失败。

(18) 在完成我认为是困难的任务时,我担心失败,即使别人不知道也一样。

(19) 一想到要去做那些新奇的、有困难的工作,我就感到不安。

(20) 我不喜欢那种测量我能力的场面。

(21) 我对那些没有把握胜任的工作感到忧虑。

(22) 我不喜欢做我不知道能否完成的事情,即使别人不知道也一样。

(23) 在测量我能力的情境中,我感到不安。

(24) 当接受需要有特定的机会才能解决的问题时,我会害怕失败。

(25) 那些看起来相当困难的事情,我在做时很担心。

(26) 我不喜欢在不熟悉的环境中工作,即使无人知道也一样。

(27) 如果有困难的工作,我希望不要分配给我。

(28) 我不喜欢做那些需要发挥我能力的工作。

(29) 我不喜欢做那些我不知道能否胜任的事情。

(30) 当我遇到不能立即弄懂的问题,我会焦虑不安。

每道测题有 4 个备选答案:"完全正确"记 4 分,"基本正确"记 3 分,"有点正确"记 2 分,"完全不对"记 1 分。第 1~15 题的得分相加,得出 Ms 分量表原始分;第 16~30 题的得分相加,得出 Mf 分量表原始分。

AMS 常模表分为中学生和大学生两个年龄组,每组分别提供男生和女生的平均数和标准差。参照常模表,可以把 Ms 和 Mf 的原始分转换成标准分数。

(二) 焦虑量表

1961 年卡特尔(R. B. Cattell)首先提出状态焦虑(State Anxiety)和特质焦虑(Trait Anxiety)这一对概念,1966～1979 年斯皮尔伯格(C. D. Spielberger)加以论证和完善。状态焦虑描述一种不愉快的情绪体验,如紧张、恐惧、忧虑、神经质等,一般持续时间较短;特质焦虑则描述相对稳定的焦虑倾向,它作为一种人格特质且具有个体差异。

1970 年美国南佛罗里达大学斯皮尔伯格等人编制状态-特质焦虑问卷(State-Trait Anxiety Inventory),代码 STAI-Form X;1979 年完成修订版,代码 STAI-Form Y。1988 年上海师范大学修订中文版,适用于中学生、大学生或成人。

STAI-Form Y 共有测题 40 题,构成 2 个分量表。一个是状态焦虑量表,代码 STAI-Form Y1,包括第 1～20 题,评定此时此刻的感受;另一个是特质焦虑量表,代码 STAI-Form Y2,包括第 21～40 题,评定通常的感受。具体测题如下:

(1) 我感到平静。

(2) 我感到安全。

(3) 我感到紧张。

(4) 我感到耗尽全力。

(5) 我感到舒适。

(6) 我感到心烦意乱。

(7) 我现在担心运气不好。

(8) 我感到满意。

(9) 我感到害怕。

(10) 我感到安逸。

(11) 我有自信心。

(12) 我感到神经过敏。

(13) 我心神不定。

(14) 我感到犹豫不决。

(15) 我感到轻松。

(16) 我感到心满意足。

(17) 我感到担忧。
(18) 我感到慌乱。
(19) 我感到镇定沉着。
(20) 我感到愉快。
(21) 我感到适意。
(22) 我感到不安和神经过敏。
(23) 我感到自我满意。
(24) 我希望能像别人那样快乐。
(25) 我感到有一种失落感。
(26) 我感到安宁。
(27) 我感到沉着冷静,泰然自若。
(28) 我感到困难重重,不能克服。
(29) 我过多担忧那些实际上无关紧要的事情。
(30) 我感到幸福快乐。
(31) 我的心情烦躁纷乱。
(32) 我缺乏自信心。
(33) 我感到安全踏实。
(34) 我容易做出决定。
(35) 我感到力不从心。
(36) 我感到满足。
(37) 我脑海中涌现一些并不重要的想法,烦扰着我。
(38) 我感到极端失意,并难以排除。
(39) 我是一个坚强稳重的人。
(40) 当我仔细考虑目前的各种利害关系时,我陷入紧张或混乱状态。

Y1包括20道测题,其中10道正题,10道反题。每道测题有4个备选答案。正题评分:"毫不"记1分,"有点"记2分,"中度"记3分,"非常"记4分;反题则反序记分。第1~20题的得分相加,得出Y1分量表原始分。

Y2也包括20道测题,其中11道正题,9道反题。每道测题也有4个备选答案。正题评分:"从不"记1分,"有时"记2分,"经常"记3分,"总是"记4分;反题同样反序记分。第21~40题的得分相加,得出Y2分量表原始分。

STAI-Form Y 常模表分为初中生、高中生、大学生、成人(19～39 岁)、成人(40～49 岁)、成人(50～69 岁)等 6 个年龄组,每组分别提供 Y1 和 Y2 的男性和女性的平均数和标准差。参照常模表,可以把 Y1 和 Y2 的原始分转换成标准分数。

(三) 气质量表

北京师范大学陈会昌等人编制《气质问卷调查表》,共有 60 道测题,构成胆汁质、多血质、粘液质、抑郁质 4 种气质类型,每种气质类型包括 15 题。具体测题如下:

(1) 做事力求稳妥,不做无把握的事。
(2) 遇到可气的事就怒不可遏,想把心里的话全说出来才痛快。
(3) 宁可一个人干事,不愿许多人在一起。
(4) 到一个新环境里很快能适应。
(5) 厌恶那些强烈的刺激,如尖叫、噪音、危险情景等。
(6) 与人争吵时,总是先发制人,喜欢挑衅。
(7) 喜欢安静的环境。
(8) 善于与人交往。
(9) 羡慕那些善于克制自己情感的人。
(10) 生活有规律,极少违反制度。
(11) 在多数情况下情绪乐观。
(12) 碰到陌生人,觉得很拘束。
(13) 遇到令人气愤的事,能够很好自我克制。
(14) 做事总是精力旺盛。
(15) 遇到问题常常举棋不定,优柔寡断。
(16) 在人群中从不觉得过分拘束。
(17) 情绪高昂时,觉得干什么都有趣,而情绪低落时,又觉得干什么都没意思。
(18) 当注意力集中于一个事物时,别的事情难以使我分心。
(19) 理解问题总比别人快些。
(20) 碰到危险情景,常有一种极度恐惧感。
(21) 对学习、工作、事业,怀有很高的热情。
(22) 能够长时间从事枯燥、单调的工作。
(23) 符合兴趣的事情,干起来劲头十足,否则就不想干。
(24) 一点小事就会引起情绪波动。

(25) 讨厌做那些需要耐心的细致工作。
(26) 与人交往不卑不亢。
(27) 喜欢参加剧烈活动。
(28) 爱看感情细腻、描写人物内心活动的文学作品。
(29) 工作或学习时间一长,常感到厌倦。
(30) 不喜欢长时间谈论一个问题,而愿意动手实际做。
(31) 宁愿侃侃而谈,不愿窃窃私语。
(32) 别人说我总是闷闷不乐。
(33) 理解问题总比别人慢些。
(34) 疲倦时只要短暂休息,就能精神抖擞,重新投入工作。
(35) 心里有话宁愿自己想,不愿说出来。
(36) 认准一个目标就希望尽快实现,不达目的誓不罢休。
(37) 学习或工作同样长的时间之后,常比别人更疲倦。
(38) 做事有些莽撞,常常不计后果。
(39) 老师讲授新知识时,总希望他讲得慢些,多重复几遍。
(40) 能够很快忘记那些不愉快的事情。
(41) 做一件事情,总比别人花的时间多。
(42) 喜欢剧烈的大运动量的体育活动,或参加各种文艺活动。
(43) 不能很快把注意力从一件事转移到另一件事。
(44) 接受一个任务后,就希望尽快把它解决。
(45) 认为墨守成规比冒风险强些。
(46) 能够同时注意几种事物。
(47) 当我烦闷的时候,别人很难使我高兴。
(48) 爱看情节起伏跌宕、激动人心的小说。
(49) 对工作抱认真严谨、始终一贯的态度。
(50) 和周围人们的关系总是相处不好。
(51) 喜欢复习学过的知识,重复做已经掌握的工作。
(52) 希望做变化大、花样多的工作。
(53) 小时候背诵的诗歌,我似乎比别人记得清楚。
(54) 别人说我"出语伤人",可我并不觉得这样。

(55) 在体育活动中,常因为反应慢而落后。

(56) 反应敏捷,头脑机智。

(57) 喜欢有条理而不甚麻烦的工作。

(58) 兴奋的事情常使我失眠。

(59) 老师讲的新概念,常常听不懂,但是弄懂之后就难以忘记。

(60) 假如工作枯燥无味,马上就会情绪低落。

所有测题均采用5级记分:"完全符合"记2分,"比较符合"记1分,"介于符合与不符合之间"记0分,"比较不符合"记-1分,"完全不符合"记-2分。把属于同一气质类型的15个测题的得分相加,可以分别得出4种气质类型的得分。

如果某一种气质的得分均高于其他3种气质4分以上,则可以定为该种气质类型;如果2种气质的得分差异低于3分,而又高于其他2种气质4分以上,则可以定为2种气质的混合类型;如果3种气质的得分差异均低于3分,而又高于另外一种气质4分以上,则可以定为3种气质的混合类型;如果4种气质的得分差异均低于3分,则可以定为4种气质的混合类型。

气质类型没有好坏之别,任何一种气质类型都有积极与消极两个方面。例如,胆汁质个体精力充沛,态度直率,以极大热情投入工作,但容易急躁,精力殆尽时失去信心,情绪沮丧。多血质个体精力充沛,工作热情高昂,容易适应新环境,但注意力不够稳定,兴趣容易转移。粘液质个体容易养成自制、镇静、不急不躁的品质,但对人对事比较冷漠,不够灵活。抑郁质个体工作时耐受能力较差,容易疲劳,情绪消极,但感情细腻,做事小心谨慎,观察力敏锐,善于观察细节。

(四)兴趣和意志量表

1. 兴趣量表

黄希庭编制《中学生学习兴趣调查表》,共有78道测题,涉及中文、数学和物理、化学、机械技术、师范和教育、艺术、军事等13个学科门类,每个门类有6个测题。

所有测题采用3级记分:"非常喜欢"记2分,"比较喜欢"记1分,"不喜欢"则记0分。然后计算13类学科的得分,其中得分最高的学科就是被试的优势兴趣倾向。

部分测题举例如下:

(1) 阅读有关战争和作战的书籍。

(2) 了解动植物生存的情况。

(3) 讨论国内外时事政治事件。

(4) 查阅无线电仪器的构造。

2. 意志量表

北京师范大学陈会昌编制《意志品质自测简易量表》,共有20道测题。每道测题有5个备选答案。从第1个到第5个备选答案,单数测题依次记分为5、4、3、2、1;双数测题正好相反,依次记分为1、2、3、4、5。然后将20题的得分相加,得出意志品质总分,分布范围为20~100分。其中20~40分为意志薄弱,41~60分为意志力中下水平,61~80分为意志力中上水平,81~100分为意志坚强。

两类测题举例如下:

单数测题:在做一件应该做的事情之前,我常常能够想到做与不做的好坏结果,从而有目的地去做。

(经常如此,较常如此,时有时无,较少如此,并非如此)

双数测题:制定的计划应该有一定的灵活性,如果完成计划有困难,随时可以改变或撤销。

(非常同意,比较同意,无所谓,不大同意,反对)

## 第四节 培养非智力因素

非智力因素是一个中性的心理学概念,其中各个成分自然都有一个品质的好坏和水平的高低的问题。而所谓培养,无非是为提高奠定基础。非智力因素的培养,就是意味着提高、发展和矫正,即发展其良好品质的成分,矫正其不良品质的成分,从而提高其整体水平。

### 一、非智力因素的功能

要培养非智力因素,首先要认识非智力因素在智力活动中的功能。就学生来说,非智力因素在智力活动中的功能可以概括为以下两类:

1. 动力功能

非智力因素的动力功能体现在以下3个方面:

(1) 始动。智力活动的产生,必须由非智力因素来激活或启动。当原始的外部诱因或内部诱因内化为个体的一种需要,并与一定目标相结合时,才有可能成为始动力量,驱动个体为达到目标而积极进行智力活动。

（2）定向和引导。任何智力活动都有自身的活动对象和活动方式,而它们一般又不是单一的而是多元的,这就需要非智力因素加以定向和引导。一是通过心理活动的指向性和集中性,使智力活动的方向始终符合既定目标;二是兴趣的对象和情感的倾向对智力活动的引导作用,使智力活动始终指向正确方向。

（3）维持和调节。非智力因素的维持功能指支持和激励个体的行为。当个体在智力活动中或失去兴趣或遇到困难等,这就需要非智力因素去维持智力活动朝着既定目标继续前行,知难而进。

非智力因素的调节功能指支配和控制个体的行为。功能之一是,当智力活动偏离既定方向时,合理调整个体的心理或行为,以便达到目标。具体表现在两个方面：一种是智力因素对智力行为的调节,另一种则是非智力因素之间的心理调节。功能之二是,当主客观条件发生变化时,及时调整方向或方式,使目标适合新情况。

2. 补偿功能

非智力因素能够在一定程度上,弥补智力的某方面的不足或缺陷,成为个体智力活动中的辅助器和补充器。笨鸟先飞、勤能补拙都是非智力因素补偿功能的事例。前者指非智力因素的"先"补偿智力因素的"笨",而后者则指非智力因素的"勤"补偿智力因素的"拙"。

## 二、培养非智力因素的现实意义

培养非智力因素,对于各种智力水平的学生,都具有重要的现实意义。

1. 对于智力较高的学生

学生的智力水平较高,这是一个有利条件,但这并不能保证他们显示出较高水平的学业成就。究其原因,往往是非智力因素不良所致。或是缺乏正确的学习动机,对学习无甚热情,兴趣不足;或是意志薄弱,不肯下大功夫等。正是这些非智力因素上的弱点,影响了这类学生较高智力水平在学业成就中的发挥。加强对智力水平较高学生的非智力因素的培养,不仅能使他们在学业上取得优良成绩,而且能使他们今后在祖国建设大业中大显身手,做出较大贡献。

美国斯坦福大学著名心理学家推孟(L. M. Terman)等人曾经对1500名智力超常儿童进行长达50年的追踪研究,他们对其中最为成功和最不成功的150名进行详细的比较分析,结果发现两者在智力程度上并没有多大的不同,而个性因素则是取得成功的极为重要的决定因素。推孟在《天才的发生与研究》一书中写道:"在最为成功和最不成功的个体之间差异最大的4种品质是:取得最后成果的坚持力、为实现目标不断积累成果的能力、自信力和克服自卑的能力。总的来看,两组之间的最大差异是多方面的情感和社会适应能力以及实现目标的内驱力。"推孟的研究结论给予了我们有益的启示。

我国的一些尖子高中生,在考入高等学校之后,由于非智力因素不良,难以适应大学的学习生活,中途遭到淘汰,更有甚者,堕落为犯罪分子。这种实例在大学生中所占比率虽然不太大,但也并非绝无仅有。这从反面深刻地告诉我们,在基础教育乃至高等教育中,都应该特别重视对智力较高学生的非智力因素的培养,而决不能掉以轻心。

2. 对于智力中等的学生

智力水平中等的学生,由于非智力因素的不同,在学业成绩上极易产生两极分化的现象:良好的非智力因素可能使他们取得中上以至好成绩,而不良的非智力因素也可能使他们得到中下以至差成绩。我们各级各类学校的教育工作者,理应加强对智力中等学生的非智力因素的培养,使他们力争取得良好的学业成就。

3. 对于差生

学生的学业成绩之所以差,这固然不能排除智力因素方面的原因,但在绝大多数的情况之下,主要还是非智力因素方面的原因。加强培养差生的非智力因素,抓住这个主要矛盾,差生转化的难题自然易于解决了。

### 三、培养非智力因素的长远意义

培养非智力因素,有助于多出人才。我们过去一般总认为,只有聪明过人的个体才能成才,因而把选拔人才局限在智力水平较高学生的身上,这无疑大大缩小了选拔人才的范围。众所周知,根据正态分布曲线,智商130以上的学生只有2%,即使考虑智商120以上者,学生也不过9%左右。

我们认为,智力水平虽优秀而非智力因素不良的学生,充其量只能成为小器,而决不会成为大器;相反,只要智力水平中等,而非智力因素良好的学生,就都可以培养成才。这样的学生占75%以上,这就大大地拓宽了选拔人才的范围,也就为多出人才打下了雄厚的基础。

今天的学生,就是明天的建设者。要使他们在祖国建设的事业上大有作为,良好的非智力因素就是一个举足轻重的内部因素。

历史上许多伟大人物,无论是政治家、思想家,还是科学家、发明家,无一例外都具有良好的非智力因素。现在我们略举数例。

1. 先看兴趣

被誉为技术史上的天才人物的爱迪生(1847～1931),从少年时代起就对周围的一切事物饶有兴趣。常常一人端坐在村庄的十字路口,看大树怎样冒出新芽,看秋风怎样染红枫叶。

他5岁那年的一天,突然失踪不见了。父亲急得四处寻找,最后意外发现他下蹲在鸡窝里。父亲奇怪地询问:"你在这里干什么呀?"爱迪生一本正经地回答:"我在孵小鸡。"原来,他看到母鸡孵出小鸡,也想试试自己能否同样孵出小鸡来。

7岁时爱迪生对化学产生了浓厚的兴趣,这常常给他带来不小的麻烦。有一次,他为了"看看到底会发生什么情况",竟然点燃了父亲的仓库,结果仓库付之一炬。

爱迪生童年时代曾被教师认为是一个智力迟钝的学生,为什么长大成人却能够拥有1000多项发明专利而一跃成为世界发明家之魁呢?其中一个重要的原因,正是他从小对各种事物有着广泛而浓厚的兴趣。

2. 再看情感

德国数学家高斯(1777～1855)在他爱人重病时,还在埋头研究问题。仆人匆忙地告诉他,夫人病得越来越重了。高斯似乎听见了,可是他仍然继续工作。不久之后,仆人再次跑过来告诉他,夫人病得很重,要求高斯马上去看望。高斯回答道:"我就来!"可是身子仍旧坐在原处不动。仆人第3次冲过来告诉他,夫人快要不行了,如果您再不立刻过去,就见不到她生前的最后一面了。高斯抬起头冷静地回答:"叫她等一下,等到我过去。"

高斯对超几何级数、复变函数论、统计数学、椭圆函数论等均有重大建树。他的曲面论则是近代微分几何的开端。由于他关于正态分布曲线的研究成果,所以在心理统计学和心理测量学中有着广泛应用价值的正态分布,也被称为"高斯分布"。高斯在数学领域硕果累累,其中一个重要的原因,正是他对工作的热爱和迷恋。

3. 三看意志

法国物理学家和化学家居里夫人(1867～1934),为发现和提炼一种天然放射性元素镭,失败1000多次,经过12年不屈不挠的艰苦奋斗,最后终于成功。居里夫人曾经两次荣获诺贝尔奖,其中一个重要的原因,正是她在科学道路上攀登的坚强意志。

4. 最后看性格

俄国著名学者和诗人罗蒙诺索夫(1711～1765),博学多才,在化学、物理学、天文学、地质学以及语言、文学、历史、哲学等领域,都有卓越的成就。19世纪俄国著名诗人普希金

### 智力心理学探析

曾经评价罗蒙诺索夫是历史学家、修辞学家、机械学家、化学家、矿物学家、艺术家和诗人,并且赞誉说:罗蒙诺索夫本身就是我们的第一所大学。

罗蒙诺索夫之所以能够登顶科学高峰,其中一个奥秘就是他具有独立的性格,不守陈规,勇于创新。在科学攀登的道路上,如何对待前人的科学成果和大师名家?这位学者认为,应该采用分析、批判的态度,这是不断推进科学发展的必要条件之一。相反,盲目迷信各种权威人士,那必将给科学进步造成严重障碍。他说,这种对待权威的顶礼膜拜,"扑灭了科学家争先恐后地去争取完成各种新的、有用的发明创造的热情"。他身体力行,分析批判当时盛行的"流质"理论。根据大量的实验数据,他终于纠正了著名美国学者波义耳在燃烧问题上的某些错误见解。

在今天我国现代化建设大业中涌现的杰出人物也都具有良好的非智力因素。有人曾对其中32位革新闯将、劳动标兵、三八红旗手事业成功的内部因素进行分析,并得出这样的结论:他们共同的内部因素起码有以下3点:

(1) 热爱本职工作,有时竟然入迷,甚至废寝忘食;
(2) 献身事业的高尚志向;
(3) 百折不挠的决心和毅力。

从上述几则科学家和发明家的小故事以及对祖国建设先进人物的调查中,我们可以得到深刻的启示:如果我们不是想把今天的学生变成明天的庸人,而是要努力让他们成为祖国社会主义现代化建设的高素质的合格人才,并从中涌现世界一流水平的各个领域的专家,那么,我们要大声疾呼,在今天的各级学校教育中,千万把培养学生非智力因素的工作,摆上我们的议事日程。

# 第十二章 情绪智力

1995年美国哈佛大学心理学博士丹尼尔·戈尔曼（Daniel Goleman）出版专著，英文书名为《Emotional Intelligence》。1996年台湾时报出版公司的中译本书名为《EQ》。无独有偶，1997年上海科学技术出版社的中译本书名也为《情感智商》。时至今日，我国心理学界基本达成共识，中文书名应该直译为《情绪智力》。

智力原本只此一家。而20世纪90年代情绪智力诞生伊始，则新开分店。在相提并论的情况下，为了区别起见，于是加上限定词，有时将传统智力改称为认知智力。

## 第一节 情绪智力的概念

### 一、前期研究

1920年美国桑代克（E. L. Thorndike）提出"社会智力"（social intelligence）的概念。他认为，人类智力可以分为社会智力、具体智力、抽象智力等3种类型，而其中的社会智力是指理解和管理各色人等以及妥善处理人际关系的能力。而这些，即是指情绪智力，我们认为，桑代克当属研究情绪智力的先驱。

1966年德国柳纳（Barbara Leuner）发表论文《情绪智力与解放》，文中首次提出"情绪智力"这一术语。虽然柳氏情绪智力的含义与当今情绪智力有所不同，但毕竟是学术论著中"情绪智力"的初次亮相。

1983年美国哈佛大学加德纳（H. Gardner）出版专著《智力结构》，

提出"多元智力"(multiple intelligence)理论。他认为,人类智力可以分为7种,其中包括"内省智力"(intrapersonal intelligence)和"人际智力"(interpersonal intelligence)。这两种智力都与情绪息息相关,前者关乎自我情绪,而后者则关乎他人情绪。

1985年美国耶鲁大学斯腾伯格(R. J. Sternberg)也认为,社会智力是一种截然有别于学业智力的能力,但却可以决定个体现实生活的成败。例如,其中敏锐破译情绪非言语信息的能力与管理成效大有关系。

1985年佩尼(Wayne L. Payne)发表博士论文《情绪研究》,文中首次将情绪智力与情绪研究紧密相结合,并明确探讨"发展情绪智力"(developing emotional intelligence)的课题。

1988年以色列的巴昂(R. Bar-On)的博士论文中首次使用"情商"(emotional quotient,EQ)这一术语。

1989年格林斯潘(Stanley I. Greenspan)在《学习与教育》一书中,撰写"情绪智力"一章。这也许是心理学专著中首次以"情绪智力"作为章节的标题。

## 二、情绪智力的含义

### 1. 国外的观点

1990年美国耶鲁大学沙洛维和新罕布什尔大学梅耶(P. Salovey & J. D. Mayer)发表论文《情绪智力》(Emotional Intelligence),文中首次正式提出情绪智力的定义:个体监控自己和他人的情绪和情感,并且识别和使用这些信息来指导自己的思维和行为的能力。

其间经过1993年和1996年的两次修改,1997年他俩再次发表论文《什么是情绪智力》,文中重新把情绪智力定义为:"觉知和表达情绪、情绪促进思维、理解和分析情绪、调控情绪的能力"。这个定义基本一直沿用至今。

1995年戈尔曼在《情绪智力》一书中提出,情绪智力包括以下5个方面的能力:

(1) 认识自己情绪的能力。某种情绪产生之时就能觉知,这种自我觉知能力是情绪智力的核心。而监控情绪时刻变化的能力则是自我理解和心理领悟的基础。这一能力较高者能够更好指导和准确决策自己的学习、工作和生活。

(2) 管理自己情绪的能力。调控自己的情绪而使得情绪适时适地又适度,这种能力建立在自我觉知的基础之上。例如,如何自我安慰,如何有效摆脱因为失败而产生的焦虑、沮丧、激怒、烦恼等消极情绪。这一能力较高者能够从挫折和失败中迅速走出,重整旗鼓,迎头赶上。

(3) 激励自己情绪的能力。服从于某种目标而调动和指挥自己的情绪,这种能力是集中注意、自我激励、自我把握及发挥创造性的必要条件。而任何成功都需要情绪的自我控制,或延迟满足,或压抑冲动。这一能力较高者能够在各行各业取得更高效率和更大成就。

(4) 识别他人情绪的能力。在自我觉知的基础之上发展起来的又一种能力称为"移情",即"感人之所感",能够分享他人情感;同时"知人之所感",能够理解和分析他人情感。移情是利他主义的前提条件,而移情缺乏则会导致犯罪。移情能力较高的个体,能够通过细微的社会信息,敏锐感受到他人的需求和欲望。

(5) 处理人际关系的能力。调控他人情绪是处理人际关系的核心,这种能力要求自我管理和移情两种情绪能力的成熟。要调控他人情绪,先要调控自己情绪,如压下怒火、抑制悲哀、控制冲动、调节兴奋等。这一能力较高者能够在人际交往中建立亲密关系,把握、激励以及劝说、影响他人而又让他人怡然自得。

1997年巴昂认为,情绪智力是影响个体应付环境需要和压力的一系列情绪的、人格的和人际能力的总和。2000年巴昂进一步提出,情绪智力是影响个体有效应对环境要求的一系列情绪的、社会的知识和能力。

2. 国内的观点

2000年王晓钧提出,"情绪的认知结构"是情绪智力的本质内涵。

2000年许远理等将情绪智力定义为"个体认识和评价、表达和体验、调节和控制自我情绪、他人情绪和环境情绪的能力"。

2002年张进辅等认为,情绪智力是个体在学习、生活和工作中影响其成功与否的非认知性心理能力。

# 第二节 情绪智力的结构

## 一、国外的理论

1. 梅耶-沙洛维情绪智力结构

1990年梅耶和沙洛维提出情绪智力概念的同时,也提出3因素10变量的情绪智力结构模型,如图 12-1 所示。

| 因素 | | 变量 |
|---|---|---|
| 情绪智力 | 评估和表达情绪能力 | 自己 — 言语 |
| | | 自己 — 非言语 |
| | | 他人 — 非言语觉知 |
| | | 他人 — 移情 |
| | 调节情绪能力 | 自己 |
| | | 他人 |
| | 运用情绪能力 | 计划灵活性 |
| | | 创造性思维 |
| | | 改变注意方向 |
| | | 形成动机 |

图 12-1　梅-沙情绪智力 3 因素模型

我们可以看到,情绪智力由 3 个因素组成,其中一个是评估和表达情绪的能力,它包括自己言语、自己非言语、他人非言语知觉、他人移情 4 个变量;另一个是调节情绪的能力,它包括自己和他人 2 个变量;再一个是运用情绪的能力,它包括计划灵活性、创造性思维、改变注意方向、形成动机 4 个变量。

1997 年他们重新提出情绪智力结构扩充设想,即将 3 因素扩充为 4 因素,将 10 种能力扩充为 16 种能力,如图 12-2 所示。

| | 情绪智力 | | | |
|---|---|---|---|---|
| 因素 | 1 | 2 | 3 | 4 |
| 变量 | (1) | (1) | (1) | (1) |
| | (2) | (2) | (2) | (2) |
| | (3) | (3) | (3) | (3) |
| | (4) | (4) | (4) | (4) |

图 12-2　梅-沙情绪智力 4 因素模型

现在解说图 12-2 中各个格子的具体内容如下：

情绪智力由 4 个因素组成，因素 1 是情绪知觉、评估和表达能力，因素 2 是情绪对思维的促进能力，因素 3 是理解、分析情绪和运用情绪知识的能力，因素 4 是熟练调节情绪，促进情绪和智力发展的能力。

这 4 个因素在发展和成熟过程中，具有次序先后之别和级别高低之分。因素 1 最为基本，也最先发展，而因素 4 最为成熟，而且最后发展。因素 2 和因素 3 则介于二者之间。

因素 1 包括 4 种能力，它们是：

(1) 通过生理状态、感觉和思维而辨别情绪的能力。
(2) 通过言语、声音、表情和行为而辨别他人、设计品、艺术等情绪含义的能力。
(3) 准确表达情绪和相关情感需要的能力。
(4) 区分情感表达中的准确性和诚实性的能力。

因素 2 包括 4 种能力，它们是：

(1) 情绪促进思维导向注意重要信息的能力。
(2) 产生有效而合适情绪的能力，它能够对情感判断和情感记忆起到促进作用。
(3) 心境起伏导致个体的观点从乐观向悲观变化时，能够从多角度考虑问题的能力。
(4) 在不同情绪状态中，对特殊问题解决方法产生促进作用的能力。如幸福感对推理及创造能力的促进作用。

因素 3 包括 4 种能力，它们是：

(1) 标识情绪，认知语词与情绪本身之间关系的能力，如"喜欢"与"爱"之间的关系。
(2) 解释情绪所包含关系的意义的能力，如"失去"同样会引起"悲伤"。
(3) 理解复杂心情的能力，如"爱"与"恨"同时存在的情感，"害怕"和"吃惊"混合而成的畏惧情感。
(4) 认识情绪的转化能力，如将"愤怒"转化为"愉快"，或将"愤怒"转化为"羞愧"。

因素 4 包括 4 种能力，它们是：

(1) 对愉快或不愉快的情感保持开放心情的能力。
(2) 通过判断和利用信息，从而成功进入或离开某种情绪的能力。
(3) 成熟监察自己和他人相关情绪的能力，如清晰性、象征性、影响力或推理其意义。
(4) 真实把握信息，从而管理自己和他人情绪，调节消极情绪，促进积极情绪的能力。

**2. 巴昂情绪智力结构**

1997 年巴昂提出 5 个维度 15 种子成分情绪智力结构模型，如图 12-3 所示。

| 维度 | 情绪智力 | | | | |
|---|---|---|---|---|---|
| | 个体内部成分 | 人际成分 | 适应性成分 | 压力管理成分 | 一般心境成分 |
| 子成分 | 情绪自我觉察 | 移情 | 现实检验 | 压力承受 | 幸福感 |
| | 自信 | 社会责任感 | 问题解决 | 冲动控制 | 乐观主义 |
| | 自我尊重 | 人际关系 | 灵活性 | | |
| | 自我实现 | | | | |
| | 独立性 | | | | |

图 12-3　巴昂情绪智力模型

我们可以看到，情绪智力由 5 个维度组成：维度 1 是个体内部成分，包括情绪自我觉察、自信、自我尊重、自我实现、独立性等 5 种子成分；维度 2 是人际成分，包括移情、社会责任感、人际关系等 3 种子成分；维度 3 是适应性成分，包括现实检验、问题解决、灵活性等 3 种子成分；维度 4 是压力管理成分，包括压力承受和冲动控制 2 种子成分；维度 5 是一般心境成分，包括幸福感和乐观主义 2 种子成分。

3. 戈尔曼情绪智力结构

1998 年戈尔曼提出 5 因素 25 种能力的情绪智力结构模型。后来，他结合博亚特齐斯（Richard Boyatzis）等人的研究，精炼成 4 因素 20 种能力的情绪智力结构模型，如图 12-4 所示。

| 因素 | 情绪智力 | | | |
|---|---|---|---|---|
| | 自我意识 | 自我管理 | 社会意识 | 社交技能 |
| 能力 | 情绪的自我觉知 | 自控能力 | 移情 | 帮助他人发展 |
| | 准确的自我评估 | 信用度 | 对团体情绪的觉知 | 影响力 |
| | 自信 | 责任心 | 服务倾向性 | 领导能力 |
| | | 适应能力 | | 沟通能力 |
| | | 成就动机 | | 解决冲突的能力 |
| | | 主动性 | | 协作能力 |
| | | | | 革新能力 |
| | | | | 协调能力 |

图 12-4　戈尔曼情绪智力模型

我们可以看到,情绪智力由4个因素组成:因素1是自我意识,包括情绪的自我觉知、准确的自我评估、自信等3种能力;因素2是自我管理,包括自控能力、信用度、责任心、适应能力、成就动机、主动性等6种能力;因素3是社会意识,包括移情、对团体情绪的觉知、服务倾向性等3种能力;因素4是社交技能,包括帮助他人发展、影响力、领导能力、沟通能力、解决冲突的能力、协作能力、革新能力、协调能力等8种能力。

4. 纳尔逊-洛情绪智力结构

1998年美国德州大学纳尔逊和洛(D. B. Nelson & G. R. Low)两位博士提出4领域13种情绪智力技能结构模型,如图12-5所示。

| | 情绪智力 | | | |
|---|---|---|---|---|
| 行为领域 | 应激的人际关系与沟通 | 领导能力 | 生活与职业的自我管理 | 个体内发展 |
| 情绪技能 | 坦诚 | 融洽 | 动力管理 | 积极的个人改变 |
| | 愤怒的控制与处理 | 移情 | 时间管理 | 自尊 |
| | 恐惧的控制与处理 | 决策 | 道德承诺 | 应激处理 |
| | | 领导 | | |

图12-5 纳-洛情绪智力模型

我们可以看到,情绪智力由4个领域组成:领域1是应激的人际关系与沟通,包括坦诚、愤怒的控制与处理、恐惧的控制与处理3种技能;领域2是领导能力,包括融洽、移情、决策、领导4种技能;领域3是生活与职业的自我管理,包括动力管理、时间管理、道德承诺3种技能;领域4是个体内发展,包括积极的个人改变、自尊、应激处理等3种技能。

## 二、国内的理论

1. 王晓钧情绪智力结构

2000年王晓钧参照梅-沙1997年情绪智力4因素模型,从原有16个变量中筛选出10个变量,在因素分析基础之上,提出4因素10变量的情绪智力结构模型,如图12-6所示。

| 情绪智力 | | | | |
|---|---|---|---|---|
| 因素 | 自我情绪认知能力 | 社会情绪认知能力 | 情绪思维能力 | 情绪成熟监察能力 |
| 变量 | 情绪平衡 | 他人情绪辨别 | 情绪分析 | 情绪成熟 |
| | 心境转化 | | 情绪理解 | 情绪监察 |
| | 情绪辨别 | | 情绪思维 | |
| | 情绪表达 | | | |

图 12-6 王晓钧情绪智力模型

我们可以看到,情绪智力由 4 个因素组成:因素 1 是自我情绪认知能力,包括情绪平衡、心境转化、情绪辨别、情绪表达 4 个变量;因素 2 是社会情绪认知能力,即他人情绪辨别 1 个变量;因素 3 是情绪思维能力,包括情绪分析、情绪理解、情绪思维 3 个变量;因素 4 是情绪成熟监察能力,包括情绪成熟和情绪监察 2 个变量。

王晓钧认为,他的研究结果支持了梅-沙情绪智力 4 因素模型的合理性,但对其中变量分类则提出不同观点。

4 个因素从 4 个方面体现出情绪反应的不同功能:因素 1 概括情绪体验和认知的内容,因素 2 体现情绪的外化感知能力。因素 3 和因素 4 则是高级情感认知能力,前者注重评估,而后者强调评估之后的行为水平。

4 个因素又可以分为两种水平:因素 1 和因素 2 属于初级情绪认知评估能力,两者呈平行关系;因素 3 和因素 4 属于高级情感行为调节能力,两者呈递进关系,换句话说,情绪思维的结果体现在成熟监察情绪行为层面。

初级认知评估能力不仅是获得情绪信息和知识的能力,而且也是高级行为调节能力的基础。初高级能力之间既有平行关系,又有递进关系。低水平评估能力或终止于初级情绪认知评估能力,或勉强接近于高级情感行为调节能力;而高水平评估能力则一定不仅具有完善的初级评估能力,而且具有高级行为调节能力。

2. 许远理情绪智力结构

2000 年许远理等人参照美国吉尔福特(J. P. Guilford)的智力三维结构模型,并且借用其中"操作"和"对象"两个概念,提出情绪智力的 9 要素模型。

情绪智力具有两个维度,一个是"操作"维度,另一个是"对象"维度。前者指情绪智力的活动方式,包括认知和评价(C)、表达和体验(E)、调节和控制(A)3 种类型;后者则指情绪智力的活动内容,包括自我情绪(SE)、他人情绪(OE)、环境情绪(EE)3 种类型。两个维度相互组合,可以得到 3×3＝9 种结合,每种结合代表一种情绪智力,一共有 9 种情绪智力,如图 12-7 所示。

| 对象 | | | | |
|---|---|---|---|---|
| 自我情绪 | C-SE | E-SE | A-SE | |
| 他人情绪 | C-OE | E-OE | A-OE | |
| 环境情绪 | C-EE | E-EE | A-EE | |
| | 认知 | 表达 | 调节 | 操作 |

图 12-7　许远理情绪智力模型

我们可以看到,9 种情绪智力的具体内容如下:
(1) 认识自己情绪的能力(C-SE);
(2) 表达自己情绪的能力(E-SE);
(3) 调节自己情绪的能力(A-SE);
(4) 认识他人情绪的能力(C-OE);
(5) 体验他人情绪的能力(E-OE);
(6) 调节他人情绪的能力(A-OE);
(7) 认识环境情绪的能力(C-EE);
(8) 描述环境情绪的能力(E-EE);
(9) 调节环境情绪的能力(A-EE)。

每种情绪智力可以大致分为高、中、低 3 种水平。在这种情况下,如果把认知和评价、表达和体验、调节和控制 3 种操作类型与 3 种水平相组合,那么可以出现 3×3×3＝27 种情绪智力模式;同样,如果把自我情绪、他人情绪、环境情绪 3 种对象类型与 3 种水平相组合,那么也可以出现 3×3×3＝27 种情绪智力模式;最后,如果把 9 种情绪智力与 3 种水平相组合,那么当然可以出现 27×27×27＝19683 种之多的情绪智力模式。

3. 张进辅情绪智力结构

2004 年张进辅等人参考国内外关于情绪智力结构的理论,以及巴昂编制的《情商问卷》(EQI),并结合调查结果,提出 5 主因素 18 次因素大学生情绪智力结构模型,如图 12-8

所示。

| 情绪智力 | | | | | |
|---|---|---|---|---|---|
| 主因素 | 情绪觉知能力 | 情绪评价能力 | 情绪适应能力 | 情绪调控能力 | 情绪表现能力 |
| 次因素 | 自我觉察 | 成就感 | 现实检验 | 自制性 | 人际关系 |
| | 移情 | 自我尊重 | 自我激励 | 灵活性 | 感染力 |
| | 社会责任感 | 乐观主义 | 问题解决 | 自主性 | 表达力 |
| | | 幸福感 | 坚定性 | 压力承受力 | |

图 12-8　张进辅情绪智力模型

我们可以看到，情绪智力由 5 种主因素组成：因素 1 是情绪觉知能力，指认识、感受、理解和区分自己、他人和社会的情绪情感的能力，包括自我觉察、移情、社会责任感 3 个次因素；因素 2 是情绪评价能力，指正确地评价、尊重和接受自己、自己的情绪情感以及所取得的成绩并从中体验到快乐的能力，包括成就感、自我尊重、乐观主义、幸福感 4 个次因素；因素 3 是情绪适应能力，指为达到目标而做出不懈努力，坚定不移地克服各种困难，同时又能客观地认识、验证和有效解决现实问题的能力，包括现实检验、自我激励、问题解决、坚定性 4 个次因素；因素 4 是情绪调控能力，指自主、灵活地处理、控制和应对各种情绪情感问题和心理压力的能力，包括自制性、灵活性、自主性、压力承受力 4 个次因素；因素 5 是情绪表现能力，指有效地表达自己的思想观点和情绪情感，并通过自己的言行和表情而影响和感染别人，从而建立良好的人际关系的能力，包括人际关系、感染力、表达力 3 个次因素。

## 第三节　情绪智力的测量

### 一、国外的量表

1. 梅耶-沙洛维情绪智力量表

从 1995 年开始，梅耶和沙洛维就着手编制情绪智力量表。他们认为，测量情绪智力可以采用 3 种方法：自我报告法、他人报告法和能力测量法。相比较而言，其中能力测量法最为可靠和有效。

另外，他们提出，情绪智力作为智力一族，必须具备以下 4 条标准：

(1) 情绪智力能够分解为一组心理能力因素；

(2) 情绪智力各因素彼此之间存在较高的组内相关，并且作为整体同升同降；

(3) 情绪智力与传统智力存在显著正相关，但由于情绪智力是另类智力，所以这种相关反倒无须过高；

(4) 情绪智力应该随着个体年龄和经验的增加而发展。

1998 年梅耶和沙洛维身体力行，根据他们自己的情绪智力模型而编制《多因素情绪智力量表》(Multiple Emotional Intelligence Scale, MEIS)。MEIS 是能力测验而非自陈问卷，要求被试完成一系列任务，测量觉察情绪、鉴别情绪、理解情绪、控制情绪等 4 种能力。1999 年梅耶和沙洛维发表修订版。原版采用多数人的一致性回答作为答案正确的指标，而修订版则采用专家评分。

2001 年梅耶和沙洛维对 MEIS 加以改进，编制《梅-沙-卡情绪智力测验》(Mayer & Salovey & Caruso Emotional Intelligence Test, MSCEIT)。之后又编制 MSCEIT2.0 版，由 141 个测题组成，也是要求被试完成任务而测量情绪智力的 4 个组分，适用于 17 岁以上的成人。

2. 巴昂情商问卷

1997 年巴昂历时 17 年的不懈努力，成功编制《情商问卷》(Emotional Quatient Inventory, EQ-i)，这被公认为世界上第一个测量情绪智力的标准化量表。

EQ-i 适用于 16 岁以上的个体，共由 133 个测题组成，分为个体内部、人际、适应性、压力管理、一般心境等 5 个成分量表以及 15 个分量表，此外还包括积极印象、消极印象、遗漏等级、非一致性指标等 4 个效度量表。

问卷采用自陈法，以 5 点记分。最后得出 4 个效度量表分数、5 个成分量表分数和 15 个分量表分数，以及 1 个类似于离差 IQ 的 EQ 分数。同样，平均数为 100，标准差为 15。

EQ 分数的分类及其解释如下：

(1) 130 以上，情商极高，表示情绪能力发展极好；

(2) 120～129，情商很高，表示情绪能力发展充分；

(3) 110～119，情商较高，表示情绪能力发展良好；

(4) 90～109，情商一般，表示情绪能力发展一般；

(5) 80～89，情商较低，表示情绪能力发展不完善，需要改善；

(6) 70～79，情商很低，表示情绪能力发展极不完善，需要改善；

(7) 70以下,情商极低,表示情绪能力障碍,需要改善。

2000年巴昂与帕克(J. D. A. Paeker)合作,另编制《情商问卷青少年版》(Emotional Quatient Inventory:Youth Version,EQ-i:YV),适用于7~18岁的个体。采用4点记分。

EQ-i:YV分为2种形式:一种是短式情商量表,共有30个测题,构成个体内部、人际、适应性、压力管理、积极印象等5个分量表;另一种是长式情商量表,共有60个测题,构成个体内部、人际、适应性、压力管理、一般心境、积极印象、非一致性指标等7个分量表。

常模表分为4个年龄组别:7~9岁,10~12岁,13~15岁,16~18岁。男女儿童分别建立常模。

3. 舒特情绪智力量表

1998年美国舒特(Schutte)等人根据梅耶和沙洛维的情绪智力模型,编制《情绪智力量表》(Emotional Intelligence Scale),代码EIS。2002年我国华南师范大学王才康修订中文版,适用于青少年和成人。

EIS共有33个测题,构成情绪感知、自我情绪调控、调控他人情绪、运用情绪等4个分量表。采用5点记分,①很不符合,②较不符合,③不清楚,④较符合,⑤很符合。具体测题如下:

(1) 我知道什么时候应该和别人谈论我的私人问题。
(2) 遇到某种困难时,我能够回忆起面对同样困难并克服它们的时候。
(3) 我期望,我能够做好自己想做的大多数事情。
(4) 别人很容易信任我。
(5) 我觉得,我难以理解别人的肢体语言。
(6) 我生命中的一些重大事件,让我重新评估什么是重要的,什么是不重要的。
(7) 心境好的时候,我就能看到新的希望。
(8) 我的生活是否有意义,情绪是其中影响因素之一。
(9) 我能够清楚意识到自己体验的情绪。
(10) 我希望能够有好的事情发生。
(11) 我喜欢和别人分享自己的情感。
(12) 情绪好的时候,我知道如何把它延长。
(13) 安排事情时,我尽可能使别人感到满意。
(14) 我会去寻找一些让自己感到开心的活动。
(15) 我能够清楚意识到自己传递给别人的非言语信息。

(16) 我尽量做得好一些,以便给别人留下好的印象。
(17) 心情好的时候,解决问题对我来说很容易。
(18) 我能够通过观察别人的面部表情而辨别他的情绪。
(19) 我知道自己情绪变化的原因。
(20) 心情好的时候,新奇的想法就会多一些。
(21) 我能够控制自己的情绪。
(22) 我能够清楚意识到自己在某一时刻的情绪。
(23) 学习时,我会想象即将取得好成绩而激励自己。
(24) 别人在某个方面做得很好时,我会加以称赞。
(25) 我能够了解别人传递给自己的非言语信息。
(26) 别人告诉我他人生中的某件重大事情时,我几乎感觉到好像发生在自己身上一样。
(27) 我感到情绪变化时,就会涌现一些新颖的想法。
(28) 遇到困难时,一想到可能会失败,我就会退却。
(29) 只要看上一眼,我就知道别人的情绪怎样。
(30) 别人消极时,我能够进行帮助,使他感觉好一点。
(31) 遇到挫折时,我能够保持良好情绪而应对挑战。
(32) 我能够通过别人讲话的语调而判断他当时的情绪。
(33) 我难以理解别人的想法和感受。

## 二、国内的量表

1. 情绪智力评估量表

2000年王晓钧参照梅-沙1997年情绪智力4因素模型,从原有16个变量中筛选出10个变量,编制4因素10变量的《情绪智力评估量表》,适用年龄为16~50岁。

2. 大学生情绪智力量表

2004年张进辅等人参考巴昂的《情商问卷》(EQ-i),并结合调查结果,编制《大学生情绪智力量表》,包括5个主因素18个次因素,问卷共有126个测题。被试按照每个测题与自己的符合程度进行评价,使用从最符合到最不符合的5点记分。其中正题按照5、4、3、2、1计分,而反题则按照1、2、3、4、5计分,然后统计各个主因素及次因素的得分。

### 3. 许远理情绪智力测验

2000年许远理等人根据他们自己的情绪智力结构模型,编制相应的《情绪智力测验》。

本测验由9个分测验组成,每个分测验测量一种情绪智力。每个分测验包括15个测题,整个测验共有135个测题。每一测题都有3个备选答案,被试任选其一。

每个分测验测题举例如下:

(1) 当有人突然出现在你身后时,你感到害怕吗?(认识自己情绪的能力)
　　　a 感到　　b 很少感到　　c 有时感到

(2) 当你与朋友开玩笑时,他们的反应是:(表达自己情绪的能力)
　　　a 一般能够接受　　b 经常引起他人不快　　c 有时引起他人不快

(3) 看到电影或电视的伤心悲惨场面时,你会:(调节自己情绪的能力)
　　　a 经常哭　　b 有时哭　　c 从不哭

(4) 看到别人握手时,你能够感觉到他们之间的亲疏关系吗?(认识他人情绪的能力)
　　　a 不一定　　b 能够　　c 不能

(5) 如果你非常喜欢的小孩欺负其他孩子时,你的反应是:(体验他人情绪的能力)
　　　a 默认他的行为　　b 马上制止,并批评他　　c 认为这种行为不对,但不是马上制止

(6) 假如你的朋友之间闹矛盾,你能够让他们和解吗?(调节他人情绪的能力)
　　　a 基本能够　　b 我不喜欢自找麻烦　　c 很难说

(7) 假如观看演出,主持者让观众鼓掌,你怎么办?(认识环境情绪的能力)
　　　a 不自觉地鼓掌　　b 跟随别人鼓掌　　c 根据自己感受而决定是否鼓掌

(8) 你给小朋友讲故事吗?(描述环境情绪的能力)
　　　a 很少讲　　b 有时讲　　c 经常讲

(9) 你旅游回来,朋友愿意听你讲述所见所闻吗?(调节环境情绪的能力)
　　　a 很少人愿意　　b 很多人愿意　　c 说不清楚

所有测题采用1、2、3记分。把属于每一分测验的15个测题的得分相加,得出分测验得分,共9个。

测验分数解释包括分测验得分、分类得分、情商等3种,具体如下:

(1) 分测验得分

每个分测验得分分布范围为15～45分。其中15～25分为低分,26～35分为中间分,36～45分为高分。各个分测验高、中、低得分所属类型如下:

① 认识自己情绪的能力。高分为敏感型,中间分为适中型,低分为麻木型。
② 表达自己情绪的能力。高分为主动健谈型,中间分为被动表现型,低分为封闭型。
③ 调节自己情绪的能力。高分为主动调节型,中间分为放任型,低分为压抑型。
④ 认识他人情绪的能力。高分为敏感型,中间分为适中型,低分为迟钝型。
⑤ 体验他人情绪的能力。高分为善解人意型,中间分为被动体验型,低分为麻木不仁型。
⑥ 调节他人情绪的能力。高分为主动调节型,中间分为被动调节型,低分为回避型。
⑦ 认识环境情绪的能力。高分为敏感型,中间分为中间型,低分为迟钝型。
⑧ 描述环境情绪的能力。高分为渲染型,中间分为客观型,低分为平淡型。
⑨ 调节环境情绪的能力。高分为主动调节型,中间分为被动调节型,低分为回避型。

(2) 分类得分

9 种情绪智力可以按照两种方法分类,一种是按照"对象"分类,另一种是按照"操作"分类。

从"对象"方面来看,9 个分测验可以归纳为 3 种情绪智力:

面向自己情绪的能力＝①＋②＋③,

面向他人情绪的能力＝④＋⑤＋⑥,

面向环境情绪的能力＝⑦＋⑧＋⑨;

而从"操作"方面来看,9 个分测验则可以归纳为另 3 种情绪智力:

感知和认识情绪的能力＝①＋④＋⑦,

表达和体验情绪的能力＝②＋⑤＋⑧,

调节和控制情绪的能力＝③＋⑥＋⑨。

(3) 情商 EQ

情绪智力商数(Emotional-intelligence Quotient),简称情商,代码 EQ,这是表示个体情绪智力相对水平的数量指标。EQ 的计算公式与离差 IQ 完全类似,具体计算公式如下:

$$EQ=100+15Z=100+15\times\frac{X-\overline{X}}{S}$$

公式中 100 表示设定的情绪智力分布的平均数,15 则表示设定的情绪智力分布的标准差;而 $Z$ 就是标准分数,$X$ 表示个体的测验总分,即 9 个分测验得分相加之和,$\overline{X}$ 和 $S$ 则分别表示相同年龄组的平均数和标准差。测验总分与情商的对应关系以及情商的分布情况如表 12-1 所示。

表 12-1　测验总分与情商的对应关系以及情商分布

| 测验总分 | 情商 | 等级 | 理论百分比 | 样本百分比 |
| --- | --- | --- | --- | --- |
| ≥349 | ≥130 | 非常优秀 | 2.28 | 2.4 |
| 337~348 | 120~130 | 优秀 | 6.90 | 5.1 |
| 325~336 | 110~119 | 中上 | 15.96 | 15.8 |
| 301~324 | 90~109 | 中等 | 49.72 | 53.3 |
| 289~300 | 80~89 | 中下 | 15.96 | 13.5 |
| 277~288 | 70~79 | 临界状态 | 6.90 | 6.7 |
| ≤276 | ≤69 | 情绪障碍 | 2.28 | 2.2 |

## 第四节　情绪智力的实证研究

### 一、国外的研究

在国外的情绪智力的实证研究中,被试大多为大中学生,而研究内容则集中在以下两个方面:

1. 情绪智力与学业成绩

1997 年芬恩和罗克(Finn & Rock)研究发现,情绪智力较高的中学生,从不无故缺课、认真完成学校作业、积极参加课外活动,他们学业成绩较好。

2004 年英国佩特里迪斯、弗雷德里克森和弗恩哈姆(Petrides, Frederickson & Furnham)研究 650 名 11 年级学生情绪智力、认知能力与学业成绩三者之间的关系。结果发现,情绪智力对于认知能力与学业成绩之间关系起着一种缓和作用。

2004 年加拿大帕克(Parker)等人研究大学一年级学生情绪智力与学业成绩之间的关系。他们使用 2002 年版巴昂《情商问卷:短式》来测量情绪智力;学业成绩则使用大一平均绩点 GPA,GPA80 分及以上为学业高分组,而 GPA59 分及以下为学业低分组。结果发现:学业高分组的情绪智力得分显著高于学业低分组;情绪智力水平较高的学生,能够较好应对大学环境的社会和情绪要求。

2004 年加拿大特伦特大学心理系情绪与健康研究实验室帕克(James D. A. Parker)等

8人研究中学生情绪智力与学业成绩之间的关系。被试为9至12年级学生667名。他们使用2000年巴昂《情商问卷青少年版》来测量情绪智力;学业成绩则使用年级平均绩点GPA,百分位数80以上为高分组,百分位数20以下为低分组,百分位数20至80之间为中分组。本研究主要结果如下:

(1) GPA与情绪智力总分及4个分量表分数均存在显著相关,如表12-2所示。

表12-2 GPA与情绪智力的相关

| 情绪智力 | 人际 | 个体内 | 适应性 | 压力管理 | 总分 |
| --- | --- | --- | --- | --- | --- |
| 与GPA相关 | 0.32 | 0.08 | 0.27 | 0.24 | 0.33 |

经统计检验,$P<0.05$。

(2) GPA各组之间情绪智力平均数均存在极其显著差异,如表12-3所示。

表12-3 GPA各组情绪智力平均数

| GPA各组 | 高分 | 中分 | 低分 | 全体 |
| --- | --- | --- | --- | --- |
| 情绪智力平均数 | 135.27 | 130.47 | 122.91 | 129.80 |

经统计检验,$F=19.97,P<0.001$。

2. 情绪智力与社会行为

1999年鲁宾(Rubin)研究青少年情绪智力与攻击性行为之间的关系。

2001年查罗奇(J. Ciarrochi)等人研究中学生情绪智力。结果发现,情绪智力与情绪表情识别、社会支持、社会支持的满意度、情绪管理等均存在正相关。

2002年美国特里尼达德和约翰逊(Trinidad & Johnson)研究发现,青少年情绪智力与不良学校行为(吸烟喝酒)之间存在负相关。

2004年英国佩特里迪斯(Petrides)等人研究也发现,高中生情绪智力与不良学校行为(旷课或被学校开除)之间存在负相关,而后者无疑会影响学业成绩。

2004年罗伊和安(Roy & Dena Ann)研究青少年情绪智力与慢性不良社会行为之间的关系。

2004年拉托尔(Latorre)研究青少年情绪智力与焦虑及心理健康的关系。结果发现,情绪智力较高者焦虑较低、对生活满意度较高、积极社会行为较多。

## 二、国内的研究

2002年华南师范大学王才康等人研究中学生情绪智力以及父母养育方式与情绪智力

的关系。被试为 309 名高中生。测量工具为《情绪智力量表 EIS》与《父母养育方式问卷 EMBU》。有关研究结果如下:

(1) 男女中学生的情绪智力得分之间没有显著差异($127.15\pm11.60/128.69\pm9.99$,$P>0.05$)。

(2) 独生子女的情绪智力得分显著高于非独生子女($130.00\pm14.10/126.81\pm11.60$,$P<0.05$)。

(3) 父母养育方式中的情感温暖和理解分量表与子女的情绪智力具有显著正相关,而保护和干涉、惩罚和严厉等 2 个分量表则与子女的情绪智力具有显著但微弱的正相关。

2004 年王才康等 4 人研究中学生情绪智力与应对方式的关系。被试为 1281 名初一至高三学生。测量工具为《情绪智力量表 EIS》与《中学生应对方式量表 CSSMSS》。有关研究结果如下:

(1) 中学生情绪智力的特点

不同性别、不同地区、独生与否的中学生情绪智力的比较如表 12-4 所示。

表 12-4  中学生情绪智力的比较

| | 性别 | | 地区 | | 独生与否 | |
|---|---|---|---|---|---|---|
| | 男 | 女 | 城市 | 乡镇 | 独生 | 非独生 |
| 情绪智力得分 | 124.42 | 128.20 | 127.11 | 123.66 | 127.38 | 125.25 |

可以看到,女生得分高于男生,经统计检验,$F=26.65$,$P<0.001$,性别差异极其显著;城市学生得分高于乡镇学生,经统计检验,$F=8.24$,$P<0.05$,地区差异显著;独生子女得分高于非独生子女。

(2) 情绪智力与应对方式的关系

情绪智力与 6 种应对方式及其总分均存在非常显著的正相关,$P<0.01$,如表 12-5 所示。

表 12-5  情绪智力与应对方式的相关系数

| | 问题解决 | 退避 | 求助 | 发泄 | 幻想 | 忍耐 | 应对总分 |
|---|---|---|---|---|---|---|---|
| 情绪智力得分 | 0.459 | 0.247 | 0.322 | 0.168 | 0.072 | 0.107 | 0.444 |

(3) 情绪智力的逐步多元回归分析

以性别、地区、年级、独生与否以及 6 种应对方式作为预测变量,情绪智力作为效标变量进行逐步多元回归分析,结果 10 个预测变量中进入回归方程的显著变量有 5 个,如表 12-6 所示。

表 12-6　情绪智力的多元回归分析

| 变量顺序 | 多元相关系数 $R$ | 决定系数 $R^2$ | 增加解释量 $\Delta R$ | 标准化回归系数 | $F$ |
| --- | --- | --- | --- | --- | --- |
| 问题解决 | 0.461 | 0.213 | 0.213 | 0.391 | 322.505 |
| 退避 | 0.502 | 0.252 | 0.039 | 0.169 | 200.808 |
| 求助 | 0.520 | 0.270 | 0.018 | 0.128 | 146.777 |
| 性别 | 0.530 | 0.281 | 0.011 | 0.102 | 116.210 |
| 地区 | 0.537 | 0.288 | 0.008 | −0.087 | 96.394 |

可以看到,"问题解决"的解释量为 21.3%,"退避"的解释量为 0.039%,"求助"的解释量为 0.018%,这 3 个变量的联合解释量为 27.0%,再加上"性别"和"地区",5 个变量的联合解释量为 28.8%,即它们联合预测情绪智力 28.8%的变异量。

2003 年西南师范大学张进辅等 3 人研究中学生情绪智力。被试为 370 名初高中生。测量工具为巴昂《情商问卷青少年版,EQ-i:YV》。有关研究结果如下:

(1) 男生情绪智力总分高于女生(180.19±20.03/178.58±19.93),经统计检验,$t=2.102$,$P=0.036<0.05$,性别差异显著。

(2) 民主型、溺爱型、专制型、放任型等 4 种家庭教养方式下的中学生,情绪智力总分存在差异。经统计检验,$F=5.43$,$P=0.03<0.05$,这表明家庭教育教养方式对情绪智力产生显著影响。

2004 年张进辅等人研究大学生情绪智力。被试为 4 所大学 801 名学生。测量工具为自编《大学生情绪智力量表》。有关研究结果如下:

(1) 大学生情绪智力性别差异如表 12-7 所示。

表 12-7　大学生情绪智力性别差异

| 情绪智力得分 | 情绪觉知 | 情绪评价 | 情绪适应 | 情绪调控 | 情绪表现 | 总分 |
| --- | --- | --- | --- | --- | --- | --- |
| $t$ 检验 | 2.73** | 0.35 | 0.38 | 2.06* | 1.49 | 0.09 |

可以看到,男女大学生情绪智力总分不存在差异;但女生情绪觉知能力高于男生,差异非常显著,而男生情绪调控能力高于女生,差异显著。

(2) 大学生情绪智力专业差异如表12-8所示。

表12-8 大学生情绪智力专业差异

| 情绪智力得分 | 情绪觉知 | 情绪评价 | 情绪适应 | 情绪调控 | 情绪表现 | 总分 |
| --- | --- | --- | --- | --- | --- | --- |
| $t$检验 | 3.65* | 0.21 | 0.32 | 0.55 | 0.37 | 0.83 |

可以看到,文理大学生情绪智力总分不存在差异;但文科生情绪觉知能力高于理科生,差异显著。

(3) 大学生情绪智力年级差异如表12-9所示。

表12-9 大学生情绪智力年级差异

| 情绪智力得分 | 情绪觉知 | 情绪评价 | 情绪适应 | 情绪调控 | 情绪表现 | 总分 |
| --- | --- | --- | --- | --- | --- | --- |
| $F$检验 | 1.12 | 2.73* | 0.52 | 0.60 | 2.08 | 1.42 |

可以看到,不同年级大学生情绪智力总分不存在差异;但大四生情绪评价能力高于大三生,差异显著。另经多重比较,在情绪表现能力上,有些年级两两之间也存在显著差异。

# 参考文献

[1]　戴忠恒.心理与教育测量[M].上海:华东师范大学出版社,1987.
[2]　郑日昌.心理测量[M].长沙:湖南人民出版社,1987.
[3]　余嘉元.教育和心理测量[M].南京:江苏教育出版社,1987.
[4]　彭凯平.心理测验——原理与实践[M].北京:华夏出版社,1989.
[5]　顾海根.学校心理测量学[M].南宁:广西教育出版社,1999.
[6]　金瑜.心理测量[M].上海:华东师范大学出版社,2001.
[7]　李孝忠.能力心理学[M].西安:陕西人民出版社,1986.
[8]　燕国材.新编普通心理学概论[M].上海:东方出版中心,2000.
[9]　王极盛.智力ABC[M].北京:北京出版社,1981.
[10]　查子秀.超常儿童心理学[M].北京:人民教育出版社,1993.
[11]　傅安球.男女智力差异与教育[M].北京:北京出版社,1983.
[12]　傅安球,史莉芳.离异家庭子女心理[M].杭州:浙江教育出版社,1999.
[13]　邵瑞珍.学与教的心理学[M].上海:华东师范大学出版社,1990.
[14]　吴福元,竺培梁.智力心理学[M].长春:吉林教育出版社,1990.
[15]　白学军.智力心理学的研究进展[M].杭州:浙江人民出版社,1997.
[16]　吴凤岗.中国民俗育儿研究[M].北京:中国大百科全书出版社,1993.
[17]　燕国材.智力与学习[M].北京:教育科学出版社,1982.
[18]　燕国材.非智力因素的理论、实证与实践研究[M].上海:华东理工大学出版社,1994.
[19]　郑日昌.中学生心理诊断[M].济南:山东教育出版社,1998.
[20]　许远理,李亦菲.情绪智力魔方——情绪智力的9要素理论[M].北京:北京广播学院出版社,2000.
[21]　凌文辁,方俐洛.心理与行为测量[M].北京:机械工业出版社,2004.
[22]　潘菽,荆其诚.中国大百科全书——心理学[M].北京:中国大百科全书出版社,1991.
[23]　张春兴,杨国枢.心理学[M].台北:三民书局,1975.
[24]　[美]J.P.查普林,T.S.克拉威克.心理学的体系和理论[M].林方,译.北京:商务印书馆,1983.

[25] [美]克雷奇,克拉奇菲尔德,利维森等.心理学纲要[M].周先庚,林传鼎,张述祖,等,译.北京:文化教育出版社,1980.

[26] [美]R M.利伯特,等.发展心理学[M].刘范,等,译.北京:人民教育出版社,1984.

[27] [美]L. E. 布恩,B. R. 心理学原理和应用[M].埃克斯特兰德.韩进之,吴福元,张湛,等,译.上海:知识出版社,1985.

[28] [美]S. P. 吉尔福特.创造性才能[M].施良方,等,译.北京:人民教育出版社,1990.

[29] [美]R. J. 斯腾伯格.成功智力[M].吴国宏,钱文,译.上海:华东师范大学出版社,1999.

[30] [美]H. 加德纳.多元智能[M].沈致隆,译.北京:新华出版社,1999.

[31] [美]R. R. 哈克.改变心理学的40项研究:探索心理学研究的历史[M].白学军,等,译.北京:中国轻工业出版社,2004.

[32] [美]安妮·安娜斯塔西,苏珊娜·厄比纳.心理测验[M].缪小春,竺培梁,译.杭州:浙江教育出版社,2001.

[33] 竺培梁.心理学概论[M].南宁:广西教育出版社,2001:203-236.

[34] Anne Anastasi. Psychological Testing 4th ed. Macmillan Publishing Co. ,Inc,1976

[35] K. D. Hopkings,J. C. Stanley. Educational and Psychological. Measurement and Evaluation 6th ed. Prentic-Hall,Inc,1982

[36] 朱智贤.有关儿童智力发展的几个问题[J].北京师范大学学报,1981,1.

[37] 吴天敏.关于智力的本质[J].心理学报,1980,3.

[38] 周冠生.能力的结构与鉴定[J].教育研究,1981,3.

[39] 沙毓英.能力的形成和发展[J].云南教育,1981,6.

[40] 李其维,康清镳,金瑜等.双生子智力相关的测查报告[J].心理科学文摘,1980,2.

[41] 吴天敏.关于智力的本质[J].心理学报,1980,3.

[42] 林崇德.遗传与环境在儿童智力发展上的作用——双生子心理学研究[J].北京师范大学学报,1981,1.

[43] 邵道生.论早期教育在智力发展中的作用[J].人民教育,1980,7.

[44] 林崇德,俞国良.对"非智力因素"争议问题的几点看法[J].中国教育学刊,1994,2.

[45] 施建农,徐凡.超常与常态儿童的兴趣、动机与创造性思维的比较研究,心理学报,1997,3.

[46] 施建农,徐凡.超常儿童的创造力及其与智力的关系[J].心理科学,1997,5.

[47] 蔡太生,戴晓阳.智力发展的年龄特点[J].国外医学精神病学分册,1999,4:217-221.

[48] 贺宗鼎,袁顶国.当代我国超常儿童心理研究与教育述评[J].四川师范大学学报(社会科学版),1997,1.

[49] 查子秀.超常儿童健康成长的主客观条件[J].中国特殊教育,2000,2.

[50] 申继亮,陈勃,王大华.成人期智力的年龄特征:中美比较研究[J].心理科学,2001,3.

[51] 竺培梁.韦克斯勒智力量表最新版本评介[J].上海师范大学学报(哲学社会科学·教育版),2001,3.

[52] 竺培梁.心理测验分数与常模[J].外国中小学教育,2002,6.

[53] 林崇德.智力结构与多元智力[J].北京师范大学学报(人文社会科学版),2002,1.

[54] 张炼.国外超常儿童的认知发展研究综述[J].中国特殊教育,2004,7.

[55] 李颖,施建农等.超常与常态儿童在非智力因素上的差异,中国心理卫生杂志,2004,8.

[56] 王晓钧.情绪智力理论结构的实证研究[J].心理科学,2000,1.

[57] 王晓钧.情绪智力:理论及问题[J].华东师范大学学报(教育科学版),2002,2.

[58] 王才康等.父母养育方式和中学生自我效能感、情绪智力的关系研究[J].中国心理卫生杂志,2002,11.

[59] 张秋艳,王才康等.中学生情绪智力与应对方式的关系[J].中国心理卫生杂志,2004,8.

[60] 张进辅等.大学生情绪智力特征的研究[J].心理科学,2004,2.

[61] Salover P,Mayer J D. Emotional Intelligence. Imagination[J]. Cognition,and Personality,1990,9(3).

[62] Goleman D. Emotional Intelligence[J]. New York:Bantam Books,1995.

[63] Bar-On R,Parker J A. Handbook of emotional intelligence:Theory,Development,Assessment,and Application at Home,School and in the Workplace. San Francisco[J]. CA:Jossey-Bass,2000.

[64] Schutte N,Malouff J M. Emotional intelligence and interpersonal relations[J]. Joural of Social Psychology,2001,141(4).

[65] Lopes,Paulo Nuno. Emotional ability and the Quality of interpersonal interaction[J]. Dissertation Abstracts International:Section B:The Science & Engineering. 2004,65(3-B).